高效养肉狗

主　编　李顺才
副主编　张　波　高光平
参　编　杜利强　邓齐官　李琨瑶　张　坤

机械工业出版社

本书系统地介绍了肉狗的高效养殖技术,主要内容包括概述、肉狗的生物学特性、肉狗的品种与引种、肉狗场的建设与设备、肉狗的营养与饲料、肉狗的繁育、肉狗的饲养管理、肉狗产品的加工、肉狗的疾病防治和肉狗场的经营管理。另外,本书设有"提示""注意"等小栏目,可以帮助读者更好地掌握肉狗的高效养殖技术。

本书可供广大肉狗养殖户及相关技术人员使用,也可供相关培训机构及相关农业院校师生参考使用。

图书在版编目(CIP)数据

高效养肉狗/李顺才主编. —北京:机械工业出版社,2016.2(2025.1 重印)
(高效养殖致富直通车)
ISBN 978-7-111-52674-2

Ⅰ. ①高… Ⅱ. ①李… Ⅲ. ①肉用型-犬-饲养管理 Ⅳ. ①S829.2

中国版本图书馆 CIP 数据核字(2016)第 006586 号

机械工业出版社(北京市百万庄大街 22 号　邮政编码 100037)
总　策　划:李俊玲　张敬柱　　　策划编辑:郎　峰　高　伟
责任编辑:郎　峰　高　伟　周晓伟　责任校对:王　迁
责任印制:常天培
北京铭成印刷有限公司印刷
2025 年 1 月第 1 版第 13 次印刷
140mm×203mm・9.625 印张・275 千字
标准书号:ISBN 978-7-111-52674-2
定价:35.00 元

凡购本书,如有缺页、倒页、脱页,由本社发行部调换

电话服务	网络服务
服务咨询热线:010-88361066	机 工 官 网:www.cmpbook.com
读者购书热线:010-68326294	机 工 官 博:weibo.com/cmp1952
010-88379203	金 书 　网:www.golden-book.com
封面无防伪标均为盗版	教育服务网:www.cmpedu.com

高效养殖致富直通车
编审委员会

主　　任　赵广永

副 主 任　何宏轩　朱新平　武　英　董传河

委　　员（按姓氏笔画排序）

丁　雷　刁有江　马　建　马玉华　王凤英　王自力
王会珍　王凯英　王学梅　王雪鹏　占家智　付利芝
朱小甫　刘建柱　孙卫东　李和平　李学伍　李顺才
李俊玲　杨　柳　吴　琼　谷风柱　邹叶茂　宋传生
张中印　张素辉　张敬柱　陈宗刚　易　立　周元军
周佳萍　赵伟刚　郎跃深　南佑平　顾学玲　曹顶国
盛清凯　程世鹏　熊家军　樊新忠　戴荣国　魏刚才

秘 书 长　何宏轩

秘　　书　郎　峰　高　伟

序

改革开放以来,我国养殖业发展非常迅速,肉、蛋、奶、鱼等产品产量稳步增加,在提高人民生活水平方面发挥着越来越重要的作用。同时,从事各种养殖业也已成为农民脱贫致富的重要途径。近年来,我国经济的快速发展对养殖业提出了新要求,以市场为导向,从传统的养殖生产经营模式向现代高科技生产经营模式转变,安全、健康、优质、高效和环保已成为养殖业发展的既定方向。

针对我国养殖业发展的迫切需要,机械工业出版社坚持高起点、高质量、高标准的原则,组织全国20多家科研院所的理论水平高、实践经验丰富的专家学者、科研人员及一线技术人员编写了这套"高效养殖致富直通车"丛书,范围涵盖了畜牧、水产及特种经济动物的养殖技术和疾病防治技术等。

丛书应用了大量生产现场图片,形象直观,语言精练、简洁,深入浅出,重点突出,篇幅适中,并面向产业发展需求,密切联系生产实际,吸纳了最新科研成果,使读者能科学、快速地解决养殖过程中遇到的各种难题。丛书表现形式新颖,大部分图书采用双色印刷,设有"提示""注意"等小栏目,配有一些成功养殖的典型案例,突出实用性、可操作性和指导性。

丛书针对性强,性价比高,易学易用,是广大养殖户和相关技术人员、管理人员不可多得的好参谋、好帮手。

祝大家学用相长,读书愉快!

中国农业大学动物科技学院

前　言

　　狗是人类最早驯化的家畜。狗肉不仅味道鲜美，肉质细腻，而且营养丰富，是高级的滋补食品。

　　肉狗具有生长发育速度快，繁殖能力强，生产周期短，易于饲养，饲料来源丰富，适应力和抗病力强，以及饲养占地少、成本低等优点。当前，我国的猪、牛、羊、鸡肉市场供求已基本平衡，而狗肉市场货源紧缺。因此，肉狗养殖生产已经成为许多有识之士投资的热点和广大农民增收的新路，肉狗养殖规模逐年增大。为了适应我国肉狗养殖生产快速发展的新形势，普及肉狗养殖新知识、新技术，改变落后的肉狗养殖方式和方法，提高群众科学养殖技术水平，加快我国肉狗养殖业发展的步伐，我们根据多年教学科研与生产实践经验，并查阅大量相关资料，组织编写了本书。

　　本书系统地介绍了肉狗的高效养殖技术，主要内容包括概述、肉狗的生物学特性、肉狗的品种与引种、肉狗场的建设与设备、肉狗的营养与饲料、肉狗的繁育、肉狗的饲养管理、肉狗产品的加工、肉狗的疾病防治和肉狗场的经营管理。本书可供广大肉狗养殖户及相关技术人员使用，也可供相关培训机构及相关农业院校师生参考使用。

　　需要特别说明的是，本书所用药物及其使用剂量仅供读者参考，不可照搬。在生产实际中，所用药物学名、常用名和实际商品名称有差异，药物浓度也有所不同，建议读者在使用每一种药物之前，参阅厂家提供的产品说明，以确认药物用量、用药方法、用药时间及禁忌等。

　　本书在编写过程中，参考了部分专家、学者的相关文献资料，因篇幅所限未能一一列出，在此深表歉意。于永槐先生、杨贺先生、杜宾先生提供了部分照片，在此向三位先生及有关专家、学者表示感谢。

　　由于作者水平有限，书中难免有不足和疏漏之处，恳请广大读者和同行批评指正。

编　者

目录

序
前言

第一章 概述

一、肉狗养殖的意义及其生产特点 …… 1
二、我国肉狗养殖业发展的历史与现状 …… 2
三、我国肉狗养殖存在的问题 …… 3
四、我国肉狗养殖业的发展方向 …… 5

第二章 肉狗的生物学特性

第一节 肉狗的整体结构与体型外貌 …… 7
一、肉狗的整体结构 …… 7
二、肉狗的基本类型 …… 8
三、肉狗的外貌特征 …… 9

第二节 肉狗的生活习性 …… 14
一、杂食性乃至广食性 …… 14
二、好群居,有明显的等级制度 …… 15
三、有标志行为和领域行为 …… 16
四、有嗅闻外生殖器官的习性 …… 17
五、有喜欢爬跨的习惯 …… 17
六、有超感觉 …… 17
七、耐寒而怕热 …… 18
八、母性行为强 …… 19
九、爱清洁、厌潮湿 …… 19
十、智力发达,好与人交往 …… 20
十一、感情丰富 …… 21
十二、有复仇心理 …… 21

第三章 肉狗的品种与引种

第一节 常见的肉狗品种 …… 23
一、国内的肉狗品种 …… 23
二、国外的肉狗品种 …… 28

第二节 肉狗的引种 …… 32

一、引种的误区 ………… 32
二、引种前的准备 ……… 33
三、引种前的检疫 ……… 34
四、慎重选择个体 ……… 34
五、妥善安排运输 ………… 35
六、到场后科学饲养
    管理 …………………… 36

第四章 肉狗场的建设与设备

第一节 肉狗场的场址选择和
       总体布局 ………… 37
一、肉狗场场址的选择 …… 37
二、肉狗场的总体布局 …… 38

第二节 肉狗舍的建设 ………… 43
一、肉狗舍设计的一般
    原则 ………………… 43
二、肉狗舍的基本结构 …… 44
三、肉狗舍的形式 ………… 46
四、肉狗舍的面积 ………… 48

第三节 肉狗场的设备及
       用具 ……………… 49
一、饲喂用具 ……………… 49
二、洗刷用具 ……………… 49
三、项圈与牵引带 ………… 49
四、保温设备 ……………… 50
五、通风降温设备 ………… 50
六、清洁消毒设备 ………… 50
七、检测仪器及用具 ……… 51
八、尸体处理设备 ………… 51
九、其他设备 ……………… 51

第五章 肉狗的营养与饲料

第一节 肉狗必需的营养
       物质 ……………… 52
一、能量 …………………… 52
二、蛋白质 ………………… 55
三、脂肪 …………………… 57
四、碳水化合物 …………… 59
五、矿物质 ………………… 60
六、维生素 ………………… 65
七、水 ……………………… 73

第二节 肉狗饲料的种类与
       营养价值 ………… 74
一、动物性饲料 …………… 74
二、植物性饲料 …………… 81
三、饲料添加剂 …………… 88

第三节 肉狗饲粮的科学
       配制 ……………… 91
一、肉狗的饲养标准 ……… 91
二、肉狗饲料的配制 ……… 93
三、饲料的加工和调制 …… 97
四、肉狗饲料配方示例 …… 99

第六章 肉狗的繁育

第一节 肉狗的生殖生理 …… 101
 一、肉狗的生殖器官及其功能 …… 101
 二、性成熟与适配年龄 …… 104
 三、发情周期 …… 105
第二节 肉狗的配种 …… 107
 一、种狗的选择 …… 107
 二、肉狗的选配 …… 115
 三、发情鉴定 …… 117
 四、肉狗的发情控制 …… 120
 五、配种技术 …… 120
 六、人工授精技术 …… 126
第三节 肉狗的妊娠与分娩 …… 136
 一、胚胎发育与妊娠期 …… 136
 二、妊娠征候与妊娠诊断 …… 137
 三、分娩征兆 …… 141
 四、分娩与接产 …… 143
第四节 肉狗的经济杂交与利用 …… 147
 一、杂种优势的概念及其计算 …… 148
 二、杂种优势表现的一般规律 …… 148
 三、杂交方式 …… 149
 四、提高杂种优势的途径 …… 150
 五、杂交工作中应注意的问题 …… 152

第七章 肉狗的饲养管理

第一节 肉狗的一般饲养管理 …… 154
 一、饲喂 …… 154
 二、卫生管理 …… 156
 三、分群管理,加强运动 …… 157
 四、勤观察 …… 157
 五、抓捕与保定 …… 158
 六、刷拭与修剪趾甲 …… 160
 七、去势与消声 …… 162
 八、驯化 …… 163
 九、标记 …… 165
第二节 各类肉狗的饲养管理 …… 165
 一、种公狗的饲养管理 …… 165
 二、母狗的饲养管理 …… 168
 三、哺乳仔狗的饲养管理 …… 176
 四、断乳幼狗的饲养管理 …… 182
 五、育肥肉狗的饲养管理 …… 187
 六、肉狗的适宜屠宰期 …… 191
 七、狗宝的生产技术 …… 192
第三节 不同季节肉狗的管理要点 …… 194
 一、春季 …… 194
 二、夏季 …… 195
 三、秋季 …… 197
 四、冬季 …… 197

第八章 肉狗产品的加工

第一节 肉狗的屠宰 ……… 199
一、屠宰时间的选择 …… 199
二、宰前准备 …………… 199
三、屠宰方法 …………… 200
四、卫生检验 …………… 202
五、狗肉的储藏 ………… 203
六、狗肉的成熟 ………… 203
七、鲜狗肉的感官鉴别 …… 203

第二节 狗肉的加工与利用 … 204
一、狗肉的食用 ………… 204
二、狗肉罐头的制作 …… 209

第三节 肉狗副产品的开发利用 …………… 211
一、狗皮 ………………… 211
二、狗骨 ………………… 214
三、脏器的利用 ………… 216

第九章 肉狗的疾病防治

第一节 肉狗疫病的基本知识 ……………… 217
一、肉狗疫病发生的原因 … 217
二、肉狗疫病的分类和发病的基本规律 ………… 218
三、临床检查的基本方法 … 221
四、临床诊断技术 ……… 225
五、病理学诊断技术 …… 230

第二节 肉狗疫病的综合防治技术 ……………… 233
一、自繁自养，全进全出 … 233
二、搞好环境卫生 ……… 234
三、肉狗场消毒 ………… 235

四、免疫接种 …………… 236
五、驱虫 ………………… 238
六、药物预防 …………… 238
七、给药技术 …………… 239
八、发生疫病时及时采取措施 …………………… 241

第三节 肉狗常见疾病 ……… 242
一、常见传染病 ………… 242
二、常见寄生虫病 ……… 256
三、常见普通病 ………… 261
四、常见产科与外科病 …… 269

第十章 肉狗场的经营管理

第一节 肉狗场经营管理的主要内容 ……………… 278
一、生产计划 …………… 278
二、劳动管理 …………… 280
三、成本管理 …………… 281

四、利润核算与盈亏平衡分析 …………………… 284
五、产品营销 …………… 288

第二节 肉狗场经营方向和管理模式的决策 ……… 288

一、肉狗场经营方向的
　　决策 …………………… 288
二、肉狗场管理模式的
　　决策 …………………… 289
第三节　肉狗场生产经营的策略
　　　　选择 ………………… 290
一、避免盲从性 …………… 290
二、树立风险意识 ………… 290
三、坚持平衡原则，以销
　　定产 …………………… 290
四、切忌顾此失彼 ………… 291

五、选择投资重点 ………… 291
六、树立企业形象，促进销售
　　工作 …………………… 291
第四节　提高肉狗场经济效益
　　　　的措施 ……………… 292
一、改善经营管理 ………… 292
二、努力降低生产成本 …… 293
三、采用现代科学饲养技术，
　　实现优质高产 ………… 294
四、加强记录记载 ………… 295

参考文献

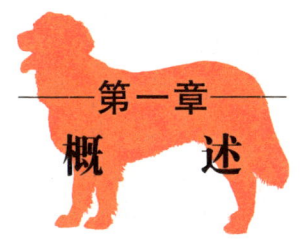

第一章 概述

一 肉狗养殖的意义及其生产特点

1. 肉狗养殖的意义

(1) 为人们提供营养丰富的肉源 狗是人类最早驯化的家畜，我国是一个养狗大国且历史悠久。狗肉不仅味道鲜美，肉质细腻，而且营养丰富，是高级的滋补食品。从营养角度上讲，狗肉的含热量高，胆固醇含量却低。狗肉含有丰富的蛋白质、维生素和矿物质，脂肪含量低。其蛋白质含量高于猪肉、牛肉，且氨基酸全面，蛋白质中尤以球蛋白比例大，对增强机体抗病力、细胞活力及器官功能有明显作用；矿物质中除钙、磷、铁等常量元素以外，还含有锌、硒、锰等很重要的微量元素；维生素有维生素 A、维生素 B_1、维生素 B_2、维生素 D 等。

(2) 滋补保健价值 狗，又名黄耳、地羊。狗肉营养丰富，含有人体必需的各种营养成分，可提高抗病能力，增强人的体质。此外，肉狗的各个部分还具有极高的滋补保健价值。

2. 肉狗养殖生产的特点

(1) 占地少、成本低 肉狗养殖对圈舍条件要求相对较低，猪栏、牛棚、羊圈、旧房经改造后均可舍饲，$8m^2$ 大小可饲养 2~3 只肉狗。加上饲料供应受季节性影响较小，不像其他家畜需要大量存草料。因此，无论是固定资金还是流动资金的需求量均较小。小规模的养殖户只需引进种狗即可，从而大大降低了投资风险。农户只要有一定的经济和技术实力，就可投资办场。

(2) 生长发育速度快，繁殖能力强 肉狗属于已驯化的动物，

具有适应性强、易饲养、繁殖力高、多胎高产及世代间隔短、周转快等特点。在一般饲养管理条件下,肉狗在生下后 8~12 个月即可达到性成熟,且每年春秋两季各发情 1 次,每次发情可持续 6~14 天,杂种肉狗的受胎率可达 90% 以上,纯种肉狗的受胎率在 80% 以上。肉狗的妊娠期为 58~63 天,平均为 60 天。每只母狗 1 年内可产仔 2 窝,每窝一般产仔 6~8 只,多的可产 10 只左右。一般 6 个月出栏,体重在 25kg 以上,8~10 个月出栏体重可达 40kg 以上。因此,肉狗生产能在短期内提供丰富的狗肉。

(3) 易于饲养,饲料来源丰富 经过数千年的人工驯化与选择,肉狗已成为杂食性乃至广食性的家畜,其饲料来源丰富,不仅可以利用动物性饲料,而且可以利用植物性饲料,以玉米粉为主,添加少许蔬菜、麦麸、米糠、残菜剩饭,或猪、牛、鸡下脚料等。只要科学饲养,精心管理,育肥 4~5 个月,体重可达 35kg 左右。目前,全国每年因屠宰动物而废弃的动物内脏和血液的数量很大,仅江西 1 年就有猪血约 4400 多吨,制革厂的下脚料 2400 多吨。这些产品倘若能开发作为肉狗的饲料,不仅可废物利用,而且可降低饲养成本,大大提高肉狗的生长速度。所以,饲养肉狗可以充分利用其他动物难以利用的动物产品加工厂的下脚料,生产出市场上热销的狗肉产品,以丰富肉类市场,提高人们的生活质量。

(4) 适应力和抗病力强 肉狗对环境的适应能力很强,能够在极其恶劣的环境中生存和繁衍后代。在北极和南极、沼泽和沙漠、高山和平原、沿海和内陆都有狗的存在。肉狗有极强耐受饥饿的能力,即使在三周内不吃食物,也不会发生十分衰弱的现象。此外它的抗外伤性很强,在很严重的伤势下多数能活过来,并且自愈能力很强,因此医学外科手术将其视为最理想的试验动物。

二 我国肉狗养殖业发展的历史与现状

狗的养殖历史非常悠久,从原始人类猎获狗并开始饲养,距今已有 5 万多年的历史。根据考古研究,狗是最早被人类驯化的动物,我国驯养狗的历史在 8000 年以上。我国最早的甲骨文中的《卜辞》即记载了当时一些驯养狗的情况。周代把狗分为 3 种:田狗、吠狗、食狗。春秋战国时期,养狗有所发展。到了汉代,养狗极其盛行,在皇宫中设有"犬监"等官职。到了近代，养狗业得到进一步发展，养狗主要分布在乡村、北方牧林区及中小城镇。新中国成立后，广大劳动人民安居乐业，农村养狗量大大增加。但是，与其他家畜相比，肉狗业的发展比较缓慢，整体饲养量和饲养水平偏低。长期以来，狗一直被用来护院、观赏、狩猎，未能像其他畜禽一样得到重视。20世纪80年代以来，随着我国改革开放的不断深入和经济的飞速发展，肉狗业在全国得到了迅猛发展，许多省（市）都建有肉狗场，使肉狗养殖作为一种产业在全国蓬勃兴起，肉狗养殖业在整个畜牧业中的地位发生了根本改变。近年来，肉狗养殖业已成为畜牧业发展的热点，肉狗基地数量增多。据不完全统计，养狗在100只以上的肉狗场，全国近300家，加上规模尚小的肉狗场，数量就更多。但是，由于我国肉狗养殖业起步较晚，还未能形成大规模、集约化饲养，目前各养殖场的规模都比较小。近几年虽然肉狗养殖业发展迅速，但与市场的需求相比，仍有较大的缺口，全国狗肉缺口7000万t以上，按我国人口现状，即便是建成年出栏3000只肉狗的养殖基地4000个，也只能满足每100人每年消费1条肉狗的最低需求。由此可以预见肉狗养殖业发展前景非常广阔。

三 我国肉狗养殖存在的问题

1. 规模化程度低

目前，全国肉狗养殖量在10万只左右，规模在30只以上的有2000家左右，一般规模都在40~60只；规模达到100只以上的仅有300家左右。虽然肉狗养殖群体逐年增大，但总体来看规模化程度比较低。养殖场（户）只是自己养狗、贩狗，养殖数量相对较少，多无法做到封闭式圈养，无法规模化、产业化。这样导致肉狗饲养数量少，生产周期长，生产水平低，肉狗生产远远不能满足市场需求。

2. 肉狗育种滞后，尚没有专用的肉用品种

肉狗养殖业是新兴的养殖业，是一个急待开发的行业。目前国内外尚没有专用肉狗品种，缺乏符合生长速度快、饲料转化率高、适应性强、抗病力强、性情温顺、体态强健、前后躯发达、被毛短直平及繁殖力强、产仔数多、肉味纯正、出肉率高的优良肉用品种。各地所饲养的肉狗品种中比较好的藏獒、牧羊犬等，都只是地方优

良品种,没有经过系统选育,在体型、生产性能等方面差异较大,与快速发展的肉狗生产极不适应,造成优良种肉狗严重缺乏,给一些炒种者提供了可乘之机,使种肉狗市场鱼目混珠,价格上涨,干扰了正常的肉狗生产。因此,在选择种狗时要特别注意。

3. 不注意科学配制饲料

饲料营养是肉狗养殖的物质基础,良种肉狗必须饲喂营养全价而均衡的饲料,才能使肉狗机体健壮、生产性能好,优良的遗传基因才能充分发挥,从而产生良好的经济效益。虽然我国肉狗养殖的历史很久,但专业化从事肉狗养殖的时间不长,对肉狗的营养标准的试验研究尚不够系统和全面,生产中多参考宠物狗的饲养标准或凭经验配制饲料。相当部分的肉狗场(户)不能根据肉狗的消化生理特点配制饲料,不能科学饲喂,使得肉狗的生长速度减慢,饲料转换效率降低,饲养成本提高。

4. 不注意疾病防治工作

随着养殖规模不断扩大,狗病已成为制约肉狗养殖业发展的重要因素。其主要原因:一是种狗来源分散,品种不一,消毒不严,运输过程导致疫病传播;二是疫苗供应短缺或接种方法不当。危害较大的狂犬病、犬瘟热、病毒性肠炎、肝炎等病,特别是犬瘟热、病毒性肠炎疫苗质量差,免疫程序不够理想;三是千家万户的分散饲养条件差,防疫意识淡薄,没有采取必要的防疫、免疫措施,为疫病的控制带来了难度,极易引发大的疫情;四是规模化饲养对防疫措施的要求更高,一些养殖场没有按照正规的免疫程序进行管理,导致大群饲养交叉感染,这些都对肉狗养殖业的持续稳定发展形成了隐患,严重制约肉狗养殖的效益和产业稳定发展。

5. 狗肉质量较差

狗肉销售受季节影响较大,且不同地区市场需求也存在差异。一方面因为我国大多流行冬季吃狗肉"热补"的习惯,所以春、夏、秋三季销量小,造成狗肉大量积压,增加饲养成本。另一方面是受民族习俗影响,一些地方没有食狗肉的习惯,消费需求受限。目前,广大农村仍然是肉狗的主要来源,由于灭鼠投入了大量剧毒鼠药,使一部分狗与鼠同归于尽,减少了部分供食肉狗。农村在养狗的品种上也发生了很大变化，广大农村引进了黑背、狼青等军警淘汰的狗，与农村原有的狗杂交，产生二串子、三串子，这样狗的狗肉品质差，口味欠佳。再加上，由于缺乏专用的肉狗品种、饲料原料的选择及饲料配制不科学、滥用药物和添加剂、肉狗来源渠道不清，以及检疫加工中存在的问题直接影响到狗肉的品质和卫生质量，导致风味差、药物残留多甚至含有较高的有毒有害物质、病原和寄生虫等，从而导致肉狗产品质量差，有时甚至已危害食品安全。

四 我国肉狗养殖业的发展方向

1. 品种优良化，走自繁自养的发展道路

目前世界各国尚没有专门肉用品种。对肉用品种的选种和育种工作，也不是一朝一夕能完成的。近年来，各肉狗场已改变了过去单纯饲养土种狗的状况，一些养殖场积极从国内外引进优良新品种。国内一些稍具规模的饲养场，也正在进行选育杂交，希望培育出新品种或新品系。在现阶段，为解决好肉狗的种源问题，最好的方法是自己饲养适宜的种狗，一般利用体型较大的藏獒、圣伯纳犬、大丹狗等品种作为父本，以优良的本地狗作为母本开展两品种间的经济杂交（又称二元杂交），利用杂种优势，提高商品肉狗的生产性能，包括生长速度、胴体品质、饲料利用率，从而有效地提高饲养肉狗的经济效益。目前我国尚缺乏具有一定规模、有良好防疫条件、能提供足够数量优质商品肉仔狗的种狗场。肉狗场如果只考虑短期效益而盲目从市场或其他种狗场引入商品肉狗，进行集中催肥饲养，而不搞自繁自养，不仅会增加生产成本，如果不进行隔离观察、检疫，往往很容易诱发犬瘟热、细小病毒性肠炎等烈性传染病，严重时会有全军覆灭的危险。

2. 饲养管理科学化，走绿色肉狗生产的发展道路

随着我国人民经济收入的增加，我国出现了肉类多元化市场。要求生产"无超标重金属""无抗生素残留"为主要内容的"安全肉"的呼声日高。虽然价格比普通狗肉要高，但绿色无公害狗肉仍然受到消费者的青睐。安全肉的生产要建立一个生产体系，从种狗、管理、饲料、添加剂控制到屠宰、加工、运输、销售等，同时建立专卖店，创建品牌。

3. 分工明确化，走"公司+农户"的发展道路

任何动物产品的生产，都是一个复杂的系统工程，肉狗饲养也不能例外，其生产应包括种狗饲养、商品肉狗饲养、饲料加工、屠宰加工等，各个环节紧密联系，相互制约，缺一不可。生产的这些环节，如果紧紧依靠社会提供的服务，不仅利益分散，而且也容易受市场的制约。最好的办法是转变经营体制，采用国家、集体、个人共同参股的方法，把生产、运输、加工和销售等各个环节统一起来，实行公司化经营。随着肉狗养殖规模化的发展，越来越多的小养殖户开始寻求新的出路，各大公司也开创了很多养殖模式，解决肉狗养殖户的出路问题，"公司+农户"养肉狗模式就这样应运而生了。"公司+农户"养肉狗模式的优点是：多元化、产业化经营，以肉狗养殖业为主，兼营饲料、屠宰等相关产业；给农户提供配套服务，提供饲料、肉狗回收、技术咨询等服务；提供种狗、育肥仔狗；农户仅仅负责狗的生长育肥阶段。这种模式对养殖户来说固定资产投资相对减少，整体肉狗养殖规模易滚动扩大。目前"公司+农户"的经营模式还处于起步阶段，要使这种模式得到广泛运用，需要各级政府部门采取优惠政策予以扶持，帮助农户解决资金和土地等问题。

4. 养殖技术上趋向于动物福利

动物福利是指如何让动物适应其所处的环境并满足其基本的自然需求。国际上动物福利由五个基本要素组成：生理福利，即无饥渴之忧虑；环境福利，也就是要让动物有适当的居所；卫生福利，主要是减少动物的伤病；行为福利，应保证动物表达天性的自由；心理福利，即减少动物恐惧和焦虑的心情。西方一些国家提出了动物福利的条文，并组建了相关机构，制定了规章制度。据研究，动物福利措施得当，将有助于改善动物的健康状况，同时能让家畜充分发挥遗传潜能，提高生产效率。为此，应做到全盘规划，合理布局，改善肉狗的生长环境，引进、创新、开发肉狗养殖生产工艺，全面实现动物福利，提高我国肉狗养殖的生产水平和经济效益。

第二章
肉狗的生物学特性

第一节　肉狗的整体结构与体型外貌

一　肉狗的整体结构

肉狗的整体结构见图2-1。了解和熟悉肉狗的这些部位，对于肉狗养殖者相互之间或与专业人员对肉狗的体征、生理特点、狗体评价的交流和疾病的指认及确定等，无疑是非常有益的。

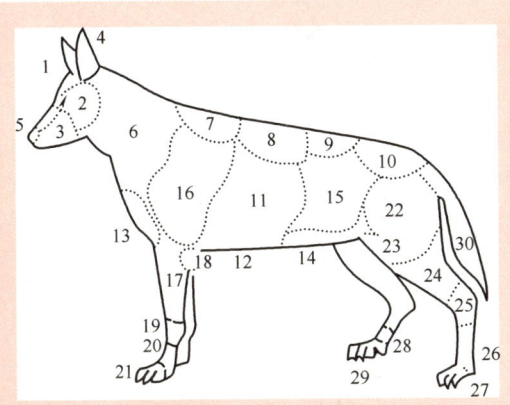

图2-1　肉狗的整体结构
1—额部　2—咬肌部　3—颊部　4—耳　5—鼻镜　6—颈部　7—鬐甲
8—背部　9—腰部　10—荐臀部　11—胸侧部　12—胸下部　13—前胸部
14—腹下部　15—腹部　16—肩背部　17—前臂部　18—肘部　19—腕部
20—掌部　21—指部　22—股部　23—膝部　24—小腿部　25—跗部
26—跖部　27—趾部　28—第1趾　29—趾枕　30—尾部

二 肉狗的基本类型

根据狗的比较形态学特点可将肉狗分为6个基本类型（见图2-2）。

图2-2 肉狗的六个基本型

1. 马士提夫型

这类狗头较大，呈圆形或方形；口吻部十分短，嘴唇厚而长，鼻额角度明显；个体大，体格结实、强而有力，通常为大型狗，如藏獒、马士提夫犬等。

2. 狼犬型

狗的头呈平角锥形，嘴与吻部延长，鼻额角度适中，嘴唇薄，耳朵直立；身体各部分之间的比例适中，行动敏捷，如德国牧羊犬、昆明犬等。

3. 灰猎犬型

头长，呈锥形，头颅骨狭窄；耳朵小，朝背方向，有时直立；口吻长，下颌有力；鼻额角度不明显，上下嘴唇较薄；四肢优美，体躯修长，深胸及拱形的腰呈流线型，如苏俄猎狼犬。

4. 波美尼亚犬型

类似狼形的头，头颅宽阔；口吻与狐的相似，耳朵小而直立；身体短而结实，毛长，尾巴向背方向弯，如松狮犬。

5. 波音脱型或猎犬型

头呈棱柱体形；口吻的基部较宽；耳朵大、长而下垂；嘴唇也下垂，站立时更为明显；身体结实，如意大利波音达犬。

6. 腊肠犬型

身体框架为长方形；体长，腿短，耳朵下垂，如腊肠犬。

三 肉狗的外貌特征

肉狗的外貌是狗的整体外形、身体结构和各部位结构特点的统称。每一个品种都有自己的特点和标准，外貌差异是品种的重要区分条件。外貌在肉狗育种、使用上有重要意义，它在一定程度上决定肉狗是否具有肉用价值。

1. 整体外形

整体外形是指狗给人的总体印象，如肉狗在站立时其体形是长方形或正方形（见图2-3），体格强壮、肌肉发达。

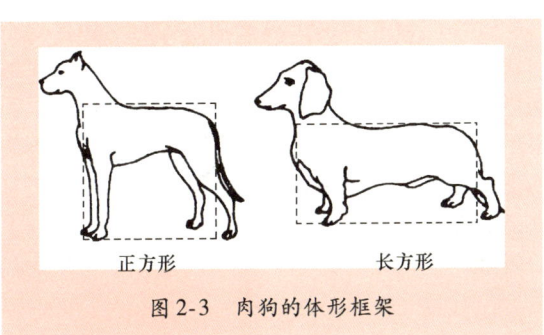

图2-3 肉狗的体形框架

2. 头部

头部由颅部和面部组成。颅部位于颅腔周围，面部位于口腔和鼻腔周围。肉狗的头部一般能反映出该个体的重要特性，如年龄、性别、健康状况、用途和体质等。

（1）鼻 鼻是肉狗头的延伸部分，从左右眉梁会合线至鼻端范围，鼻的长短因品种而异。例如，哈巴狗的鼻较短。鼻端裸露或无毛部分富有色素，发亮似镜，称为鼻镜。鼻镜是临床诊断和选购肉狗时的关键部位，鼻镜湿润与清凉是健康的标志。

（2）唇 唇是口裂的游离边缘部分，富有色素。唇的形态因肉狗的品种而略有差异，有的品种唇干净，有的品种唇比较松弛而形成特有的垂唇。

（3）眼 肉狗的眼睛形状、大小、凹凸与颜色，因品种而异，有红色、黑色、黄色（如波音达犬）、黄褐色及深浅不同的褐色5种。眼睛有凹陷的（如圣伯纳犬）、椭圆形的（如德国牧羊犬）、圆形的（如马士提夫犬）等。

（4）耳 耳是肉狗的听觉器官。由内耳、中耳、外耳3部分组成。肉狗的耳郭形状可因品种、类型及个体的不同而异。通常可按耳郭的大小、形态、竖立状态分为直立耳、纽扣耳、半直立耳、垂耳、玫瑰耳和蝙蝠耳，这是鉴定不同品种肉狗的重要依据。例如，德国牧羊犬是直立耳。

（5）咬合形式 咬合形式是指牙齿的闭合形式（见图2-4），也是评价肉狗体征优良与否的重要标准之一。一般认为，肉狗的正常咬合为剪式咬合，即指上切齿正对下切齿，而下切齿表微触上切齿的齿背。钳式咬合又称为断口咬合，为上切齿的齿尖接触下切齿的齿尖，如同钳子一样的咬合。上颌凸出式咬合又称为上颌突出式咬合。咬合不足，即上切齿超出下切齿的咬合，多见于下颌骨发育不良。咬合不正又称为下颌凸出式咬合，即下切齿超出上切齿。虎头式咬合，则是面部颅骨萎缩，鼻骨突起很短且向上倾斜，下颌骨伸长向上屈曲所致，这种咬合是上切齿不仅落在下切齿之后，而且在下颌犬齿之后，有时上唇不能覆盖牙齿，下颌切齿和犬齿露在外面，是一种严重的咬合缺陷。

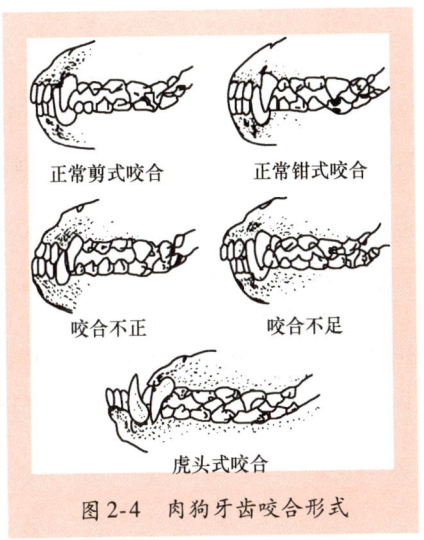

图 2-4 肉狗牙齿咬合形式

3. 颈部

颈部是指从肩胛到头骨的部位，前连头部，后连躯干，有平衡体重的作用。狗的颈部因品种而异，绝大部分肉狗的颈长与头部相等，但短吻品种除外。有的肉狗颈部皮肤与肌肉很丰厚，形成肉垂，如马士提夫犬。

4. 躯干部

躯干部是颈与四肢及尾所依附的部分，躯干的容积、形态和结构与内脏器官的发育和功能有密切关系。

（1）**背部**　背部是颈背侧的延续，主要以胸椎为基础，根据狗的品种不同，背可平直、凹陷或拱起。肉狗一般要求背部平直、宽阔、结实，长度适中。

（2）**腰部**　腰部是背部的延续，主要以腰椎为基础。腰是连接前躯和后躯的部位，肉狗在奔跑运动时主要靠腰部发力。因此，肉狗一般要求腰宽广、平直且肌肉发达，背腰结合良好。

（3）**胸部**　胸部是躯干的重要组成部分，由肋骨包围而成。胸廓的大小关系着心肺的发育，一般要求胸廓宽而深。

（4）**腹部**　腹部是指胸部和骨盆之间，腰椎横突腹侧的软壁部分。狗的腹部因品种不同而异，有的大而圆，有的腹上收，有的腹小而窄。

（5）臀部 臀部是指位于荐部两侧的位置，其解剖基础是荐椎。品种不同，要求臀的长、宽和角度也不相同。如德国牧羊犬要求臀部向下23°左右的倾斜。肉狗要求臀部长而宽，肌肉丰满。

5. 尾部

尾部是肉狗腰部末端延伸成的一根附肢，起着表达感情、平衡身体、保护生殖器官和肛门的作用。肉狗的尾部可分为尾根、尾体和尾尖。尾的形状和姿态因品种不同而有差异，并且少数品种按要求需要断尾。肉狗的尾巴是鉴定品种的一个主要标志。通常根据尾根位置、粗细、长短、被毛及保持方法不同而将尾的类型分为如下几种（见图2-5）。

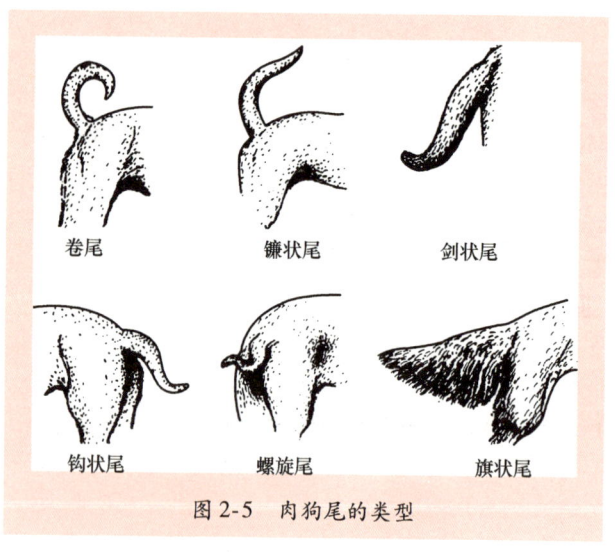

图2-5　肉狗尾的类型

（1）卷尾 尾巴卷至背上或体侧，就卷曲形状又分左卷、右卷、双重卷等形状。

（2）镰状尾 尾部不像卷尾般弯曲，而是呈镰刀状高举。

（3）钩状尾 尾端如钩针向上弯曲状，如大丹狗。

（4）螺旋尾 自然的短尾，微微扭曲成螺旋状，如斗牛犬。

(5) **剑状尾** 形如剑。
(6) **直立尾** 尾直立与背部形成几乎直角。
(7) **旗状尾** 和背成水平，饰毛丰富犹如旗子般垂下。

6. 四肢

四肢包括前肢、后肢两部分。

(1) **前肢** 前肢借肩胛和臂部与躯干的胸背相连，但与胸背部不形成关节，而依靠强大肌肉群附着。每一前肢可分为肩带部（肩部）、臂部、前臂部和前脚部（包括腕部、掌部和指部）。前肢在运动时起支撑和支持狗体的作用。前肢长度因品种不同而差异极大，两前肢之间距离亦有宽窄之分。当肉狗站立时，前肢一般以直立形状为佳；而肘弯向外侧，两前肢过于接近均为欠佳姿势（见图2-6）。

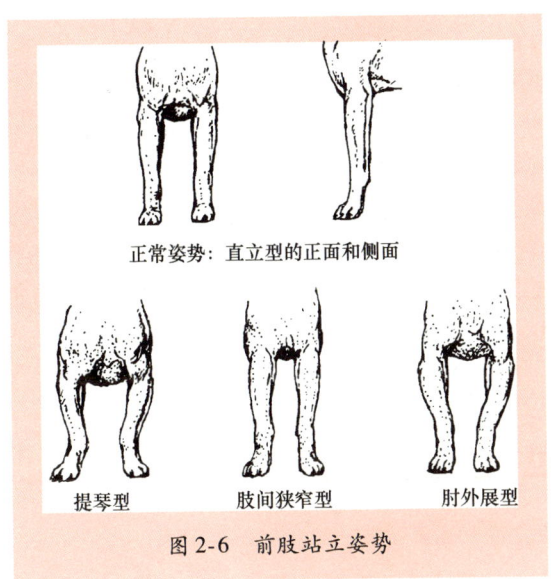

图2-6 前肢站立姿势

(2) **后肢** 后肢由臀部与荐部相连，是狗前进运动的起点。每一后肢可分为大腿部（股部）、小腿部、膝部和后脚部（包括跗部、跖部和趾部）。当肉狗站立时，从后面看其后肢应垂直且彼此间平行；而跗关节向内侧成"X"形弯曲的牛状姿势、刀形姿势、直立姿势、桶形姿势均为欠佳姿势（见图2-7）。

(3) 脚趾 　肉狗的前肢有五趾，后肢有四趾，每趾均具爪。肉狗脚趾与其活动密切相关，也是区别不同品种的一个特征。一般根据肉狗脚趾的形状、大小和松散程度大致分为猫型趾、兔型趾、伸张型趾和平足型趾4类。猫型趾（小型），脚小而圆，紧凑者为最佳；兔型趾（椭圆形），像兔子脚趾，是较理想的脚趾形状；伸张型趾（趾展型），脚趾之间裂缝过大，外形不甚美观，行走时脚趾间常会夹住泥沙；平足型趾，脚趾薄如纸张，爪尖发育不良，难以支撑身体重量，是较差的脚趾类型。

7. 皮肤与被毛

狗的被毛来自于皮肤的生发层，是一种坚韧并具有角质的线状物。被

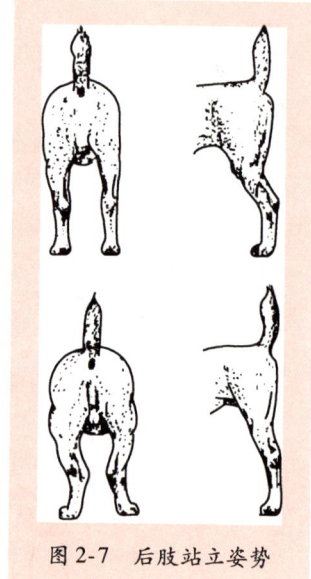

图2-7　后肢站立姿势

毛具有保护机体免遭外界刺激和有助于维持正常体温的作用。狗的被毛按其长度可分为：长毛（超过6cm，如博美犬、马尔济斯犬）、中毛、短毛（短于3cm，如波音达犬、拳师犬）、无被毛（中国冠毛犬）。肉狗要求皮肤轻薄而松弛，被毛有光泽。

第二节　肉狗的生活习性

一　杂食性乃至广食性

在历史上犬科动物几乎都是肉食性动物。肉狗的牙齿、上下腭各有一对尖锐的犬齿，善于撕咬猎物，肉狗的口齿也较尖锐、强健，能切断食物。肉狗的食管壁上有丰富的横纹肌，呕吐中枢发达，当吃进毒物后能引起强烈的呕吐反射，把吞入胃内的毒物排出，是一种独特的防御本领。肉狗在人类的驯化和长期影响下，食性发生了较大的改变，除了仍保留肉食行为外，已经具有杂食性乃至广食性

的特点。各种畜肉、禽蛋、动物骨血、内脏等动物性饲料，各种粮食作物加工的产品如玉米粉、小麦粉、大米、高粱、各种豆类籽实（熟制、粉碎），以及各类蔬菜、果品等，肉狗均可摄食。但从肉狗的摄食行为和生理学特性来说，肉狗仍喜欢吃动物性蛋白质和脂肪，如在饲料中加入一些带有腥味的东西（如鱼汤和肉汤），不仅能提高肉狗的食欲，增加其采食量，而且还可满足其营养的需要，保证其健康生长。由于肉狗的消化道具有肉食动物肠管短、蠕动较快、腺体发达等特点，对蛋白质和脂肪能很好地消化；但对粗纤维含量较高的食物，不能充分消化和吸收利用。

> 【提示】 肉狗虽有味蕾，但采食时大都是"狼吞虎咽"，很少咀嚼，因而不能通过细嚼慢咽来品尝食物的味道，主要是靠嗅觉和味觉的双重作用。因此在准备肉狗的饲料时，要特别注意气味的调理。

二 好群居，有明显的等级制度

狗生性好群居，通过进化和适应，形成了特殊的社群行为。我们经常见到几只狗在一起戏耍和集群活动，当一只狗进攻陌生人时，其他狗闻声后齐而攻之。人们利用狗的这一特性，进行群猎或群狗追踪。在饲养管理上，可利用这一特性将它们分群饲养，以使其饲养趋向产业化。但是肉狗的这种特性，并不是简单地如家畜那样随便地合群，它们的群体内有明显的等级制度。在群养条件下，肉狗群内有首领，群内序位排列的高低一般要经过争斗才能决定。但决定序位后，肉狗会相对遵守各自的排序，包括在摄食、交配、领地等方面。低序位肉狗只服从或避让高序位肉狗，使自己处于屈从地位。肉狗争斗决定等级序位的存在有两重性，一方面在争斗序位形成以后，不会再发生争斗，利于保持肉狗群的安宁；另一方面，由于群内存在争斗序位的情况，在集群饲养条件下，有可能在摄食时因强狗霸食，弱狗很难吃到食物，以致造成摄食不均，发育不匀。肉狗本身的社会地位也能够影响到其交配行为，地位高的母狗可能不会让地位低的公狗和它交配，而一只地位高的公狗和充满了恐惧

感的母狗交配时,胆小的母狗可能会仰躺在地上而使交配无法完成。一般来说,总是公狗的地位超过母狗,交配才能比较顺利。肉狗的排斥竞争性同样十分突出,两只陌生的狗见面就会马上准备或立即打斗。一般仔狗出生20天后就和同舍的仔狗游戏,30～50天后走出自己的窝结交新伙伴,此时正是更换主人和分群的最佳时机,否则就会产生较大的不良刺激。对于未去势的成年公狗一定要分栏饲养,避免争斗伤残或致死。

> ⚠【注意】 合群时尽量不要将新狗或外狗放入已建立争斗序位的狗群中,以免群起而攻之,造成不测。另外在分群时还要考虑肉狗的大小统一,避免出现以强欺弱的情况。尤其不能将成年狗与青年狗直接混群。

三 有标志行为和领域行为

肉狗漫游时经常排尿做"嗅迹标志",并不停地搜寻嗅迹。公狗成年后,在外出散步时,遇到转角或树干,总是习惯性地停下来,抬起一后肢排尿,然后继续前进。母狗在发情期也有类似现象,排尿前四处嗅一嗅,然后蹲下排尿。公狗比母狗更喜欢漫游,并且更善于利用这种标志。因为母狗在性冲动时分泌一种能使公狗兴奋的物质经尿排出,这种"嗅迹标志"行为使公狗知道母狗发情的信息,于是公狗极力追踪母狗进行交配。

肉狗的领地行为(或称为领域行为)是指肉狗占据一定的地域空间,不允许其他狗特别是陌生狗进入的行为。肉狗领域的形成,多半是通过争斗来划定势力范围,一经确定便各守一方。因此,肉狗领地的建立,有减少争斗的作用。用尿和粪便留下气味,是肉狗用来表明等级、巩固社会地位的方法,这种方法也用来标明领地。不过,肉狗特别喜欢用出声和吠叫来回应侵入领地的行为。狗的领地意识除表现在自己的领地不容侵扰,还表现在对主人的占有,视主人为领地的一部分,一旦主人受到侵害时,即会做出积极防御反应来保护主人。

⚠️ **【注意】** 肉狗饲养过程中,应高度重视肉狗的领地行为,有强烈领地行为的肉狗一般不适宜大规模密集饲养。

四 有嗅闻外生殖器官的习性

互嗅也是肉狗的一个最为常见的社会行为。两狗互相嗅闻时,是二者之间的一种交流方式。它们通过互相嗅闻最能反映情感的外生殖器官部位(这个部位的皮腺能分泌出对狗有极大诱惑力的气味),可辨别对方的性别、年龄、身体状况及其态度。两只狗接触时都有一定的程序,即先互相嗅闻,再接触肩部被毛,最后检查外生殖器官。往往年长的狗或高序位的狗有权检查年龄小及低序位的公狗、母狗、幼狗的外生殖器官。

五 有喜欢爬跨的习惯

各类年龄、性别的肉狗都有爬跨的行为,但其目的和表现都不一样。幼狗的爬跨是高兴和顽皮的表现,尤其是主人离开一段时间返回时(如白天上班,晚上下班回家时),常有这一动作;或两只小公狗玩耍时也常有爬跨动作,这是高兴的表现,而无交配之意。成年公狗表现爬跨时有两种情况:一是为了与发情母狗交配;另一种情况是企图确立自己的优先地位。母狗通常只是在发情高潮时允许公狗爬跨,母狗为了调情,不仅用身体摩擦公狗,翘起尾巴站立,甚至是爬跨公狗,此时,就应立即交配。

六 有超感觉

肉狗具有非常发达的高级神经系统和嗅、听、视等感觉器官,因此,其记忆力、判断力和模仿力等均较强。肉狗的嗅觉灵敏度位居各家畜之首,对酸性物质的嗅觉灵敏度要高出人类几万倍。肉狗的嗅觉神经和脑直接相连,嗅觉神经末梢密布鼻腔,肉狗鼻腔中的嗅细胞是嗅觉的感受器。肉狗鼻腔嗅细胞部分有很多皱褶,其面积较人类大。以德国牧羊犬为例,其鼻腔嗅细胞部分的面积是人类的4倍。而且狗在扩张鼻孔的时候,可吸进更多的气体,以加强嗅觉的印象。所有这些特点,使肉狗有超常的嗅觉能力。

肉狗的听觉也十分发达，不仅可分辨极微细小的声音、高频率的声音以及识别出音符和音速，而且寻找声源的能力也相当发达。肉狗的耳朵能感觉到每秒钟千万次的声波振动，清楚地区分口令和各种脚步的沙沙声等。研究表明，狗的听觉是人类的16倍，人在6m以内才能听到的轻微响声，狗能在24m远的距离内听到。而在夜间安静时，狗甚至可以清晰地听到方圆1000m内的各种声音。对于肉狗来说，突如其来的声音，如大喊大叫、主人严厉训斥，会使肉狗表现出一种恐惧感，肉狗的情绪无法稳定，身体发生一系列的变化，如呼吸加快、全身发抖、脉搏加快、体温升高，产后不久的母狗还可能发生吃仔狗的现象。这一点在肉狗的管理中要特别注意。

肉狗是色盲，视力较差，在所有动物中，肉狗视力大约是中等水平。肉狗的眼球晶体比较大，较难调节远近，视力范围为20～30m，这也是肉狗为"近视眼"的原因。但是对移动的物体具有特别强的侦视能力，可达到大约800m的距离。肉狗的视野十分开阔，单眼的左右视野为125°～145°，上方视野为50°～70°，全视野为250°～290°。这样大的双眼视觉区可以做到"眼观六路，耳听八方"。肉狗视觉的另一个特征是暗视力比较灵敏，这说明其仍然保持着夜行动物的特点，在微弱的光线下也能看清物体，所以在日出或日落时，肉狗比人看得清楚。

七 耐寒而怕热

肉狗的大部分体表被毛覆盖，抵御风寒的能力很强，因此肉狗在零下50℃也能生存。但肉狗的汗腺不发达，只在趾球和趾间有汗腺，通过体表散发的热量很少。肉狗的这一机能使其有很强的耐寒性和怕热性。肉狗的体温略高于人，正常体温为37.5～38.5℃，15～25℃是肉狗比较舒适的温度区域，当环境温度超过30℃，肉狗可表现为张口伸舌的喘式呼吸，同时唾液分泌加强，通过口腔黏膜、舌面和呼吸中的水分蒸发而散热，或在沙坑、泥水中滚浴散热降温。如果温度过高，肉狗易患热射病死亡。因此，高温季节应重点做好肉狗的防暑降温工作。

> 【提示】 仔狗因皮下脂肪少、皮薄、毛稀、体表面积相对较大、体温调节机能还不完善以及肝糖原、肌糖原储备少,故怕冷怕潮湿,应注意冬季保温工作,否则仔狗易被冻死。

八 母性行为强

肉狗的母性行为是关系狗群发展和形成一定规模的重要保证。肉狗的母性行为是由一系列行为组成的,或者可以称其为行为系列。如母狗在分娩前会自行筑窝,分娩中能本能地咬破胎衣,咬断脐带,舔舐新生仔狗,吃掉胎衣和仔狗的粪尿。哺乳中母狗会采取最合适的姿势,既便于仔狗吮乳,又不会压死仔狗,并能保证为仔狗供暖。肉狗的母性行为还表现在幼狗开食后,母狗会吐出半消化状态的食物喂给幼狗,引导幼狗逐渐减少对母乳的依恋,并习惯自己摄食饲料,以保证幼狗的生长发育。母狗的这一特点,可作为选择种母狗的重要条件。

> 【提示】 尤其是产仔哺乳期间,母狗表现得十分凶恶,为了保护仔狗,不允许别的狗和生人接近,一旦动物或人接近,就会怒目直视、怒吼甚至发动攻击。有时对主人或饲养员也持谨慎态度。

九 爱清洁、厌潮湿

肉狗在休息时常用很多时间去整理体表,以清除体表的皮屑、污垢以及不适的地方,并用舌舔阴部或伤口,用牙啃咬皮肤,用肢爪搔被毛等。在仔狗吃固体食物之前(5周龄以前),仔狗不会离开睡窝到排粪尿区排泄,此时母狗会舔仔狗的排泄物来保持清洁。无论公、母狗都有经常检查和细心用舌舔自己外生殖器官以保持其清洁的习性。肉狗的皮肤表面神经分布广泛,皮肤异物的刺激会牵动神经收缩,带动全身抖动除去异物,保持身体被毛的干净。肉狗的排粪时间一般在清晨、睡觉前或食后20min左右。肉狗不在吃和睡的地方排粪、排尿,每只狗都有固定的排粪地点,喜欢排在墙角和潮湿、隐蔽、有粪便气味处。所

以，在管理中，只要我们稍加引导和调教，极易训练肉狗在固定地点排粪、排尿，养成良好的卫生习惯，使狗舍内保持清洁和干燥。

> ⚠ **【注意】** 肉狗频繁地嗅自己的肛门部位，是狗不适或消化功能不正常的表现，应及时进行检查或治疗。

✚ 智力发达，好与人交往

肉狗智力很发达，能够领会理解人的语言、表情和各种手势，并做出正确的反应。这是因为狗神经系统很发达，容易建立起条件反射。在时间观念方面，每到喂食的时间，肉狗都会自动来到喂食的地方，表现出异常的兴奋。如果喂食稍晚，就会以低声的呻吟或扒门来提醒饲养员。在记忆力方面，肉狗对饲养过它的饲养员和住所，甚至饲养员的声音都有很强的记忆能力。

肉狗生性好动，不甘寂寞。与人交往是其天生的习性，以主人为友，依赖于主人，将主人作为自己生活中不可缺少的一部分。在肉狗的饲养管理过程中，必须保证足够的时间与肉狗共处，以消除肉狗的孤独心理、增强人与狗之间的感情。肉狗与人交往的程度常取决于3~7周龄时与人接触"印记"的程度。如果肉狗出生的头两个月只和它的父母或其他狗在一起，而不与人在一起，或没有真正逐渐了解人，则其一生就会远离人，并难以管理与训练。如果生下来就受到人的抚爱，会使它认识到人是朋友，是能与它玩耍的伙伴，并熟悉人的气味，与人和善，容易接受管理与训练。这在肉狗的挑选、管理和训练时，需要引起足够重视。

【小经验】>>>>

→ 当人拍、摸肉狗的头颈部时，肉狗会有一种亲切感，但切忌乱摸臀部、尾部，一旦触摸这些部位，往往会引起反感，有时还会遭到攻击。在饲养过程中可以利用肉狗的这一特性，与肉狗保持亲善、和谐的关系，使肉狗能够顺从管理。

十一 感情丰富

肉狗是一种高级哺乳动物,虽然不会说话,但它的动作、姿态却能表现出其感情和意愿,掌握好肉狗的情绪变化对于饲养和管理很重要。当肉狗的心情愉快、对人表示友善时,常表现为尾巴懒散地下垂或轻轻摆动尾巴,身体轻松地站立,目光温柔,耳朵向后扭动,身体柔和地扭曲,全身被毛平滑。当肉狗高兴时,两眼放光,全身动作潇洒,常常围绕主人身边,前后左右地蹦跳,使劲摆动尾巴,两耳向后方扭动,不断地向高处跳跃。肉狗尾巴悬起或竖立摆动,头部垂下,耳朵靠拢,躯体低沉、无精打采是主动服从的表现。而肉狗卧在地上,尾巴平放,耳朵靠拢并咧嘴"傻笑",打滚时胆怯地亮出腰部是被动服从的表现。当肉狗处于警觉状态时,其身体挺直地坐着,头部高举,耳朵竖起,全神贯注,不放过一点动静,常面向声源处发出吠叫声。当肉狗愤怒时,其两眼圆睁,目光锐利,全副牙齿裸露,耳朵直立,尾巴陡伸或直伸,全身被毛竖起,身体僵硬,四肢用力踏地,并不断发出"呜——呜——"的威胁声。若见其两前肢下伏,身体后坐,则是即将发动进攻的最后信号。当受到惊吓而发生恐惧时,肉狗表现为尾巴下垂或夹在两腿间,耳朵向后扭动,全身被毛直立,两眼圆睁,浑身颤抖,呆立不动或四肢不安地移动,或不断地后退;有时紧偎在一角,不安地乱动,还会发出痛苦嘶哑的叫声。

> 【提示】 在饲养肉狗的过程中,可借助肉狗的声音、眼神及身体各部位的变化,正确地了解肉狗的情绪变化,从而采取恰当的饲养管理方法和措施。

十二 有复仇心理

在狗与狗或者狗与人的交往中,肉狗也有着喜、怒、哀、乐、恐惧、孤单等心理变化。肉狗在感知外部环境时,通常表现出好奇、探究、分析、认知等行为心理。了解肉狗的正常心理,有利于对其进行科学管理。尤其需要注意,肉狗也具有复仇心理。一

些凶猛强悍的肉狗，对为它治病打针的兽医，总是怀恨在心，伺机报仇，现实中发生过不少肉狗伤兽医这样的事例。在肉狗之间的交往中，会同样表现出复仇心理诱发的复仇行为。有些肉狗还会利用对方生病、身体虚弱的时机伺机复仇，甚至会在对方死亡后还怒咬几口。

第三章
肉狗的品种与引种

第一节 常见的肉狗品种

一 国内的肉狗品种

1. 藏獒

藏獒又名藏狗、番狗,原产于我国西藏,是最古老、最稀有的狗种之一,也是世界猛狗的祖先。藏獒是喜欢食肉和带有腥膻味食物的杂食动物,耐严寒,不耐高温;听觉、嗅觉、触觉发达,视力、味觉较差;抗病力强,领域性强,护食物,勇猛善斗,尚存野性,对陌生人具有攻击性;需要大量而激烈的运动。藏獒属大型肉狗,身体结构粗壮匀称,肌肉发达有力,头尾平衡适度,动作敏捷矫健。以公狗体高 65cm 以上,母狗 60cm 以上;公狗体长 75cm 以上,母狗 70cm 以上,体形匀称者为佳。藏獒头大额宽,与身体结构匀称;两耳下垂,长宽比例接近;眼小呈杏仁形;嘴粗短丰满,微呈方形;颜面皮肤松厚;鼻和唇呈黑色,鼻形宽大,鼻孔呈圆形。藏獒颈部粗壮,颈毛丰厚,长短协调,颈下松弛下垂,形成环状皱褶。藏獒背部平直,前后宽度基本一致,胸部宽厚,腹部平坦,臀部宽短。藏獒尾大、毛长,卷于臀上,呈菊花状,下垂时尾尖卷曲。藏獒四肢粗壮直立,强劲有力,腕部角度适中,飞节坚实,爪呈虎爪形,掌肥大,步态匀称。藏獒毛长度为 8～30cm,其毛色主要有:黑色、铁包金(黑背,黄或棕红腿,两眼上方有两个黄或棕红圆点,俗称四眼)、黄色、白色等。8 月龄可达性成熟,母狗每年初冬(10～12 月)发情 1 次,但在海拔较低的半农半牧区,气候温暖,管理适

当,则可春秋两次发情。每窝产仔4~5只,多者达7~8只。用公藏獒与其他良种母狗配种,可培育出优良肉狗品种,是最佳育种方向之一。

2. 太行犬

太行犬产于我国太行山区(河南、河北、山西等省),久负盛名,已有3000年的历史。太行犬体型较大,胸阔而深,四肢粗壮,成年太行犬身高55~60cm,体重28~32kg,最重达40kg。其体型匀称,头部额段明显,头脸清秀;耳小、下垂,眼大有神,嘴短,唇正;前脚骨粗,后腿肌肉发达,尾紧卷于背,尾很高;被毛密集,有黑色、黄色、白色和上躯黑下肢红几种颜色。太行犬耐粗饲,繁殖率高,生长发育快,适应性强,出肉率较高,肉鲜而味美,屠宰率为65%以上,用太行犬做父本与优良本地母狗杂交后代肥胖而肉质佳。

3. 松狮犬

松狮犬又名熊狮犬、汪汪狗、中国食犬、巧巧犬、翘翘犬等,原产于中国北方地区。松狮犬在中国已有3000年的历史,系由西藏猛犬与萨摩耶犬交配育种而成。松狮犬体高46~60cm,体重22~30kg。全身被毛丰厚,密直而长,色泽亮丽,质松如棉,蓬松柔软。尤其是头颈部位的被毛蓬松如狮子。毛色为单色,可以是黑色、白色、米色、红色、蓝紫色、黄褐色或银灰色。松狮犬头大,头盖平宽,额段明显;耳小,呈三角形,直立;鼻头大,呈黑色;嘴宽短,上唇盖住下唇;舌头表面呈蓝紫或蓝紫色,这是松狮犬最重要的标志之一;眼小,呈杏仁状,深而下陷,色暗。体躯短粗,雄劲强壮。前肢骨粗,趾紧握,趾猫型;后肢肌肉发达,飞节直。尾根位较高,尾巴向上卷到背上,尾部有长而蓬松的饰毛,外观美观而大方。每胎产仔4~6只,1年2胎。松狮犬为皮肉兼用品种,具有耐粗饲、抗病力强、肉质鲜嫩等特点,可作为杂交改良用母本。

4. 蒙古犬

蒙古犬又名鞭子犬,产于内蒙古、黑龙江、吉林、辽宁、河北、山西、宁夏等省(自治区)交界地区。蒙古犬凶猛如狮,体型中等,成年蒙古犬体高40~60cm,体重25~35kg,最重的可达45kg。蒙古犬被毛密，中长毛，有额毛，毛色有黑色、白色和花色3种。每胎产仔5~8只，1年2胎。具有耐粗饲、耐高寒、抗病力强、肉质好、出栏快（百日出栏体重即可达25~35kg）等特点，适宜中原和北方地区饲养，为较好肉狗品种之一，是杂交改良的优质母本。

5. 青龙犬

青龙犬是吉林肉用犬研究所培育的肉狗新品种。育成青龙犬体重30~50kg，最大可超过50kg，饰毛较长，尾巴上卷，臀部特别丰满，蓄积了大量肌肉。该品种既抗寒又耐高温，冬季可在我国北方-40~-30℃的条件下正常生长发育；夏季可以在我国南方30℃以上的气候条件下正常生长、发育和繁殖，具有耐粗饲、适应性强、抗逆性强、生长发育速度快、性情温柔、肉质好、营养丰富及产肉率高等特点。每胎产仔6~7只，1年2胎。出肉率高达65%以上，瘦肉率高达85%以上。

6. 下司犬

下司犬产于麻江县东南部，因中心产区在下司镇，故称为下司犬，是贵州省地方优良肉狗品种。在云贵高原苗岭山系的雷公山区内广为分布。下司犬体质强健，胸部深圆，背腰平直，四肢发达，体型稍长，成年狗身高50~60cm，体长65~75cm，体重20~25kg。耳立、两眼炯炯有神，眼皮、鼻及舌头呈红色。全身被毛短，身披雪白短毛，洁白如玉，极美观；脸和嘴上有硬毛直立，犹如长针状。尾有宝塔型、秤杆型，要求尾正粗短，偏尾为缺陷，粗短宝塔型为佳。每胎产仔5~8只，1年2胎。耐粗饲，产肉性能较好，集肉用、猎用、观赏于一体，是优良肉狗饲养品种之一，可作为杂交改良母本。

7. 广东黄狗

广东黄狗是广东的地方品种，分布于广东全省，其中以珠江三角洲一带的品质最好。广东黄狗体型中等，体重20~25kg，体高45~50cm。额宽而平，眼大有神，耳小直立，转动灵活，口鼻多为黑色（白色被毛的为肉红色）；胸部深宽，腹部紧收，背腰平直，臀部宽广，四肢粗壮，尾常卷曲于臀部之上，被称为"金钱尾"。被毛粗短，多为黄色，也有黑色、褐色、白色的个体。广东黄狗生长发育较快，在一般的饲养条件下，5~6个月公狗可达13~18kg，母狗达11~15kg，屠宰率可达65%，净肉率达46%，而且瘦肉多，脂肪少（2%~3%），肉味鲜美，肉质细嫩。

8. 猪肉犬

猪肉犬的独特之处是活时为狗，宰后似猪，有一层很诱人的肉膘，肥瘦肉比例合理，营养丰富，吃时即有狗肉的鲜味，又有猪肉的香味，肉香味美，因此而得名。成年猪肉犬的体高45cm，体长55~60cm，体重15~16kg。头如筒状，立耳，脸和嘴土毛多，绒毛细密，针毛稀长。背腰平直，稍短，体形呈圆筒状。被毛呈黑色、黄色、白色等。猪肉犬易肥，产肉性能强，耐粗饲，适应性强，生长发育快，易饲养，是肉狗的理想品种之一。

9. 沙皮犬

沙皮犬又名大沥狗或打（斗）狗，原产于我国广东省南海区大沥乡，曾称大沥狗或打（斗）狗，后据其被毛短而硬，似砂纸而命名为沙皮犬。有人认为它是北方哈巴狗引至广东南海区后，经当地居民长期选育的结果，其形成仅有200多年的历史。沙皮犬体高35~45cm，体重15~25kg。沙皮犬缺绒毛，仅生刚毛，毛短而粗坚，不倒伏，很像毛刷子。毛呈黄色或黄褐色，也有黑色。头、颈、肩部的皮肤厚韧而松弛，多皱褶，恰似披了一件宽松肥大的绒衣。沙皮犬头短，形似河马头；嘴既长又大，嘴唇宽大肥厚；舌为蓝色；耳小而薄，向前下垂，也有直立耳者；眼细小呈三角形，凹藏于眼窝内。胸深而宽，背平直，体躯呈圆筒状。两前肢间距较大，肘部稍外展；四肢粗大，强健有力，脚趾并拢形似虎蹄。尾圆呈辣椒状，尾根部附着高，紧贴背部，向上翘挺，有"铁尺尾"之称。沙皮犬7月龄左右性成熟，9月龄左右可达体成熟，1年2胎，每胎产仔3~5只。沙皮犬外形笨拙，但却非常机警、聪慧，勇猛善斗。但某些其他品种狗已具有免疫性的疾病，沙皮犬依旧容易感染。沙皮犬极易患眼睑内翻症，购买时应注意。沙皮犬肉质鲜美，为各国肉用生产者所青睐，是肉狗的优良品种之一。

> 【提示】沙皮犬被毛短，不耐寒，适于在温暖的南方饲养。

10. 苏沛良种肉犬

苏沛良种肉犬是充分利用沛县土种狗在多代选育复壮提高的基础上，与藏獒、德国牧羊犬、日本狼青犬、莱州红犬等优良品种进行杂交组合，利用杂交优势，繁育出苏沛黑、苏沛青、苏沛红、苏沛黄等肉用良种。苏沛良种肉犬嘴圆额宽，眼大有神，双耳直立。胸深宽，背平宽，四肢粗壮，后躯圆大，肌肉丰满。被毛有长、短两种，长毛系品种体毛长7~10cm，尾毛长10~15cm，毛色分为黑色、青色、红色、黄色。尾下垂，体高50~80cm。该品种肉狗具有体型大、生长快、性成熟早、繁殖力高、肉质好、抗病强、易饲养、适应广等优点。8~15月龄可配种繁殖，每年春、秋2次发情。每胎产仔8~12只，平均8只以上。商品肉狗饲养4~6月龄体重可达25~40kg，有的可达50kg以上，是当前较理想的良种肉狗。

11. 昆明犬

昆明犬又名昆明狼犬，原产于中国昆明。本品种是中国人民解放军选用优良狼种狗杂交，经40余年不懈努力而育成的。昆明犬具有典型狼种狗的体貌特征，体高59~69cm，体重28~38kg。毛色有青灰色、黑色、草黄色和黑背黄腹色。被毛短，平整、光滑。昆明犬头部中等大小，额、颜面部较狭窄，呈楔状；耳大小适中，直立、活动灵活，间距较小；嘴细长，牙齿剪状咬合；鼻梁平直，鼻镜呈黑色、湿润；眼呈杏核状，杏黄色或暗褐色；颈部稍长，胸深腹围小。昆明犬身体的长和高接近，呈正方形，外形匀称，体质结实。四肢细，关节强健，前肢直立，后肢稍向后弯曲，前后肢多有狼爪。尾形为剑状尾或钩状尾，尾长而自然下垂，但不低于飞节。

12. 莱州红犬

莱州红犬又名苏联红犬。莱州红犬几十年来在莱州朱桥镇由大丹狗、德国牧羊犬、韩国杜莎犬、山东细犬、日本狼青犬与当地狗杂交选育出来的，结合了獒种狗和狼种狗的基因，广泛分布于山东莱州、龙口、烟台及全国各地。莱州红犬体型高大，体重30~45kg，成年公狗高75~80cm，成年母狗高60~70cm，胸宽背直，腹紧收，四肢细长。头长额宽，呈三角形；两耳大而直立，耳阔坚立；双目有神，眼球暗陷，眼睛大而突出有神。尾细长而下垂。被毛短而光滑，头、体、尾呈黑色，四肢、眼圈、嘴呈棕褐色。体躯上位漆黑，腮腭、四肢下端及尾腹侧呈紫红色。在华北华中一些地区，莱州红犬是主要的肉狗品种，适应性强，生长发育快，易于饲养，8~9个月长为成狗，1年2胎，每胎产仔7~12只，是高产仔的狗种，其经济效益可观。

二 国外的肉狗品种

1. 圣伯纳犬

圣伯纳犬又名圣伯纳德犬、圣伯纳救援犬，原产于瑞士。圣伯纳犬的祖先为中亚的一种猛犬，在1、2世纪初，由意大利引入到欧洲各国，于10世纪安居在阿尔卑斯山。公狗体高在70cm以上，体重64~91kg；母狗体高在65cm以上，体重54~77kg。毛色多为白底红色或其他颜色的斑纹，按毛质可分为长毛品种与短毛品种。圣伯纳犬头大，头盖骨宽，头顶略呈圆形，微突出，额部皮肤有明显的皱褶；鼻梁直短，鼻头大、呈黑色；耳高位，大小适中，下垂贴于两颊；眼略小，下陷，呈暗褐色，两眼距离较宽；颈高昂、颇短，颈下垂肉明显但不过度。胸宽而深，呈圆形；背平直，腹微收。前肢直立，骨骼粗大；后肢角度适中，肌肉发达。尾根高，尾长且下垂。每胎产仔8~12只，1年2胎。圣伯纳犬体大雄健，步伐稳重，行动轻松有力，威严但温顺，具有性情温顺、耐粗饲、抗病力强、饲料转化率高、生长速度快、产仔数多及肉用性能良好等特点，并具有显著的杂种优势，用公狗与本地狗杂交，杂交育肥狗3.5月龄体重可达30~40kg。圣伯纳犬需要较大的的生活空间，后腿及臀部易患疾病，寿命不长，不耐热，夏天要注意防暑。

2. 大丹狗

大丹狗又名大丹犬、丹麦猎犬，产于德国、丹麦，其祖先类似大型獒犬（如西藏的藏獒、日本的土佐），曾被欧洲王室及贵族饲养。该狗聪明、勇敢，忠于主人，现代仍用作守卫狗，但是由于它的美丽和良好性格，主要被作为装饰性伴侣狗而受到欢迎。大丹狗是大型狗品改种之一。公狗比母狗体型大，骨骼更为发达。公狗不应低于76.2cm，理想身高是81.3cm或更高；母狗身高不应低于71.1cm，理想身高是76.2cm或更高。头呈长方形，轮廓清晰；额宽与嘴宽很相近；眼中等大小，深陷，呈暗色，表情生动、聪慧；眼睑呈杏形，较紧，眉发达；耳高位、大小中等而厚度适中，前褶贴近颊部，褶耳的顶线应与颅部齐平；如果截耳，则耳长应与头的大小相称而且耳一律直立；鼻端呈黑色，唇大、下垂；颈结实，高位，拱起，长而肌肉发达，颈部下方皮肤无下垂。背部短而水平，腰部宽；胸部宽深，肌肉丰满，胸骨不突出；肋部伸展，深达肘关节；腹部向上收紧；臀部应宽，稍微倾斜。尾根位置高，与臀部平滑连接，但与背部不在同一平面；尾根部应宽，向尖端均匀变细，长达跗关节；休息时尾自然下垂。被毛短，厚，光滑；毛色有虎纹色、浅黄褐色、蓝色、黑色和花色等。每胎产仔8～12只，1年2胎。大丹狗具有性情温顺、抗病力强、耐粗饲、生长发育快、产仔数多及肉用性能良好等特点，具有明显的杂交优势。

3. 马士提夫犬

马士提夫犬为最古老的狗种之一，和大丹狗并列"随和的巨狗"。恺撒时期以后，在英国出现。马士提夫犬被证明能担当起令人畏惧的护卫和狩猎职责。马士提夫犬体型高大、魁梧、匀称，结构紧密，公狗体高最低76.2cm，母狗最低70cm，体重68～100kg。马士提夫犬头宽，两耳间稍微有点平，前额略弯，在关注某事时，显示出皱纹，是其独有的特征；眉骨适度凸起；额角的肌肉清晰，面颊非常有力；前额中间有纵向皱纹，从两眼间向后延伸；耳朵小，呈"V"字形，尖端略圆；耳郭略薄，位于头顶两侧、脑袋轮廓的延伸线顶端；眼睛中等大小，表情警惕但温和，颜色为棕色；鼻镜宽大，颜色为深色，越黑越好；口吻短、宽，眼睛下方与鼻镜末端的宽度几乎一样，口吻的长度为头长度的一半，唇充分下垂。体躯结实紧凑，背腰平直，后躯肌肉发达，胸宽而深，臀部宽，尾根高，平时下垂于飞节，紧凑时高扬，高度不超过背线。被毛短厚，呈金黄褐色、浅褐色、银白色及虎斑色，嘴、鼻、眼四周为黑色。每胎产仔6～10只，1年2胎。该品种具有性情温顺、抗病性能好、耐粗饲、早期生长发育快、肉用性能良好等特点，具有明显杂交优势。

4. 笃宾犬

笃宾犬又名杜伯文犬、多伯曼犬、杜宾犬等，原产于德国。笃宾犬是由1880年在德国中部山地一带活动的野狗捕捉家路易斯·笃宾培育而成的。我国于20世纪70年代中期掀起了饲养笃宾犬的热潮，其受欢迎的程度，可与德国牧羊犬比媲。笃宾犬体高61~71cm，体重25~38kg。被密生坚硬的短直毛，平滑富有光泽；毛色为黑色、红色、栗色和蓝色；除了基色外，在吻部、颈部、前胸、四肢、脚趾和尾内侧有界限明显的锈色斑纹，但前胸部若呈白色则为劣种。笃宾犬头长呈楔形，头顶平，额段清楚；鼻梁与额头平行，前端细，鼻头呈黑色；嘴深长，下颌力强；耳根稍低，自然垂耳，多须截耳，使其竖立；眼大小适中，呈杏形，呈黑褐色者色暗，呈褐色者为茶色。身体呈正方形，四肢修长，骨骼发育良好。前肢直立肌肉十分发达，后肢强而有力，抬头挺胸，常给人一种傲视一切的感觉。尾常由根部切断，仅留5cm左右，与背线平行。每胎产仔8~13只，1年2胎。笃宾犬机敏、聪明、敏锐、记忆力强、耐力持久，但不耐热、不耐寒，易患蠕形螨、血液凝固不良等病，需要在暖和、防风的狗舍内饲养。

5. 洛特威尔狗

洛特威尔狗原产于德国维腾贝格的格特威尔镇。头中等长度，耳中等大小，下垂呈三角形，鼻宽呈圆形，胸宽而深，腰短臀宽，四肢健壮，全身肌肉发达。被毛短而微密，呈褐色带锈色至赤褐色斑记。成年公狗体高61~70cm，体重40~50kg；成年母狗体高56~64cm，体重30~45kg。平均每胎产仔6只，1年2胎。该狗具有聪明机警、服从性好、生长速度快、肉用性能优良、杂交优势明显等特点。

6. 苏俄猎狼犬

苏俄猎狼犬又名苏俄牧羊犬，原产于俄罗斯。苏俄猎狼犬是属于短毛狩猎犬，身高67~79cm，其祖先由来自中东地区，传到北方大陆与当地长毛牧羊犬交配改良繁育而成。苏俄猎狼犬的面部狭长，嘴长而有力，颈长，鼻呈黑色，耳端尖、纤细，耳根高且较靠后，耳毛长且不规则；面部的毛色较多深色，其中带着少许黑色，眼睛呈黑色。前腿直而强壮、后腿有力微弯，足部有着椭圆形前趾、厚且有力的足肉趾。尾根低、毛长，尾部长度及地。长毛覆盖于胸前、颈和大腿上。胸狭而深,背呈弓箭形,全身丝绢微卷的披毛是服装展示会常见的主角。苏俄猎狼犬生性敏捷,动作激烈,在很多场合下必须训练。

7. 德国牧羊犬

德国牧羊犬又名狼犬、德国狼狗,原产于德国。本品种是1880年,德国陆军部官员从各地精心选出优秀的牧羊犬,并经改良培育而成的。公狗体高60~65cm,体重33~38kg;母狗体高55~60cm,体重26~31kg。毛中等长度,直、密且顺贴,上毛直硬坚固,下毛色明而密生,背部毛以5cm左右为宜。被毛呈黑褐色、红褐色、黄褐色、白色、黑色、红色或杂斑色等,但最流行的毛色为"黑背黄腹"。德国牧羊犬体型大小适中,肌肉发达,雄健有力,身体各部位匀称和谐,姿态端庄美观。头瘦而轮廓清楚,头盖骨下倾,嘴长呈斧形,下颌强而有力;耳大小中等,耳根高,耳尖,朝前方直立;眼睛呈椭圆形,大小适中,颜色深暗,有神。颈部肌肉结实,强而有力呈拱形。胸深背平,前腿笔直,后腿弓形,前、中、后躯比例大致为2:3:2,胸宽深。肋骨开张,背直而有力,腰宽广强壮,肌肉丰富,臀部长而缓缓下斜,呈140°~150°。尾长至飞节,被毛密生,静止时呈刀状下垂,兴奋或活动时挺起,但不得高过水平状态。各部大致比例如下:体高与胸深之比为9:4.5,体高与体长之比为9:10,体高与体重之比为9:4.5,体长与胸围之比为10:10.5。每胎产仔4~7只,1年2胎。德国牧羊犬感觉敏锐,大胆勇敢,个性顽强,警惕性高,有过度护卫倾向,不喜欢悠闲的生活。每日需刷毛。

8. 中亚牧羊犬

中亚牧羊犬是在从里海到中国,从南乌拉尔山脉到阿富汗的广大地区形成的一大型狗种。这一狗种有着古老藏獒的血统,和蒙古獒、藏獒、阿富汗獒犬及伊朗獒犬都有着联系,它还和西欧的西班牙马士提夫犬有着关系。中亚牧羊犬身高69~76cm,体重54~72kg。中亚牧羊犬脸上皮肤厚,可能会形成皱纹,口鼻很长、宽阔有力,形成鲜明凹角的头颅中等扁平,下垂的耳朵与眼睛齐平,出生不久耳朵即被截断,颈上的皮肤具有保护性,前肢骨骼粗壮,肩部和大腿肌肉强壮有力,宽阔的背部结实且长度适中。根据被毛的长度分成两种类型的被毛：短毛，外毛拉直长度为4～5cm，没有任何装饰毛；长毛，外毛拉直长度为7～8cm，在耳朵、颈部、后腿、尾巴上有很丰富的装饰毛。颜色有白色、黑色、灰色、稻草色、黄褐色（红褐色）、灰棕色相间及虎斑、斑块和斑点色。中亚牧羊犬是非常强大有力的运动型品种，至今仍主要作为家畜的护卫狗使用。

第二节 肉狗的引种

良种是提高肉狗养殖生产效益的首要因素，种狗的质量是关系到肉狗养殖成败的关键环节。引种是实现品种改良和迅速提高肉狗养殖效益的有效途径。种狗场每年更新种狗，更新率为25%～35%。为达到优质、高产和高效的目的，还需引进品种更加优良、适合本场未来发展规划的种狗。

一 引种的误区

1. 忽视种狗的健康状况

种狗的健康状况是引种时必须考虑的重要问题。在引进种狗时只考虑价格和种狗体型外貌，而忽视种狗的健康状况，易导致在引进种狗的同时把疾病也引了回来。所选种狗必须经本场兽医临床检查无犬瘟热、狂犬病、传染性肝炎、细小病毒病等疾病，并有兽医检疫部门出具的检疫合格证明。

2. 过分强调种狗的体重、体型

有些肉狗场在引进种狗时过分强调种狗的体型，只要是体重重、体形大的种狗就盲目引进，而不管其生产性能、产仔数、料重比、瘦肉率、泌乳力及母性强弱等各项指标如何。

3. 从多家种狗场引种

一些肉狗场（户）错误地认为，种源多、血缘远有利于本场肉狗群生产性能的改善。殊不知这样做，各个种狗场的细菌、病毒差异很大，而且现在疾病多数都呈隐性感染，不同肉狗场的肉狗混群后暴发疾病的风险增大，所以在引进种狗时要尽量从一家种狗场引进，而不要从多家种狗场引种。

4. 忽视引种目的

引种时应注意把握引种的目的，引种是为了繁殖仔狗出售商品肉狗，还是为了育种。如果只是生产商品肉狗，应侧重引进生长发育快、出肉率高的种狗，母狗要求母性和繁殖生产性能好，即产仔多、泌乳力高、母性强等，对体型和外表不要过于苛求。如果为了生产种狗，所引种狗必须血缘清楚，具有特定品种的外貌特征。母狗乳头排列整齐，无缺陷乳头，外阴部发育正常。种狗要求健康，无任何临床病症和遗传疾患（如瞎乳头等），营养状况良好，发育正常，四肢有力且结构良好。

二 引种前的准备

1. 制订引种计划

肉狗场（户）应结合自身实际情况，按照种群更新计划和就近引种的原则，确定所需品种、数量及引种场，有目的地购进能够提高本场种狗某种性能、满足自身要求以及与本场狗群健康状况相似的优良个体。引种前制订一个详细的引种计划，包括：引种地、引种数量、引种时间、运输方式及运输人员等。引入种狗的数量、年龄和性别比例，应该根据饲养目的和饲养规模有计划选购，切勿贪大求洋。如果是用于纯繁，以提高肉狗场的生产性能，最好对引进种狗进行生产性能测定。所引种狗产地的环境和自然条件必须与当地的环境和自然条件大体一致。另外，引种要选择合适的时机，合适的时机引种能更好地发挥引种优势，降低引种成本。

2. 引种场家的选择

在种狗的种源上，引种应根据引种计划，选择已取得生产经营许可证，且质量高、信誉好的大型种狗场引种，以保证其数量和质量稳定、可靠。要检查它们的记录，如谱系关系、品种特性、营养健康状况、年龄、免疫接种情况等，避免近亲繁殖。

3. 物质准备

要做好引种前的一切物质准备，包括运输工具的制作与消毒、饲养用具（圈舍、饲槽、饮水等）的消毒、饲料饮水的准备、隔离舍的消毒等，同时要准备一些外伤治疗和抗应激的药物，用于种狗的外伤治疗等。

4. 应了解的情况

（1）疫病情况 调查各地疫病流行情况和种狗质量情况，从疫病危害不严重的肉狗场引种，同时要了解该种狗场的免疫程序及疫病防治措施。

(2) **种狗选育标准** 最好能结合种狗综合选择指数来进行引种，特别是从国外引进时更应重视该项工作。

三 引种前的检疫

引种前，兽医应十分了解对方肉狗群的健康状况，以制订一个确实可行的隔离与适应程序。调入种狗前应对输出地情况进行调查。输出地调查应首先调查要调入种狗的品种、数量；其次要调查种狗输出地周围地区有无发病情况，要调查3年来发病种类、时间、范围和危害程度；最后要调查输出地的防疫情况、免疫动物的种类，特别是种狗的免疫实际情况，要到现场查看仔狗免疫记录是否真实，免疫时间和免疫疫苗的品种以及标志情况，掌握第一手材料，做到心中有数。决定购买后，要对种狗集中进行免疫和检疫。种狗隔离观察21天以后，再经检疫无异常变化的、健康的方可准备运输。

四 慎重选择个体

确定了引进的品种（品系）后，选择的个体应具有品种代表性，公母比例适当，应尽可能多引进一些公狗，且公狗之间应无亲缘关系。所有的个体都应附有测定资料和三代谱系。所选个体都必须进行体质外貌鉴定、谱系审查，防止有害基因和遗传疾病的传入。种狗外貌要符合本品种的要求。一般种公狗要求体躯宽深，前胸发达，肌肉丰满，体高在45cm以上，前肢骨粗，后肢宽大，后腿肌肉发达，结构匀称，生长速度快，肉质好；具有雄性种用特征，胆大，性情温和，配种性欲高，紧追母狗，频频排尿，生殖器官无缺陷，阴囊紧，精力充沛。母狗一般选择国内优良地方狗种，要求体型适中，前肢骨粗，胸宽深，后肢宽大，后躯肌肉发达；产仔多，带仔好，泌乳能力强，乳房乳头排列整齐、乳头间隔大小一样、乳头数多（有4或5对），无瞎乳头、翻乳头和副乳头等无效乳头，外生殖器发育正常；母性好，分娩前会絮窝，产后能定时给仔狗哺乳，及时舔食仔狗粪便，1个月后能呕吐食物喂仔狗，仔狗爬出窝外能用嘴衔回窝内，在饲养管理条件好的情况下，可1年产2胎至2年产5

胎，每胎6只以上。

五 妥善安排运输

为降低引种过程中带来的不良应激反应，首先要选择适当的季节和时间，运输时间上应注意原产地与引入地的季节差异。如由温暖地区引至寒冷地区，宜于温暖季节到达；而由寒冷地区引至温暖地区则宜于寒冷季节抵达，以使种狗逐渐适应气候的变化。种狗运输是引种过程中最麻烦的环节，必须保证运输沿途道路畅通，无灾害发生，沿途无疫情，车辆状况良好。最好不使用运输商品肉狗的车辆装运种狗。在运载种狗前24h开始，应使用高效的消毒剂对车辆和用具进行两次以上的严格消毒，最好能空置1天后再装种狗，在装狗前再用刺激性较小的消毒剂彻底消毒1次，并开好消毒证明。

要求供种场提前2h对准备运输的种狗停止投喂饲料，牵狗上车时不能赶得太急，装狗结束后应固定好车门。所装载种狗的数量不要过多，装得太密会引起挤压而导致种狗死亡；运载种狗的车厢隔成若干个栏圈，隔栏最好用光滑的钢管制成，避免刮伤种狗；达到性成熟的种狗应单独隔开，并喷洒带有较浓气味的消毒药（如复合酚等），以免种狗之间相互打架。

长途运输的运狗车应尽量走高速公路，避免堵车，每辆车应配备两名驾驶员交替开车，行驶过程中应尽量避免急刹车。途中应注意选择没有停放其他运载动物车辆的地点就餐，绝不能与其他装运狗的车辆一起停放。运输途中要适时停歇，检查有无伤病狗，大量运输时最好能准备一辆备用车，以免运狗车出现故障，停留时间太长而造成不必要的损失。应经常注意观察狗群，如出现呼吸急促、体温升高等异常情况，应及时采取有效措施。

运输时应防止肉狗发生应激。车内空间要相当大，防止拥挤造成肉狗应激。冬季运输要防寒、防风、防冻，注意保暖。夏季运输要防热、防暑，注意降温。要准备充足的饮水，尽量避免在酷暑装运种狗，可在早晨和傍晚装运；途中应注意经常供给饮水。运输车辆应备有汽车帆布，若遇到烈日或暴风雨时，应将帆布遮于车顶上面，防止烈日直射和暴风雨袭击种狗，车厢两边的篷布应挂起，以便通风散热；冬季篷布应挂在车厢前上方以便挡风保暖。

六 到场后科学饲养管理

引进种狗到场时,应立即对装狗台、车辆、种狗体表及卸车周围地面进行消毒,之后将种狗卸下,种狗应隔开单栏饲养,并及时治疗。种狗下车后1~2h,不能喂给水和饲料。当然,天气特别炎热时,可饮少量清洁水。待狗稳定下来后,可供给少量的水和饲料,要少给勤给。饲料的供应,可在种狗到达后的2~3天达到正常喂量。种狗到场后前2周,由于疲劳加上环境变化,机体抗病力降低,饲养管理上应注意尽量减少应激,可在饲料中添加抗生素和多种维生素,使种狗尽快恢复正常状态。

新引进的种狗,应先饲养在隔离检疫舍,而不能直接转进肉狗场生产区,以免带来新的疫病,或者由不同菌株引发相同疾病。引进种狗到场后,一般需隔离1个月以上。隔离检疫舍应采取"全进全出"管理方式,两批引进间应彻底冲洗消毒,并保持干燥。隔离检疫舍距原有狗群至少应300m,以利于减少潜在病原通过空气传播的危险。如果引进的种狗无法完全隔离,应把它们饲养在经高压冲洗、消毒过的空舍内,并尽可能远离原有狗群。在隔离与适应阶段,注意观察所有种狗的临床表现。一旦发病,必须马上给予药物治疗。如果怀疑是严重的新的疾病(在原有狗群中未曾发现过),需做进一步诊断。在隔离期间,要注意观察种狗的生长、生活情况,并根据当地疫病统计情况,注射必要的免疫疫苗。一般种狗到场1周开始,可根据具体情况按本场的免疫程序接种犬瘟热等各类疫苗。在隔离期内,接种完各种疫苗后,进行1次全面驱虫,使其能充分发挥生长潜能。在隔离期结束后,对该批种狗进行体表消毒,再转入生产区投入正常生产。

为了防止引入品种的生活力和遗传品质退化,应采取必要的育种措施。其中品系繁育是最重要的一项工作,通过品系繁育,除可以达到一般目的外,还可以改进引入品种的某些缺点,使之更符合当地的需求,培育成具有地区特点的新品系,而且可以避免花费大量资金重复引种。

第四章
肉狗场的建设与设备

第一节 肉狗场的场址选择和总体布局

一 肉狗场场址的选择

1. 地形地势

肉狗场场址要求地势高燥、平坦,背风向阳,排水良好。地势低洼的场地易积水潮湿,夏季通风不良,空气闷热,易生蚊蝇和微生物,而冬季则阴冷,应避免选择这样的场地。有缓坡的场地易排水,坡度以1%~3%缓坡为宜,但坡度不宜大于20%,以免造成场内运输不便。肉狗场地形要求开阔整齐,不要过于狭长,边角不要太多,并有足够的面积。

> ⚠ 【禁忌】 切忌把肉狗场建在山窝里,否则污浊空气常年不散,影响肉狗场小气候。

2. 水源水质

肉狗场日常用水量很大,除饮用水外,冲刷圈舍和畜体用水、清洗和调制饲料用水、人员生活用水,以及消防、灌溉用水也很多。肉狗场水源要求水量充足,水质良好[能满足《无公害食品 畜禽饮用水水质》(NY 5027—2008)等标准],便于取用和进行卫生防护,并易于净化和消毒。

3. 土壤质地

肉狗场场地土壤的物理、化学和生物学特性,都会影响肉狗的健康和生产力。一般情况肉狗场土壤要求通气性好、易渗水、热容量大，这样可抑制微生物、寄生虫和蚊蝇的滋生，并可使场区昼夜温差较小。土壤虽有一定的自净能力，但许多病原微生物可存活多年，而土壤又难以彻底进行消毒。所以，土壤一旦被污染，则多年具有危害性，选择场地时应避免在旧养殖场场址或其他畜牧场场地上重建或改建。

【小经验】>>>>

→ 为避免与农争地，少占耕地，肉狗场选址时不宜过分强调土壤种类和物理特性，应着重化学和生物学特性，注意地方病和疫情的调查。

4. 周围环境

肉狗场饲料、产品、粪污、废弃物等物料吞吐量很大，所以必须交通便利、电力充足，并保证饲料的就近供应、产品的就近销售及粪污和废弃物的就地处理，以降低生产成本和防止污染周围环境。为满足肉狗场的防疫需要和防止对周围环境的污染，应选择距村庄、居民生活区、屠宰场、牲畜市场、交通主干道较远，位于住宅区和饮用水源下风方向的地方。肉狗场距国家一、二级公路应在300～500m，距三级公路应在200m以上，距四级公路应在50～100m。一般肉狗场与居民区的距离应在500m以上，大型狗场应在1000m以上；与一般畜禽场距离应在500m以上，大型畜禽场应在1000～1500m；周围1000m内无化工厂、屠宰场、牲畜市场、制革厂、造纸厂、矿山等易造成环境污染的企业。肉狗场周围应有农田、果园，以便于就地消耗大部分或部分粪水。否则需要把排污处理和环境保护作为重要问题规划，特别是不能污染地下水和地表水源、河流。

5. 电力

肉狗场需要有较多的电力设备，应保证稳定、可靠、充足的电源，最好有自备电源。

二 肉狗场的总体布局

对肉狗场进行合理规划和配置建筑物，是建场前的一项重要工作。在选定场址之后，就需要根据肉狗场的近期或远景规划，依据利于生产、利于防疫、节约用地、便于生活管理与运输等原则，考虑到其气候、风向、地形地势、肉狗场建筑物和设施的大小，合理规划全场的道路、排水系统、场区绿化等，安排各功能区的位置及每种建筑物和设施的位置和朝向。场地规划时，一般把整个场地分为生活管理区、饲养生产区、隔离区3个功能区。为便于防疫和安全生产，应根据当地全年主风向和场地地势，顺序安排以上各区，各功能区之间应有一定的间隔（见图4-1）。

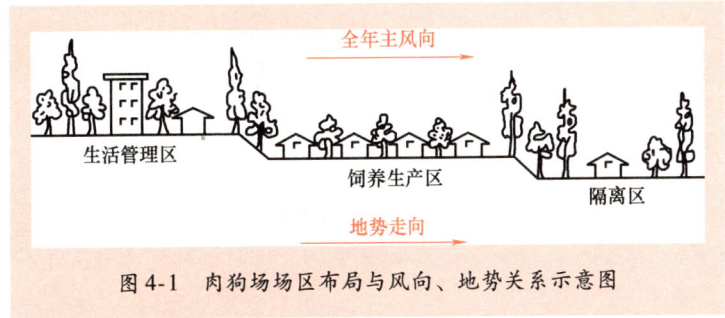

图4-1 肉狗场场区布局与风向、地势关系示意图

1. 生活管理区

生活管理区又称为场前区，是肉狗场从事经营管理活动的功能区，与社会环境有极为密切的联系。包括行政和技术办公室、饲料库、杂品库、配电室、水泵房、宿舍、食堂等。此区设置除考虑风向、地势以外，还应考虑将其设在与外界联系方便的位置。一般生活管理区宜设在肉狗场大门附近，门口分别设行人、车辆消毒池，两侧设值班室和更衣室。饲料库通常设在管理区的一侧，紧贴生产区围墙，门开在围墙上，以避免运送饲料的车辆进入饲养生产区，保证安全。

2. 饲养生产区

饲养生产区是肉狗场的核心，主要安排狗舍及生产附属设施。该区设在生活管理区的下风或侧风向处。区门口设消毒池和消毒更衣室，区内设各类狗舍、人工授精室、防疫卫生室（防疫、检疫、消毒、免疫监测用）及检疫舍（进场和出栏肉狗检疫用）。狗舍安排一定要考虑各类狗群的生物学特性和生产利用特点。种狗区应设在人流较少和肉狗场的上风向，种公狗设在种狗区的上风向，与母狗舍保持一定的距离，这样既可防止母狗的气味对公狗形成不良刺激，又可利用公狗的气味刺激母狗发情。商品狗区也要区别对待，如妊娠母狗舍、分娩母狗舍（或繁殖狗舍）应该放在较好的位置；分娩母狗舍既要靠近妊娠母狗舍，又要接近断乳幼狗舍，以便于肉狗的转舍；育肥肉狗应设在下风向，且离装狗台较近。人工授精室应安排在公狗舍的一侧，如同时承担场外母狗的配种任务，场内、场外应设双重开门。区内人员、生狗、物品运转应实行单向流动，道路设净道和污道，且互不交叉。各道路应建成硬化、平坦、防渗漏的水泥地面或石子路面。饲料加工车间宜安排在肉狗场的中间位置，既考虑缩短饲喂时的运输距离，又要考虑向场内运料方便。饲料库应靠近饲料加工车间。

> **【提示】** 母狗舍应该安静、无干扰、无噪声。大的和突然的响动可能诱发母狗出于保护幼仔的本能而吃掉自己刚出生的幼仔。

肉狗舍的朝向关系到狗舍的通风、采光和排污效果，主要根据当地主导风向和日照情况确定。一般要求肉狗舍在夏季少接受太阳直射、舍内通风量大而均匀；冬季应多接受太阳照射，冷风渗透少。在炎热地区，应根据当地夏季主风向安排狗舍朝向，以加强通风效果，避免太阳直射。在寒冷地区，应根据当地冬季主导风向确定朝向，减少冷风渗透量，增加太阳照射。应避免主风向与肉狗舍长轴垂直或平行，一般以冬季或夏季主风向与肉狗舍长轴呈 30°~60°夹角为宜。肉狗舍一般以南向或南偏东、南偏西 45°以内为宜。

合理的距离不仅有利于肉狗舍夏季的通风和冬季的采光，还有利于肉狗场对疾病的控制。肉狗场内各建筑物排列应整齐、合理，既要利于道路、给水排水管道、绿化、电线等的布置，又要便于生产和管理。肉狗舍之间的距离以能满足光照、通风、卫生防疫、防火和解决用地的要求为原则。肉狗舍间距一般以 $3~5H$（H 为南排狗舍的檐高）为宜。一般两排之间的距离以 10~20m 为宜。装狗台应设在墙外，以避免外来车辆对肉狗场造成污染和疾病传播。

3. 隔离区

此区包括兽医室、病狗隔离舍、解剖室、化制室、储粪场、氧化池等无害化处理设施，应设在距饲养生产区50m以上的下风向和地势较低处。该区四周设隔屏障，如防疫沟、围墙、栅栏或浓密的乔灌木混合林，并设单独的出入口，出入口应设消毒池，内放2%的氢氧化钠溶液，以避免疫病的传播和对环境造成污染。此外，在规划时还应考虑严格控制该区污水和废弃物，防止疫病蔓延和污染环境。病狗隔离舍距健康狗舍200m以上，尸体处理设施距健康狗舍300m以上，病死狗尸体必须做无害化处理。肉狗场污物排放必须达到国家规定的排放标准。肉狗场总体布置见图4-2。

> 【提示】 隔离区是卫生防疫和环境保护的重点，应设在肉狗场的下风向或偏风方向、地势较低处，以免影响生产。

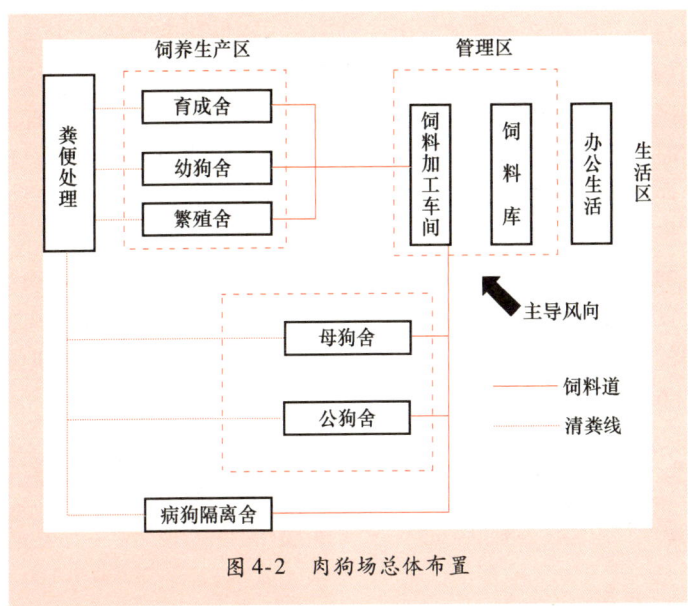

图4-2 肉狗场总体布置

4. 场区绿化

肉狗场应植树、种草，搞好绿化，对改善场区小气候有重要意义。绿化可以美化环境,更重要的是它可以吸尘灭菌、降低噪声、净化空气、防疫隔离、防暑防寒。场区绿化可按冬季主风的上风向设防风林,在狗场周围设隔离林,狗舍之间、道路两旁进行遮阴绿化,场区裸露地面上可种花草,使绿化率达到40%左右。场区绿化植树时,需考虑其树干高低和树冠大小,防止夏季阻碍通风和冬季遮挡阳光。

> 【小经验】>>>>
>
> → 肉狗场绿化不仅美化环境,净化空气,也可以防暑、防寒,改善狗场的小气候,同时还可以减弱噪声,促进安全生产,从而提高经济效益。

5. 道路

肉狗场各区之间及区内道路的设计,要考虑场内各建筑间及肉狗场与场外的联系、管理和生产需要、卫生防疫要求等。生活管理区与场外之间、生活管理区与饲养生产区之间都必须设大门。生活管理区与饲养生产区之间的大门主要用于消防或其他特殊情况需要进出时用,平时关闭,人员的进出必须通过消毒淋浴更衣室。道路对生产活动的正常进行,对卫生防疫及提高工作效率起着重要的作用。场内道路应分净道和污道,净道与污道互不交叉,出入口分开。净道的功能是人行和饲料、产品的运输;污道为运输粪便、病狗和废弃设备的专用道。路面要坚实、排水良好,不能太光滑,向侧面倾斜的坡度在10%左右。较大规模的肉狗场,主干道路面宽度达到5.5~6.5m,支路2~3.5m。

> ● 【提示】 肉狗饲养生产区不宜设直通场外的通道,管理生活区和隔离区应分别设置通向场外的通道,以利于防疫。

6. 水塔

水塔是清洁饮水正常供应的保证,位置选择要与水源条件相适应,且应安排在肉狗场最高处。

总之，肉狗场布局应当根据当地的地势、地形、风向等实际情况，在遵守兽医卫生和防火要求的基础上，按建筑物之间的功能联系尽量做到建筑物最紧凑地配置，以保证最短的运输、供电、供水线路，并为实现生产过程机械化，减少基建投资、管理费用和生产成本创造条件。

第二节 肉狗舍的建设

一 肉狗舍设计的一般原则

1. 创造适宜的生物环境

肉狗依赖于良好的环境条件而生长发育、繁殖和生产产品。必须根据肉狗的生物学特点，进行科学的设计。高温和低温对肉狗生长和健康均不利，高温易使肉狗发生热射病，影响食欲和生长；低温易使肉狗发生呼吸道疾病和某些传染病。因此，狗舍的建筑要有利于夏季的通风、防潮、防暑，防止阳光直射；冬季能防寒保温，防止寒风的侵袭。肉狗舍内的温度应保持在15℃左右，产房内应保持在15~18℃。肉狗饲养工艺和肉狗活动所需的空间范围是确定肉狗舍建筑空间的基本依据之一。在建筑设计中各类肉狗舍的高度和面积大小，走道、门窗、栏杆的高度都与饲养工艺和肉狗活动所需的空间范围有直接关系。为了方便饲养，也应同时考虑人体尺度和人体活动所需的空间范围，两者应有机地结合在一起。气候条件及对环境的不同需要，对肉狗舍建筑设计有很大影响。例如，湿热地区肉狗舍设计要重点考虑隔热、通风、遮阳问题。干冷地区，需要加强肉狗舍外围护结构，以利于采暖保温。而日照和主导风向又是确定肉狗舍朝向和间距的主要因素。在设计前需要收集当地有关的气象资料及各生长阶段的肉狗所需环境卫生参数，作为设计的依据。

> 【提示】 肉狗舍的环境控制在不同地区，因气候不同，要求也不同，故应因地制宜、合理设计。

2. 适合工厂化生产的工艺

随着肉狗养殖技术的迅速发展，肉狗养殖将逐步走向机械化、

工厂化、集约化的道路,各生长阶段肉狗群的周转采取"全进全出"制,各生产环节具有严密的计划性、流水性和节奏性,并可使各项作业实现机械化和自动化。肉狗舍建筑设计要适合工厂化生产的工艺技术,不断满足机械化、自动化发展的需要。

3. 注意环境保护

肉狗场对环境的污染,主要以恶臭与害虫为主,其次为粪尿污水造成对水质的污染。建筑的设计要充分考虑与周围环境的关系,既要防止肉狗场本身对周围环境的污染,又要避免周围环境对肉狗场的危害。妥善处理好粪便,可将其用作肥料、产生沼气,或经过处理加以利用,以保证生产顺利进行。

4. 具有良好的经济效果

在肉狗舍的设计和建造中,要因地制宜,就地取材,尽量做到节约劳动力、节约建筑材料和资金。设计和建造肉狗舍须尊重经济规律,要周密地计划和核算,讲究经济效果。

二 肉狗舍的基本结构

肉狗舍的结构主要包括屋顶、顶棚、墙体、地面、基础、门、窗等。肉狗舍的小气候在很大程度上取决于肉狗舍的结构。肉狗舍最好是砖瓦、水泥结构。

1. 地面

地面是肉狗躺卧的"床"和活动的场地,不但对肉狗舍卫生、肉狗的增重和生产性能有很大影响,而且对肉狗舍保温也有非常重要的作用。肉狗舍地面要求不返潮,导热系数低,易保持干燥,坚实、不滑、耐腐蚀,适宜肉狗行走躺卧。生产上肉狗舍地面有砖砌、水泥地、木板等多种,建舍时应根据当地气候、肉狗的不同生理阶段、经济条件和饲养管理特点等,因地制宜地设计、选用建筑材料。砖地面的优点是平整、坚固、保温性能较强;缺点是砖吸尿。水泥地面的优点是坚固、平整、不透水,便于清扫和消毒;缺点是造价高,冬天舍内较冷,肉狗易患四肢关节炎。木地板干燥保温,是一个很好的选择,但造价高,冬季见水后不易干燥,使用寿命短。肉狗舍内的建筑无论是材料还是形式,都一定要注意通风防潮。肉狗厌恶潮湿,潮湿的肉狗舍易引起肉狗感染皮肤病和寄生虫病。狗床应高于地面20~30cm。生产中要求地面保持2%~3%的坡度，以利于排水，保持地面干燥。肉狗舍内要有排水沟，并经常保持通畅。

2. 墙体

墙体是建筑物的主体部分，要求坚固、耐久、耐水、抗震、防火、表面光滑，便于清扫、消毒，具有良好的保温性能。肉狗舍的墙有砖墙、石墙、混凝土板墙。用来分隔肉狗舍内成间的墙，称为隔墙；直接与外界接触的墙，称为外墙；外墙的两长墙叫纵墙或主墙；两端短墙叫端墙或山墙。一般肉狗舍纵墙承重，山墙设通风口和安装风机。肉狗舍的失热量与围护结构的面积成正比。减小外围护结构的面积，可明显提高保温效果。在以防寒为主的地区，应尽量减小面积，以利于保温。在不影响饲养管理的前提下，应适当降低肉狗舍的高度，一般以檐高2.2~2.7m为宜。靠纵墙不设通道的无吊顶单列式肉狗舍，檐高还可更低些。但冬冷夏热地区须兼顾防寒防暑，檐高应在2.4~3m。在面积相同的情况下，跨度大的肉狗舍围护结构面积相对较小，有利于保温，但跨度大，不利于自然通风和光照，跨度超过8~9m，就必须设置机械通风。

> 【提示】 肉狗舍基础应坚固耐久。一般比墙宽10~15cm，埋置深度在当地土层最大冻结深度以下。

3. 门、窗

门是供人、肉狗、运料车出入的出入口。一般在肉狗舍两端的墙上各设一个，若肉狗舍很长，在纵墙上增设1~2个。双列式肉狗舍门的宽度一般为1.2~1.5m，高度为2.0~2.4m；单列式肉狗舍要求宽不小于1m，高为1.8~2.0m。外门的设置应避开冬季主导风向，门朝外开，门外设坡道，以便于肉狗和手推车出入。门外旁边设入舍消毒池。

【小经验】>>>>

→ 在寒冷地区，通常设门斗以加强保温性能，防止冷空气侵入，并缓和舍内热能外流。门斗深度应不小于2.0m，宽度应比门宽1.0~1.2m。

第四章 肉狗场的建设与设备

窗户主要用于采光和通风换气。窗户面积大，采光多、换气好，但冬季散热和夏季向舍内传热也多，不利于冬季保温和夏季防暑。肉狗舍安装窗户的面积不能太大，以占狗床的 1/5 或 1/7 为宜。肉狗舍窗户的入射角一般不应小于 25°，透光角要求不小于 5°（见图 4-3）。从采光效果看，立式窗户比水平式窗户好。由于立式窗户散热较多，不利于冬季保温，寒冷地区一般在肉狗舍南墙设立式窗户，北墙设水平式窗户。窗扇是否做成开扇，依肉狗舍所在地区气候和通风要求而定。

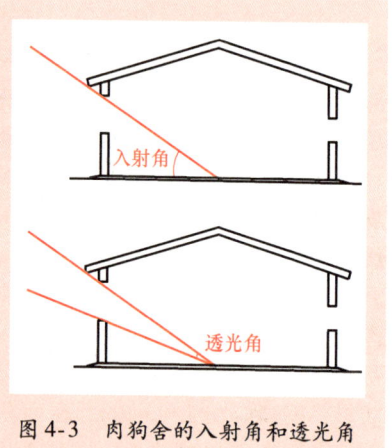

图 4-3　肉狗舍的入射角和透光角

炎热地区窗洞面积宜全做成开扇，夏季敞开，以利于通风；寒冷地区则宜设置固定扇与开扇相结合，启开部分窗扇上做小窗扇，以满足保暖期间通风换气的需要。在窗户总面积一定时，酌情多设窗户，并沿纵墙均匀设置，使舍内光照均匀分布。

4. 运动场

为了使肉狗能有一个适当活动的地方，保证肉狗的健康生长、正常繁殖，在肉狗舍外必须建有活动场，供肉狗晒太阳和自由活动。运动场与肉狗舍之间应留有长、宽各 50cm 左右的小门，供肉狗自由出入。运动场地面以水泥或三合土为最好，地面应稍有坡度，以利于污水排出。运动场四周的围墙或栅栏一定要牢固，以防止肉狗跑掉，并严防野狗、狼等野生动物窜入肉狗舍传播疾病。围墙或栅栏高度不应低于 1.8m。

三　肉狗舍的形式

肉狗饲养方式有圈养、拴养、笼养形式。根据饲养方式的不同，建不同规格的肉狗舍。肉狗的狗舍除保证空气流通设定门、窗外，一般应采用半封闭性建筑。大的肉狗舍可在里面用砖或铁丝网隔成小间，一般每间以 10m² 左右为宜。大规模饲养时可建排式固定式肉狗舍（见图4-4），北方地区冬季寒冷，有的地区气温可达 -40℃ ~ -30℃，为了提高肉狗舍的防寒力，在肉狗舍设计建筑中，可在舍内北面设 1.0~2.7m 的走廊。走廊南侧设宽20cm、深10cm的排水沟，排水沟上设铁箅。在每栋肉狗舍外都应一用砖、水泥砌成的粪池，其深度、大小应考虑出粪时方便，不宜太大或太小。有旧房就不必去盖新肉狗舍，可对旧房进行改造。

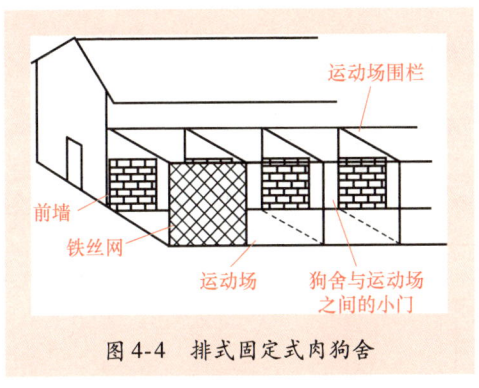

图 4-4　排式固定式肉狗舍

小规模饲养时可建独立式肉狗舍（见图4-5）。独立式肉狗舍，理想的情况应该是足够狗只进入、转身和平躺身体，任何多出来的空间都会在寒冷的日子里增加热量的消耗。选择正确尺寸的肉狗舍才能确保肉狗住得舒服。最经常使用的方法就是用狗只的重量来决定屋子的尺寸。大型肉狗品种还要考虑肉狗的高度因素。选用肉狗舍时要注意：①肉狗舍的门口高度一定不能低于肉狗肩高的3/4，参照图4-6中的 A 和 A'；门口的大小最好让狗只低下头正好钻进屋子里。②狗舍的长度和宽度应该不大于狗只鼻子到腰部的125%，参照图4-6中的 B 和 B'（尾巴不在考虑之内）。例如，如果肉狗的 B 长60cm，肉狗舍的宽度和长度应该在 60~75cm 之间。③肉狗舍的高度应该不大于肉狗从头到脚高度的125%~150%，参照图4-6中的 C 和 C'。这样才能保证肉狗在寒冷季节不流失多余的热量。例如，如果肉狗的身高约55cm，那么肉狗舍的整体高度应该在 70~75cm 之间。

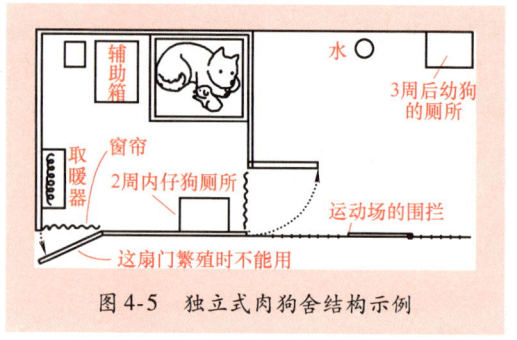

图4-5 独立式肉狗舍结构示例

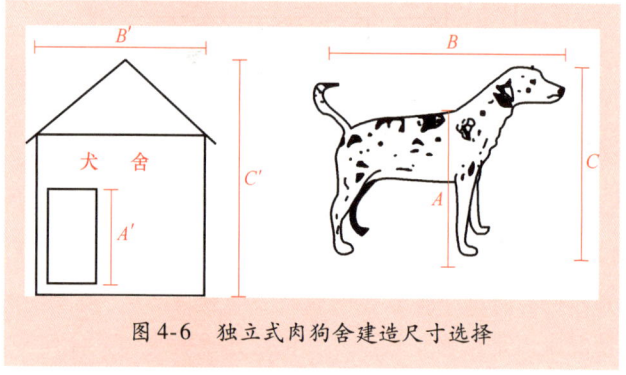

图4-6 独立式肉狗舍建造尺寸选择

四 肉狗舍的面积

一般种公狗应单舍饲养,单舍使用面积以 8～10m² 为宜,高度以 2m 左右为宜,其中肉狗的住室面积 3m²、运动场大于等于 5m²。母狗产房的建筑基本和一般种狗舍相同,但因分娩需要,住室面积应大于等于 4m²,同时还应在母狗舍内设一通道,以便饲养人员在母狗分娩时观察护理。妊娠及哺乳母狗要单舍饲养,应与其他肉狗舍相距 50m 以上,使分娩母狗及仔狗不受干扰,单养肉狗舍每间面积大于等于 3m²,运动场面积大于等于 6m²。幼狗舍可适当大一些,其运动场以 8～10m² 为宜。妊娠前期和空怀母狗合群饲养,每只母狗占舍面积应不小于 2m²;青年狗合群饲养,每只占舍面积不应小于 1m²。

第三节 肉狗场的设备及用具

一 饲喂用具

饲喂用具是肉狗养殖的重要用具,主要有食盆、食盘、食槽和水碗等。肉狗用食器要求不易生锈、不易破碎、方便清洁、对食物无污染、对肉狗安全无毒、放置较稳当。常用的食器有木制的、铁制的、瓷制的和不锈钢制的,其中以不锈钢制品最好。饲喂用具的形状和大小,以供肉狗能正常采食又不影响其体征为宜。具体选择时,要考虑肉狗的品种特点,一般口鼻短的肉狗用浅一些的用具较好;口鼻长的则要用较深的用具;大型的竖耳狗如德国牧羊犬等可选用口大而深浅适度的食器;嘴唇较短的肉狗如哈巴狗等可选用底浅的食器;一些长耳狗应选用小口径深浅适宜的食器;喂大型肉狗时,最好将其饲喂用具垫高起来,以便于其采食。

二 洗刷用具

洗刷用具主要是梳子和刷子等。刷子的种类很多,有长有短,有软有硬,有尼龙刷、鬃刷、钢丝刷等。尼龙刷用来刷灰尘,钢丝刷用来刷皮屑,鬃刷用于被毛整理梳光。还有油刷用来给某些小型肉狗或长毛肉狗抹油用。梳子有稀齿、密齿和齿稀密适中等类型。稀齿疏用于梳理长毛品种的肉狗,适中型梳子用来梳理粗毛品种的肉狗,密齿梳用来捉拿跳蚤或润饰毛。

三 项圈与牵引带

1. 项圈

项圈又叫脖圈,是套在肉狗的颈部与牵引带连在一起来限定狗的活动范围的器具。项圈可用皮革、尼龙、金属制造,无论哪一种项圈都必须结实耐用。皮革材料质地应软,不易损伤肉狗的被毛和皮肤,皮革项圈是肉狗的理想之物。通常仔狗和小型肉狗的项圈可用较轻的尼龙制作。成年狗和大型肉狗的项圈宜用皮革或金属制作。给肉狗佩戴项圈要松紧适度,其松紧、大小应适合狗体,以头钻不出来为度,并随肉狗的生长及时调整和更换。

> ⚠️ 【注意】 项圈太松时,不仅肉狗容易逃跑,而且还可能伤人。

2. 牵引带

牵引带是拴养或牵引肉狗运动时系在肉狗项圈(或胸圈)上的系带。它只有与项圈连为一体,才能起到限制肉狗运动的作用,牵引带系在项圈下部。牵引带要求质地结实、易清洁和不能被狗咬坏。牵引带除革制、尼龙、线绳之外,还有铁链和不锈钢链等,其长度一般为1.5m左右。牵引带的选用主要以肉狗的大小和使用目的而定。一般选用铁链或不锈钢链。要让肉狗从小养成带项圈的习惯,以便于长大后外出时牵领和控制。

四 保温设备

肉狗场中公狗、母狗和育肥肉狗抗寒能力强,饲养密度大,自身散热能够保持所需的舍温,一般不需供暖。哺乳仔狗和断乳幼狗,由于自身热调节机能发育不全,对寒冷抵抗力差,要求较高的舍温,在寒冷的冬季必须供暖。在生产实践中,肉狗舍集中供暖可尝试采用热水供暖系统。局部保温可采用远红外线取暖器、红外线灯、电热板、热水加热地板等。传统局部保温方法采用厚垫草、生火炉、搭火墙、热水袋等方法,这些方法目前多被规模较小的狗场和农户采用,效果不甚理想,且费时费力,但费用较低。

五 通风降温设备

通风是肉狗舍内外交换空气的过程,是调节肉狗舍环境最主要、最经常的手段。通风的方式有自然通风和机械通风。肉狗舍自然通风是通过开启的门、窗、风洞等来实现,自然通风不需要机械设备,可节约投资和能源,故被普遍采用,但空气流动速度和方向不易控制。靠自然通风不能完全满足肉狗的卫生和换气要求时,就要安装机械通风设备,进行机械通风。是否采用机械通风可依据肉狗场具体情况来确定。

六 清洁消毒设备

常用的消毒设备有:用于对水、空气、衣物等消毒灭菌的紫外线消毒灯；将电能转变为机械能，对水进行加压形成高压水流，用于冲洗肉狗舍的高压清洗机；用人工操作喷洒药液的人力喷雾器；以煤油为燃料，手动供气加压雾化煤油喷射点火，利用煤油燃烧产生的高温火焰对肉狗舍及设备进行扫烧，杀灭各种细菌病毒的火焰消毒器等。在肉狗场大门及各区入口处，各肉狗舍的入口处，应设相应的消毒设施，如车辆消毒池、人的脚踏消毒池或喷雾消毒室、更衣换鞋间等。

七 检测仪器及用具

规模化肉狗场常用的检测仪器为超声波早妊诊断仪，母狗配种20~30天后就可进行早期妊娠诊断，诊断准确率高达95%，小型轻便，价廉。

八 尸体处理设备

规模化肉狗场饲养密度高，规模大，疾病流行迅速，危害大，认真进行死狗处理是防止疾病流行的重要措施。对死狗处理的原则是：对因烈性传染病（如炭疽、气肿疽）而死的病狗尸体，必须进行焚烧火化处理；对因犬瘟热等虽然传染激烈，但用常规消毒方法容易杀灭病原体的病狗和其他伤、病死亡的尸体，可用深埋法和高温分解法处理。毁尸坑是由砖和混凝土等修建的可密闭的尸体处理设施，一般深10m、直径为3m左右，它利用尸体厌氧分解产生的高温杀灭病原菌，适合中、小型规模化肉狗场使用。毁尸坑须设置在肉狗场的下风区，离生产区、河流、水井1000m以外较干燥的地方。对少量肉狗尸体也可选择偏僻干燥的地方挖坑深埋，坑深2m以上。坑挖好后，底部先撒一层生石灰，投入肉狗尸体，再撒一层生石灰，用土埋实（本法不适宜处理传染病狗尸体）。

九 其他设备

包括仔狗运输车、场内运狗车、散装饲料车、粪便运输车等运输工具，以及饲料车间、装狗台、自备电机房、生产资料仓库、锅炉房、水塔及各种生活福利设施等。

第五章
肉狗的营养与饲料

第一节 肉狗必需的营养物质

肉狗饲料中的营养物质主要包括水、蛋白质、脂肪、碳水化合物、矿物质和维生素等。这些营养物质对肉狗的生长、发育、繁殖和恢复以及有机体对物质和能量的消耗,都是不可缺少的。肉狗在摄食、消化、吸收营养物质和排泄废物,以及呼吸、体液循环、维持体温、机体运动等机能活动过程中,需不断地分解营养物质,以产生生命活动所需要的热能。所以,肉狗必须不断地从饲料中得到营养物质的补充。

一 能量

能量是维持肉狗生命生产活动的第一需要,但它不是一种有形的营养物质,而是蕴藏在蛋白质、碳水化合物和脂肪三大营养物质之中。能量在各种营养素中占有重要位置,各种营养素都与能量保持一定的比例关系,能量需要的多,其他各种营养素的需要量也多。肉狗消耗的能量来源于饲料。

1. 能量的计量单位

在营养学中常以热的计量单位衡量能。以卡(cal)表示,即 1g 水从 14.5℃ 升温到 15.5℃ 所需要的热量。在生产中为计算方便,常用千卡(1000cal, kcal)或兆卡(1000kcal, Mcal)表示。近年来,国际营养科学协会及国际生理科学协会认为应以能的衡量单位焦耳(J)表示。一些欧美国家都采用焦耳为饲养标准的能量单位。我国现行饲养标准中卡和焦耳并用。卡和焦耳的等值关系如下：

1cal＝4.184J，1kcal＝4.184kJ，1Mcal＝4.184MJ

2. 能量的来源

能量来源于饲料中的碳水化合物、脂肪和蛋白质等三大营养成分。这三大营养成分在测热器中测得的能量平均值为：碳水化合物4.15MJ/kg，脂肪9.40MJ/kg，蛋白质5.65MJ/kg。碳水化合物和脂肪在体内氧化所产生的热量与测热器中测得的热量相同，但蛋白质在体内不能充分氧化，每千克蛋白质在体内氧化比测热器中测得的热量少1.3Mcal。

3. 能量在体内的转化

（1）总能 肉狗所采食的饲料完全氧化时所产生的热能，就是这种饲料的总能（GE）。总能是在测热器中测得的。但总能在评定饲料营养价值方面的作用不大。例如，劣质饲料燕麦秸秆总能是4.5kcal/g，优质玉米是4.4kcal/kg，它们的总能大体相同，但受饲料中粗纤维和灰分含量的影响，肉狗对它们的利用率却不同。

（2）消化能 饲料在肉狗体内经过消化，大部分营养物质被机体吸收，未被消化吸收的饲料中含有能量，还有肠道中的微生物、分泌的一些消化酶及脱落的细胞都含有能量，这些物质由粪便排出体外，这些粪中的能量称为粪能。饲料总能减去粪能就是消化能（DE）。

（3）代谢能 消化能被吸收后，有部分蛋白质在肉狗体内不能被充分氧化利用，形成尿素经尿排出，尿中含有的能量被称为尿能。尿能的损失一般是比较稳定的，但受蛋白质品质影响，蛋白质品质较差或氨基酸不平衡，都能增加尿能。总能减去粪能和尿能为代谢能（ME），消化能减去尿能也是代谢能。

（4）净能 肉狗在采食饲料后，由于营养物质代谢而有产热增加的现象叫体增热。体增热的80％以上来自内脏。体增热并不是恒定的，受饲料中营养成分利用状况的影响，如蛋白质品质不好，饲料中氨基酸不平衡，磷、镁等矿物质不足，饲喂次数少等都能增加体增热。代谢能减去体增热就是净能。净能是肉狗用于维持和进行各种生产的能量。维持部分的能量用于基础代谢，保持恒定的体温；

生产部分的能量可储存在组织或产品中。

4. 肉狗的能量需要

肉狗的能量需要与肉狗的体重、年龄、环境温度、生理状态和运动量有关。表 5-1 是不同生理状况下肉狗对能量的需要量。

表 5-1　不同生理状况下肉狗对能量的需要量　　（单位：kJ）

体重/kg	断乳后生长期	妊娠后期	泌乳高峰期	成年维持期	体重/kg	断乳后生长期	妊娠后期	泌乳高峰期	成年维持期
1	1037	789	1974	554	24	12427	8526	21319	5989
2	1957	1344	3355	940	25	12889	8845	22108	6207
3	2646	1814	4540	1276	26	13234	9080	22701	6375
4	3221	2209	5527	1554	27	13696	9395	23490	6598
5	3796	2604	6514	1831	28	14040	9634	24082	6762
6	4372	2988	7501	2108	29	14385	9870	24675	6930
7	4947	3393	8488	2385	30	14729	10105	25242	7098
8	5523	3788	9475	2662	31	15073	10344	25859	7261
9	5985	4107	10264	2881	32	15535	10658	26649	7484
10	6442	4422	11054	3103	33	15880	10894	27241	7652
11	6904	4737	11844	3326	34	16224	11134	27833	7900
12	7480	5132	12831	3603	35	16573	11369	28425	7984
13	7967	5405	13620	3826	36	16917	11608	29017	8148
14	8286	5686	14212	3990	37	17262	11844	29610	8316
15	8744	6001	15002	4212	38	17606	12079	30202	8484
16	9206	6316	15792	4435	39	17950	12318	30794	8647
17	9668	6631	16581	4657	40	18229	12553	31386	8778
18	10012	6871	17173	4821	41	18643	12793	31978	8979
19	10470	7186	17963	5044	42	18988	13028	32571	9147
20	10932	7501	18753	5266	43	19332	13263	33161	9315
21	11281	7736	19345	5434	44	19677	13503	33755	9479
22	11739	8055	19945	5653	45	20025	13738	34347	9647
23	12083	8290	20718	5821					

二 蛋白质

1. 蛋白质的生理作用

蛋白质是由氨基酸组成的一类数量庞大的有机物质的总称，是一切生命活动的物质基础。肉狗体内各种组织器官（如肌肉、皮肤、内脏、神经、血液和骨骼等）都是由蛋白质作为结构物质而形成的。蛋白质在体内是除水以外含量最多的物质，占机体的15%～21%，在其生命活动中起着决定性的作用。肉狗在正常生理条件下，亦要不断摄入蛋白质，补充体内组织蛋白的合成。机体内蛋白质总量中，每天有0.25%～0.30%进行更新。蛋白质是机体的功能物质，如能催化和控制新陈代谢的酶，能增强防御机能和提高抗病能力的免疫物质等，都是以蛋白质为主体而构成的。其他如维持酸碱平衡、遗传信息的传递、水分的正常分布等，都与蛋白质有关。虽然蛋白质的主要功能不是供给能量，但在新陈代谢过程中，日粮中碳水化合物、脂肪不足或蛋白质有余时，蛋白质可以氧化产生能量而满足机体对能量的需要。

> 【提示】 蛋白质、脂肪和碳水化合物三大营养物质都含有碳、氢和氧，另外蛋白质还含有氮。蛋白质是机体内氮的唯一来源，脂肪和碳水化合物都不能代替它。

2. 必需氨基酸与非必需氨基酸

尽管蛋白质的化学成分、物理特性、形态、生物学功能等方面差异很大，但这些蛋白质都是由20多种不同的氨基酸分子构成的，因此说氨基酸是构成蛋白质的基本单位。这些氨基酸按肉狗的营养需要，通常可分为必需氨基酸和非必需氨基酸。所谓必需氨基酸指动物体内不能合成或合成速度不能满足机体需要，必须由食物蛋白供给的氨基酸。非必需氨基酸则是指动物体内合成量多或需要量小，不经饲料供应也能满足正常需要的氨基酸。对肉狗而言，必需氨基酸有10种：赖氨酸、蛋氨酸、亮氨酸、异亮氨酸、苏氨酸、缬氨酸、色氨酸、苯丙氨酸、组氨酸、精氨酸。在这10种必需氨基酸中，赖氨酸、蛋氨酸和色氨酸在常用植物性饲料中的含量常不能满

足肉狗的需要,当缺乏或不足时,会严重影响其他氨基酸的利用。有些必需氨基酸在肉狗机体内可转变为非必需氨基酸,所以在饲料中增加这些非必需氨基酸就可节省某些必需氨基酸的需要量。

> ⚠ 【注意】 无论必需氨基酸还是非必需氨基酸,对动物来说都是必不可少的,只是其来源不同而已。生产中,在重视必需氨基酸的同时,不能忽视非必需氨基酸的重要性,在日粮中一定要保持一定的蛋白质水平。

3. 蛋白质及必需氨基酸的需要量

饲养中蛋白质能否满足肉狗的需要,主要看蛋白质的质量和可消化性。蛋白质的质量又取决于其中所含氨基酸的种类及比例。动物性饲料,如肉类、蛋品、奶制品、鱼粉中所含的蛋白质,具有种类较齐全的必需氨基酸,营养比例适当,因此,动物性饲料的营养价值高;而植物性饲料所含的蛋白质,其内的必需氨基酸较少,营养比例与肉狗体所需有较大的差异,因此,植物性饲料的营养价值较低。若长期仅用植物性饲料喂肉狗时,容易引起机体中蛋白质缺乏,导致机体功能严重失调,从而出现生长缓慢、贫血、消瘦、被毛粗乱、欠光泽等现象。在肉狗的饲料中,动物性蛋白质的含量不能少于全部饲料蛋白质的1/3。在一般情况下,成年肉狗每千克体重一昼夜至少要给4g可消化蛋白质,其中动物性蛋白质应有1.5g,生长发育期的幼狗需要9.6g可消化蛋白质。肉狗对蛋白质和氨基酸的需要量见表5-2。研究表明,日粮中蛋白质含量为20%~22%即可满足肉狗育肥前期的需要,17%~19%即可满足育肥后期的蛋白质需要。对于肉狗,除满足蛋白质要求外,还需考虑满足氨基酸的需要量、各种氨基酸的平衡。研究表明,如供给肉狗氨基酸平衡较好的日粮,日粮蛋白质水平可降低2%~3%。

表5-2 肉狗对蛋白质的和氨基酸的需要量(每千克体重)

营养物质	成 年 狗	幼 狗
蛋白质/g	4.5	9
精氨酸/mg	70	270

(续)

营养物质	成 年 狗	幼 狗
组氨酸/mg	60	250
赖氨酸/mg	60	210
异亮氨酸/mg	80	330
亮氨酸/mg	110	370
缬氨酸/mg	85	300
色氨酸/mg	15	60
蛋氨酸/mg	70	190
苏氨酸/mg	55	60
苯丙氨酸/mg	65	140

4. 蛋白质不足或过剩的后果

当机体缺乏蛋白质时，不仅使幼狗生长缓慢、发育不良、性成熟推迟；母狗产后泌乳量明显减少，引起仔狗大量死亡；公狗性欲降低、精液质量低劣，配种力降低。而且使肉狗表现为消瘦、贫血、食欲大减，缺乏活力，胸腹下部常伴有浮肿，抗病能力降低，易发生感染而导致死亡。

肉狗体内具有氮平衡的调节机制。当日粮中的蛋白质超过需要量时，过多的蛋白质含氮部分就转变为尿素由尿排出，无氮部分作为能源被利用，所以一般不会引起不良影响。但超过机体调节能力时，也会发生中毒现象。

三 脂肪

脂肪是饲料中粗脂肪的主要成分。经化学方法分析，饲料中的粗脂肪除脂肪外，还有油和类脂化合物。这些脂类成分在肉狗的消化道中被分解成甘油和脂肪酸，由小肠吸收后，再转化为体脂肪利用。

1. 脂肪的生理作用

脂肪是机体的重要组成成分之一，参与细胞构成和修复。脂肪是细胞膜的重要成分，缺乏时细胞膜的脂质双层结构会被破坏。同样，受损细胞的修复、细胞的增殖、分裂也需要脂类的参与才能顺

利进行。脂肪是能量储存的最好形式，1g脂肪氧化后可释放37.66~39.33kJ的能量，是1g碳水化合物或蛋白质释放能量的2.25倍。当肉狗摄入的能源物质超过需要量时，狗体将剩余的营养物质转为脂肪储存于皮下、肌肉、肠系膜间和肾脏周围等部，以便在营养缺乏时分解产能，满足机体的需要。脂肪作为有机溶剂，直接影响脂溶性维生素的吸收。饲料中适量的脂肪进入小肠后可促进维生素A、维生素D和维生素K等脂溶性维生素的吸收。如果脂肪供应不足，则易发生脂溶性维生素缺乏症。脂肪在体内必须分解成脂肪酸，才能被吸收。大部分脂肪酸在体内可以合成，也有些脂肪酸在体内不能合成，必须由饲料中供给，这类脂肪酸称为必需脂肪酸。肉狗需要3种必需脂肪酸：亚油酸、亚麻酸和花生四烯酸。这3种必需脂肪酸都是不饱和脂肪酸，可以互相转化，因此3种脂肪酸中只要有一种数量充足，必需脂肪酸就会得到满足。必需脂肪酸对肉狗的健康、皮肤、繁殖和生长都有影响。狗体内储备的脂肪还具有防御寒冷、减缓震动和撞击等作用。此外，日粮中的脂肪能增加其香味，提高适口性，增加肉狗的采食量，同时能推迟饲料在胃中的排空时间，使肉狗有饱感，并能提高各种营养素的消化与吸收。

> 【提示】 脂肪是肉狗胴体的重要组成成分，肉狗的胴体内含有一定的脂肪，可提高胴体品质。胴体脂肪含量与饲料营养及饲养方式有关。

2. 脂肪与必需脂肪酸的需要量

机体所需要的脂肪主要由饲料供给，也可从体内的蛋白质和糖类物质转换形成。在肉狗日粮中，必须含有一定量的脂肪（达3%即可），但不应超过50%。一般而言，肉狗幼狗每天每千克体重需要脂肪1.1g左右，成年狗1g即可满足需要；折合成干物质计算，成年肉狗日粮中脂肪含量以12%~14%为宜。饲料中所含的脂肪，是供给脂肪酸的主要来源，在日粮中亚油酸的含量应不低于1%。

3. 脂肪与必需脂肪酸不足的后果

饲料中缺乏脂肪，则影响脂溶性维生素的输送和吸收，常导致肉狗生长迟缓，性成熟障碍。反之，饲料中脂肪过多时，不仅使肉狗摄食的总量减少，影响蛋白质、矿物质和糖类等营养物质的摄入，而且会引起食欲不振、消化不良和下痢，极易损伤内脏的机能。如果饲料中必需脂肪酸缺乏，生长期的幼狗会出现发育迟缓或生长停滞；繁殖狗生育能力异常，易造成脂溶性维生素（如维生素A、维生素D、维生素E）缺乏；皮肤干燥、表皮角质化、被毛生长发育不良等症状。如果肉狗饲料中脂肪不足而缺乏必需脂肪酸，则发育不良，运动功能障碍，繁殖能力降低；妊娠期缺乏必需脂肪酸，则会使新生狗仔异常或死亡，或出现皮肤干燥、表皮角化、被毛生长不良、消瘦，甚至出现脱毛、浮肿等症状。

> 【提示】 在肉狗的日粮中添加高脂肪，可以增加适口性，并能提高能量浓度。当肉狗食入高能量日粮时，采食量会降低，应注意各种营养素的平衡。尤其是幼狗和青年狗，当喂给高能量日粮时，蛋白质、维生素和矿物质也要相应的提高，才能保持营养素供给的平衡，否则就会出现生长缓慢，严重时产生营养缺乏症。

四 碳水化合物

1. 碳水化合物的生理作用

碳水化合物在肉狗体内的主要作用是供给能量。饲料中的碳水化合物被肉狗摄入体内后，受胃肠道消化液的作用，分解成葡萄糖而吸收入血液，再经血液运送到各种组织，进行生物氧化，产生能量，借以肉狗的机体保持体温的恒定，亦可转化为机械能，最后以热的形式散到体外。由于血液中的葡萄糖含量是相对恒定的，所以多余的部分则进入肝脏合成肝糖原储存起来。当机体需要时，糖原又重新分解为葡萄糖而进入血液。碳水化合物是形成机体器官不可缺少的成分，如五碳糖（核糖）是细胞核的组成成分，半乳糖与类脂肪是神经组织的必需物质。碳水化合物还是乳汁的主要成分之一，乳汁中的乳糖、乳脂肪均是肉狗在体内利用饲料中的碳水化合物合成的。肉狗对饲料中的纤维素消化吸收非常有限，但纤维素在胃肠中能刺激其蠕动，具有清理胃肠，排除废料的重要作用。

2. 碳水化合物的需要量

碳水化合物是廉价的能源。肉狗饲养过程中,为了降低饲料成本都广泛应用含碳水化合物多的饲料,如玉米、马铃薯等。若碳水化合物提供的能量过多,将影响狗的体型和毛色。一般成年肉狗对饲料中碳水化合物的需求量,应占其饲料干物质的75%;幼狗每天每千克体重需要碳水化合物17.6g。饲料中的玉米、马铃薯等含淀粉较多,应蒸煮后再饲喂,以提高消化率。适当饲喂粗纤维不但能提供能量,而且粗纤维在肠道内能吸收水分而膨胀,起到宽肠作用,可预防和防治肉狗的便秘。在全价配合饲料中,粗纤维含量以5%左右为宜,不应超过10%,秸秆类不适合做肉狗的饲料。

> ⚠ 【注意】 供给足够的碳水化合物是保证肉狗快速生长的前提,但不可过多或过少,过多会引起腹泻。

3. 碳水化合物不足的后果

当肉狗饥饿、寒冷或体力消耗较大时,体内的含糖量减少,必须及时补充。若肉狗明显缺糖时,会出现发育缓慢、容易疲劳等症;严重缺糖时,狗体会动用脂肪,甚至消耗蛋白质来供能,结果会导致狗体重锐减、消瘦,发育严重受阻。反之,如果饲喂大量含碳水化合物的饲料,过剩的糖类在体内可转变为脂肪蓄积起来,此时,狗体会明显肥胖,从而影响狗的体型、运动和执行任务的能力等。

> ⚠ 【注意】 母狗在妊娠期采食高脂肪低糖日粮(与采食由糖提供44%能量的日粮比较),仔狗出生后的成活率降低。因为采食高脂肪低糖日粮的母狗在产仔时体内呈严重的低血糖症状,所以在妊娠期的母狗饲料中,应适当提高碳水化合物的比例。

五 矿物质

肉狗机体组织中几乎含有自然界存在的各种元素,而且与地球表层元素组成基本一致。在这些元素中,已发现有20种左右的元素是构成肉狗机体组织、维持生理功能、生化代谢所必需的。其中除碳、氢和氮主要以有机化合物形式存在外,其余的通称为矿物质

(无机盐或灰分)。肉狗对矿物质的需要量及其比例是一定的。过多会引起中毒,如氯化钠中毒、钾中毒等;或非病理性病变,如转移性钙盐沉积和非病理性结石形成等。过少则会引起机体的功能严重失调和各种疾病,如食盐缺乏可引起消化障碍,钙、磷缺乏或比例不当可引起佝偻病等。为便于研究,将其中占肉狗体重0.01%以上的矿物质元素称为常量元素,肉狗体中含量占体重0.01%以下的元素称为微量元素。

1. 常量元素

常量元素有钙、磷、钾、钠、氯、镁、硫等7种。常量元素在体内的生理功能有:构成狗体组织的重要成分,如骨骼和牙齿等硬组织,大部分是由钙、磷、镁组成,而软组织含钾较多。在细胞内、体液中与蛋白质一起调节细胞膜的通透性、控制水分、维持正常的渗透压和酸碱平衡(磷、氯为酸性元素,钠、钾、镁为碱性元素),维持神经肌肉兴奋性。构成酶的成分或激活酶的活性,参加物质代谢。由于各种常量元素在狗体新陈代谢过程中,每天都有一定量随各种途径,如粪、尿、头发、指甲、皮肤及黏膜的脱落等排出体外,因此必须通过饲料补充。肉狗对矿物质的日需要量见表5-3。

表5-3 肉狗对矿物质的日需要量

(单位:mg/kg体重)

	钠	钾	钙	镁	磷	氯	食盐	铁	铜	钴	锰	锌	碘	氟
成年狗	60	220	264	11	220	180	375	1.32	0.16	0.05	0.11	0.11	0.03	0.08
幼狗	120	440	528	22	440	440	530	1.32	0.16	0.05	0.2	0.2	0.06	0.16

(1)**钙和磷** 钙和磷是矿物质中含量最多的常量元素,约占总量的70%左右,是构成骨骼和牙齿的主要成分,并且可维持神经、肌肉的正常活动,参与凝血过程。当钙、磷缺乏不能满足需要时,幼狗易出现佝偻病,冬季喂以钙少磷多的饲料,又很少接触阳光时最易发生;成年肉狗则易患软骨症或骨质疏松,妊娠后期和产后更易发生。同时还常发生异嗜癖,缺磷时尤为明显。继而出现食欲不振,皮毛乏光,生长缓慢、生产力降低等。当机体摄入过多钙时,可在体内生成磷酸钙,从而使钙和脂肪的吸收利用率降低,同时也

使锌、锰、碘、铜等多种微量元素吸收率降低,这样容易引起尿路结石。钙与磷其中之一过多或过少都会影响钙、磷吸收,二者之间相互影响,相互作用。研究表明,钙与磷的最佳比例应该为(1.2~1.4):1,当供给的钙和磷的量虽充足,而比例不适当时,也会产生钙缺乏症。此外,维生素D对钙的吸收有重要影响。当供给肉狗的钙、磷含量充足,而且比例适宜时,如维生素D的供给量不够,同样会产生钙的缺乏症。肉狗一昼夜每千克体重对钙和磷的需要量:成年狗分别为264mg和220mg,幼狗分别为528mg和440mg。一般的谷实类饲料或豆科饲料,不能满足肉狗钙的需要,肉骨粉、鱼粉中钙和磷含量丰富,但由于添加量少,不能满足肉狗的生产需要,因此在生产中多选用矿物质饲料来补充钙、磷。含钙的饲料有石粉、贝壳粉、碳酸钙等,补充钙和磷的有骨粉、磷酸氢钙、磷酸二氢钙等。

⚠【注意】饲料中的钙、磷主要来自于骨头、碳酸钙(石粉)、蛋壳粉等。肉狗喜吃骨头,但一定要注意,不可让肉狗一次吃太多的骨头,因为骨头中含钙达21%以上、磷11%以上,容易造成钙、磷过量,母狗容易形成化石胎。

(2)钠、钾、氯 这3种元素的主要作用是参与神经活动的传递过程,维持肌肉正常活动,维持细胞内外渗透压和酸碱平衡,对饲料的消化、水的代谢都有重要作用。同时也是构成机体缓冲体系和胃分泌物的重要原料,它们绝大多数存在于软组织和体液中。动、植物饲料中钾的含量丰富,一般不用额外添加。在饲养实践中一般是通过添加食盐来提供钠和氯。当氯和钠供应不足时,肉狗就会降低食欲,出现异嗜癖、恶癖、消化不良等症状,并且降低饲料中营养物质的利用率。严重时,肉狗就会出现神经和肌肉活动异常,渗透压、酸碱平衡失调,生长发育出现停滞。过多,则会使肉狗发生中毒,严重时引起死亡。为满足肉狗的需要,除饲料中含有的以外,在日粮中还要添加适量食盐以满足肉狗对钠、氯的需要。食盐的添加量以0.25%~0.5%为宜,可加到精料中,混匀后给予。

2. 微量元素

微量元素虽然需要量极微,但它们对狗体的生长、发育、营养代谢、毛色以及繁殖等均有十分重要的作用。目前已知肉狗所必需的有铁、硒、铜、锌、钴、锰和碘等14种微量元素。肉狗对微量元素的吸收率很低，且受供给水平与化学结合形式等多种因素的影响。故在肉狗养殖中，常出现缺乏微量元素的疾病。

（1）铁 铁在狗体内含量很少，约占体重的0.004%。铁是血红蛋白、肌红蛋白和细胞色素以及其他呼吸酶类（过氧化氢酶、过氧化物酶等）的必要成分，主要与红细胞运氧、释氧，生物氧化供能等重要生命活动有关。在正常条件下，机体内的铁可周而复始地利用，在饲料中又有足够的铁，所以不易发生缺铁。尤其是常用肉类饲料喂肉狗时，更不会发生缺铁。当体内出现慢性失血（如钩虫）或消化道对铁吸收不足时，就会引起缺铁，表现为虚弱和疲劳。吃乳的仔狗可出现生理性贫血，表现为小细胞性、低染性贫血，细胞大小不均，骨髓中原正成红细胞、嗜酸性正成红细胞明显增多，多染性红细胞减少，网织红细胞消失。动物性饲料如鱼粉、血粉、肉粉等含铁丰富。

> 【提示】 在实践中常采用添加硫酸亚铁、氯化亚铁及葡萄糖酸铁等形式来满足肉狗对铁的需要。

（2）钴 钴主要储存在肝脏，其他组织中含量甚微。钴是维生素B_{12}的组成成分，还是一些参与糖和丙酸代谢的酶的辅酶，与血红蛋白的合成和供能等有关。钴缺乏时常可导致贫血、神经障碍、运动失调和生长停滞等症状。含钴最多的是蔬菜、禾本科籽实、肉、肉骨粉、酵母等。一般肉狗每天需要量为每千克体重0.05mg。但钴是有毒物质，给肉狗喂每千克体重25~30mg即可致死。

（3）锌 锌广泛分布在狗体的各部位，锌是许多酶的组成成分，如碳酸酐酶、谷氨酸脱氢酶、碱性磷酸酶等，它们作用于不同的新陈代谢反应中。锌可增强胰岛素的低血糖作用，能稳定胰岛素分子。锌在肉狗正常生长发育、性成熟、繁殖机能、味觉、嗅觉、创伤愈合过程中都是必需的。锌常可与饲料中植酸结合成不溶性植酸锌而随粪便排出，所以饲料中的锌吸收率很低。当肉狗缺锌时会出现生长缓慢、食欲减退、消瘦、呕吐、结膜炎、角膜炎、皮肤不全角化

症,腹部和肢端发炎等症状,甚至导致糖尿病的发生。缺锌能使公狗睾丸发育不良和精子生长异常。植物性饲料都含有一定量的锌,如青草、干草、糠麸、饼类等均含有较多的锌;谷实类中的玉米、高粱含锌量较低,为10~15mg/kg;根茎类饲料含锌更低,为4~6mg/kg,植物性饲料中的植酸与锌结合,降低锌的吸收。动物性饲料如鱼粉等含锌较高,为165mg/kg。当需补锌时,多采用硫酸锌、碳酸锌、氧化锌等含锌化合物。

⚠ 【小知识】日粮中若钙含量过高,则会影响锌的吸收,发生继发性缺锌。

(4)碘 肉狗体内的碘主要存在于甲状腺(70%~80%)中,其次是肌肉和血液中。碘主要是以甲状腺素的形式发挥其生理作用,对细胞的生物氧化、生长、繁殖以及神经系统的活动均有促进作用。碘是地方性缺乏元素,发生在长期冲刷淋洗的山区与半山区。肉狗缺碘会引起甲状腺分泌不足,开始显得易疲劳,不愿在户外活动;有的肉狗奔跑较慢,被毛干燥、污秽,生长缓慢,脱毛,皮肤增厚,特别是眼睛下方额骨处增厚明显,上眼睑低垂,面部臃肿;母狗发情不明显,情期短,甚至不发情;公狗睾丸萎缩,精子减少。通常补碘的方式是将碘化钾混入食盐(碘盐),也可以碘酸钙的形式添加。

(5)硒 硒是谷胱甘肽过氧化物酶的必需组分,与维生素E协同保护细胞膜免遭氧化破坏。硒能加强维生素E的抗氧化作用,但彼此不能代替。此外,硒还影响胰腺脂肪酶的产生;硒和含硫氨基酸的代谢也有关。日粮中硒的含量低于0.1mg/kg,即有可能引起硒的缺乏。肉狗缺硒引起的纤维坏死和钙化作用称为白肌病。幼狗缺硒时很难站立,步伐僵硬,拖曳而行,全身虚弱,肌肉呈蜡样、透明样病变,横纹消失,有吞噬作用的组织细胞和各种白细胞浸润,许多坏死肌肉纤维可能钙化。严重时因心肌损伤可引起死亡。

➤ 【提示】现已发现不少国家和地区缺硒。我国也有大面积缺硒地带,从东北斜向西南约包括十几个省区。

(6) 铜 铜是体内某些酶的组成成分,对血红蛋白的合成、骨的形成以及维持神经系统功能等是必不可少的元素。缺铜时肉狗的被毛凌乱、褪色。被毛褪色是缺铜的最初临床表现,肉狗的黑毛逐渐变成灰色,毛质变脆,无光泽,弹性降低,容易从根部折断;缺铜会引起红细胞和血红蛋白减少性贫血,症状与缺铁性贫血相似,有异嗜癖,生长发育受阻,骨骼发育异常和骨质疏松症;公狗精子活力下降,母狗发情异常,妊娠母狗流产或少量死胎。

> 【提示】 日粮缺铜的主要症状是贫血,与缺铁的症状相似,但不能通过补铁恢复。

(7) 锰 锰是ATP酶、胆碱酯酶、碱性磷酸酶等多种酶的激活剂,主要生理功能有三种:一是参与硫酸软骨素的形成,使骨组织正常生长;二是参与性激素合成,使肉狗有良好的繁殖率;三是通过DNA合成,促进蛋白质代谢。锰缺乏时幼狗可出现骨骼发育不良,形成畸形;公狗性欲丧失,睾丸退化,精子缺乏和不育;母狗则表现发情异常,产仔少而死亡率高。通常用硫酸锰、碳酸锰、氯化锰、氧化锰等补饲。

六 维生素

维生素是肉狗维持生命、生长发育、正常生理机能和新陈代谢所必需的一类低分子化合物,在肉狗营养中的重要性并不次于蛋白质、脂肪、碳水化合物和矿物质等。在肉狗体内,多数维生素不能合成或合成的数量少,不能满足需要,必须不断地从日粮中获取。只有少数种类的维生素,在一定条件下能在肉狗体内合成并能满足需要。在肉狗的日粮中长期缺乏某种维生素,就会产生新陈代能下降。所以,经常科学地供给维生素,既能防止发生维生素缺乏症,又能使机体处于最佳的健康状态和生产水平。按传统的分类法,根据维生素的溶解性不同可将维生素分为脂溶性维生素与水溶性维生素两类。前者包括维生素A、D、E、K;后者包括B族维生素与维生素C。脂溶性维生素不溶于水,而能溶于脂肪或脂溶剂(如苯、乙醚及氯仿等)中。因此,脂溶性维生素的存在与吸收均与脂肪有

关。凡有利于脂肪吸收的条件，均利于脂溶性维生素的吸收。脂溶性维生素可在动物有机体内有相当量的储存。水溶性维生素是指能溶于水的一类维生素。水溶性维生素除维生素 B_{12} 以外，其他并不在狗体内储存，摄入过多时会从尿中迅速排出。因此，水溶性维生素必须每天从体外获得。研究表明，狗体至少需要 13 种维生素（见表5-4）。肉狗对维生素缺乏非常敏感，饲料中某些狗体内所必需的维生素供应一旦缺乏，就会使机体中必需的酶合成受阻，正常的生理机能被破坏，新陈代谢紊乱，影响营养物质的吸收，健康水平下降，体质衰弱，导致各种疾病，甚至引起死亡。

表5-4 肉狗对各种维生素的需要量

（单位：mg/kg体重）

维生素	A	D	E	K	B_1	B_2	B_3
幼狗	100国际单位	7国际单位	2	0.03	0.02	0.04	0.05
成狗	200国际单位	20国际单位	2.2	0.06	0.03	0.09	0.2

维生素	B_4	B_5	B_6	B_{12}	B_{11}	H
幼狗	33	0.24	0.02	0.0007	0.008	0.5
成狗	55	0.4	0.05	0.0007	0.015	0.5

1. 维生素A

（1）维生素A的生理作用 维生素A又称为抗干眼病维生素或视黄醇。维生素A的主要生理作用有维持正常视觉、保障眼睛视网膜中的杆状细胞和锥状细胞对光的敏感性；维持上皮细胞和黏膜细胞的正常代谢，保证外屏障机能的完整性；调节碳水化合物、脂肪、蛋白质、矿物质的代谢，促进肌肉的发育和骨骼的生长等。

（2）维生素A缺乏症及中毒症 当肉狗长期摄入维生素A不足时，可引起各种异常，甚至导致疾病的发生。主要表现为视网膜合成感光物质发生障碍，导致肉狗在弱光下视觉减退或完全丧失，即所谓的"夜盲症"；上皮组织干燥和角质化，易发生细菌感染及一系列继发病变，如泪腺上皮细胞角化分泌物减少，产生"眼干燥症"；母狗子宫黏膜上皮病变，常导致流产、胎儿畸形、死胎及产后胎盘滞留于子宫内；尿道上皮角化，可导致公狗尿道结石；幼狗维生素

A 摄入不足会使幼狗生长发育受阻，抗病力降低，被毛粗乱无光，食欲欠佳，易患呼吸道疾病，骨骼生长不良，易形成网状骨质，骨脆弱而易发生骨折。维生素 A 存在于动物体内，所以动物性饲料中含有较多的维生素 A。应指出的是，维生素 A 不能长期过量摄入或突然大量摄入，会发生中毒，引起骨骼生长异常，发生骨质疏松，因四肢骨受损伤而跛行，引发齿龈炎或牙齿脱落。

（3）**维生素 A 的来源与供应**　动物的肝脏、蛋黄、乳脂含有丰富的维生素 A。饲料中全奶、鱼粉也是良好的来源，而脱脂奶、瘦肉、肉粉等含维生素 A 很少。平时应适当地给肉狗增加这些饲料，以防维生素 A 的缺乏。在植物体内存在胡萝卜素。胡萝卜素在动物体内能转化为维生素 A，所以胡萝卜素被称为维生素 A 原或前体，大多数动物能将其转化为具有活性的维生素 A，肉狗将其转化为维生素 A 的能力较差。植物性饲料中胡萝卜、甘薯、南瓜含胡萝卜素较丰富；苜蓿草、针叶和黄色玉米中胡萝卜素含量较高；糠麸、日晒雨淋的干草和蒿秆中的胡萝卜素含量极低。

> 【提示】　当饲料中的脂肪氧化酸败后能严重破坏维生素 A。饲料中的维生素 E 和维生素 C 能保护维生素 A。当日粮缺乏脂肪时，会因影响维生素 A 的吸收而造成维生素 A 缺乏症。

2. 维生素 D

（1）**维生素 D 的生理作用**　维生素 D 又称为钙化醇、抗软骨病维生素或抗佝偻病维生素等。维生素 D 主要与钙、磷代谢有关。维生素 D 可以控制钙、磷代谢，特别是增加肠对钙和磷的吸收，同时还可调节肾脏对钙和磷的排泄，控制骨骼中钙与磷的储存，改善骨骼中钙、磷的活动状态。从而影响动物骨骼与牙齿的正常发育。在肉狗的皮肤和脂肪中含有维生素 D_3 原，在紫外线照射下会转变为维生素 D_3。

（2）**维生素 D 缺乏症及中毒症**　维生素 D 长期不足，可导致机体矿物质代谢紊乱，引起骨质钙化停止。生长期的幼狗，表现为"佝偻病"。佝偻病的主要症状为幼狗行动困难，甚至不能站立，牙齿发育不良缺乏釉质，肉狗骨和软骨连接处及骨骺部位增大，受压较严重的骨骼出现变形，如四肢呈"O"形或"X"形，胸廓凹陷，脊柱弯曲，严重的幼狗因血钙降低发生痉挛。成年肉狗维生素 D 长期不足表现为骨质变脆变软、骨质疏松、四肢关节变形、肋骨发生变形等。维生素 D 食入量过多可引起中毒，表现为钙的重吸收增加，导致软组织中钙的沉积异常，使骨骼松脆，易变形及断裂；还表现为厌食、腹泻、呼吸困难、呕吐、漠然、消瘦，甚至死亡。

(3) 维生素 D 的来源与供应 维生素 D 在鱼肝油中含量最丰富，其次为动物肝脏和蛋，一般植物性饲料中含量均甚少。此外，工业上合成的维生素 D，也是主要来源。维生素 D 稳定，不易分解，但脂肪酸败可引起破坏。

> **【提示】** 维生素 D 不足的主要原因之一是光照不足。肉狗在户外运动的条件下，一般不会缺乏，但在冬季或集约化饲养的条件下，应注意维生素 D 的供应。

3. 维生素 E

(1) 维生素 E 的生理作用 维生素 E 又称为生育酚或抗不育维生素，是一组具有生物学活性的酚类化合物。肉狗体内的维生素 E 主要作为生物催化剂，它能改善氧的利用，促进细胞呼吸过程恢复正常。作为抗氧化剂，防止易氧化的物质（如维生素 A 及不饱和脂肪酸）在饲料、消化道以及内源代谢中的氧化。维生素 E 是维持骨骼肌、心肌、平滑肌及外周血管系统的构造与功能所必需的物质，能促进性腺发育、促进受孕、防止流产、调节性激素代谢等。

(2) 维生素 E 缺乏症 维生素 E 不足时，幼狗主要发生肌肉营养不良（白肌病），急性表现为心肌变性，亚急性表现为骨骼肌变性；前者常突然死亡，后者表现为运动障碍，严重时不能站立。种公狗的精细胞形成受阻，精液品质不佳，易发生不育。母狗的受胎率下降，即使受胎，很可能胚胎中途死亡或产弱仔或胎儿被吸收。

(3) 维生素 E 的来源与供应 维生素 E 主要来源于植物油，特别是未经精制的。此外，青饲料中维生素 E 含量也较高，适当给肉狗补充青饲料是防止维生素 E 缺乏的好方法。

4. 维生素K

（1）维生素K的生理作用 维生素K又称为凝血维生素或抗出血维生素。维生素K的主要功能为催化肝脏中凝血酶原及凝血活素的合成。通过凝血活素的作用，使凝血酶原变为凝血酶，以达到维持正常的凝血时间。

（2）维生素K缺乏症及中毒症 正常健康肉狗的肠道细菌，可以合成维生素K_2，一般不会缺乏维生素K。造成维生素K缺乏的原因可能是由于肠道疾病引起吸收障碍或肝脏和胆道疾病；使用对抗维生素K作用的抗凝血药，如香豆素；经常使用某些抗生素及磺胺药，影响消化道中合成维生素K等。当狗体内维生素K缺乏时，经常在颈、胸、腿或其他地方的皮下或肌肉内发生出血，小伤口不易止血，创面的愈合时间延长。长期过量采食维生素K，会引起青年狗贫血或血液异常，一般不会严重中毒。

（3）维生素K的来源与供应 甘蓝、菠菜、南瓜、西红柿等饲料中含有较多的维生素K，动物性饲料中维生素K含量丰富。经常饲喂青绿饲料和鱼、肉等动物性饲料的肉狗，不易发生维生素K缺乏。

> **【提示】** 商品肉狗要获得最高生长速度和最佳饲料报酬，需要增加维生素K的供给量。

5. 维生素C

（1）维生素C的生理作用 维生素C又称为抗坏血酸。维生素C参与很多生化反应，其功能与它可逆的氧化-还原特性有关。维生素C参与机体内的代谢过程，在体内的生理作用十分广泛，其主要生理功能有：参与胶原的生物合成、刺激肾上腺皮质素合成、促进肠道内铁的吸收、使叶酸还原为具有活性的四氢叶酸、具有解毒作用及减轻某些维生素（如维生素A、E、B_1、B_2、B_{12}及B_3等）不足产生的症状。

（2）维生素C缺乏症 肉狗体内维生素C缺乏时，典型症状是坏血病、齿龈肿胀、出血、溃疡、伤口不易愈合；骨骼和牙齿因钙化障碍而易折断和脱落；毛细血管通透性增大，引起皮下、黏膜、肌肉出血；肉狗的抗病力、工作能力下降等。

（3）维生素C的来源与供应　各种青饲料中均含有较多的维生素C。肉狗一般依靠本身的合成即可满足对维生素C的需要，但为维持健康和保证较高的生产力，对早期断乳幼狗及夏季高温、生理紧张、运输等逆境下的肉狗仍需补充维生素C。

6. 维生素 B_1

（1）维生素 B_1 的生理作用　维生素 B_1 又称为硫胺素或抗脚气病维生素。维生素 B_1 是动物体内许多细胞酶的辅酶，其主要功能是参与碳水化合物的代谢（α-酮酸的氧化脱羧反应），促进碳水化合物的吸收和脂肪的合成，维持神经组织及心肌的正常功能，维持正常的肠蠕动及对消化道内脂肪的吸收等。

（2）维生素 B_1 缺乏症　在生鱼中含有硫胺素酶，长期大量饲喂生鱼时，易产生维生素 B_1 缺乏症。在发生疾病等应激状态下，也易发生维生素 B_1 缺乏症。饲料经高温处理或含有硫胺素酶时，易发生维生素 B_1 缺乏症。当维生素 B_1 不足时，肉狗会表现出厌食、消化不良、呕吐、腹泻等消化机能障碍症状；强直痉挛、抽搐、角弓反张、运动失调和麻痹等神经症状。母狗维生素 B_1 不足时则可见新生仔狗软弱或有畸形等。

（3）维生素 B_1 的来源与供应　在大多数常用饲料中维生素 B_1 含量丰富，特别是禾谷类籽实的加工副产品、糠麸及饲用酵母中含量很高，故一般较少发生缺乏症。如发现缺乏维生素 B_1，应立即调整日粮，增加维生素 B_1 的供给量，可适当多饲喂一些肝脏和瘦肉。

7. 维生素 B_2

（1）维生素 B_2 的生理作用　维生素 B_2 又称为核黄素，旧称维生素G。维生素 B_2 是狗体内许多氧化还原酶类的辅基（这些酶统称为黄酶类），在生物氧化过程中传递氢原子，参与碳水化合物、蛋白质和脂肪的代谢，具有促进生物氧化的作用。

（2）维生素 B_2 缺乏症　维生素 B_2 不足能引起碳水化合物、蛋白质和脂肪代谢紊乱，并表现出多种症状：生长停滞、食欲减退、掉毛、褪色、角膜炎、结膜炎、唇炎、皮炎等炎症。随着维生素 B_2 缺乏程度的加重，神经系统受到损害，肌肉无力，肢体瘫痪，呕吐，下痢，便血，贫血，睾丸发育不良，甚至引起死亡。

(3) 维生素 B_2 的来源与供应　维生素 B_2 在谷物籽实及加工副产品中含量很低。在绿叶蔬菜中富含维生素 B_2。在动物性饲料如肉、蛋、肝脏和鱼类中含量较高。肉狗的小肠内细菌能合成部分维生素 B_2。高碳水化合物低脂肪日粮，更有利于肠道细菌合成维生素 B_2。

8. 维生素 B_5

(1) 维生素 B_5 的生理作用　维生素 B_5 又称为泛酸或遍多酸。维生素 B_5 是辅酶 A 的重要组成部分，是体内能量代谢不可缺少的成分。它参与碳水化合物、脂肪和蛋白质代谢；对脂肪的合成与代谢也具有十分重要的作用。

(2) 维生素 B_5 缺乏症　肉狗缺乏维生素 B_5 时，表现出生长缓慢，饲料利用率降低；影响抗体形成，抗病能力下降；厌食，代谢紊乱，被毛粗糙，运动失调，胃肠溃疡，发生低糖血症，低氯血症；有时出现惊厥、昏迷和死亡。

(3) 维生素 B_5 的来源与供应　维生素 B_5 的来源较广泛，如糠麸、苜蓿粉及植物性蛋白饲料中的含量均较丰富，谷实中含量也较多，故在一般饲养情况下，肉狗缺乏维生素 B_5 的可能性甚小。若需要添加，则用商品泛酸钙。

9. 维生素 B_4

(1) 维生素 B_4 的生理作用　维生素 B_4 又称为胆碱，是肉狗生长发育所必需的维生素。维生素 B_4 参与磷脂和含硫氨基酸的代谢，参与乙酰胆碱的组成，促进肝脏排出多余的脂肪，防止肝脏发生脂肪浸润。

(2) 维生素 B_4 缺乏症　维生素 B_4 不足时，首先是脂肪代谢障碍，易发生肝脏脂肪浸润；幼狗贫血，生长缓慢，死亡淘汰率增高；有的肉狗还发生关节不灵活，行动不协调等神经症状。

(3) 维生素 B_4 的来源与供应　维生素 B_4 广泛分布于各种饲料中，其中以青饲料、酵母、蛋黄和谷实中的含量最为丰富。在日粮中使用的添加剂是氯化胆碱。

10. 维生素 B_6

(1) 维生素 B_6 的生理作用　维生素 B_6 又称为吡哆醇。维生素

B_6是动物体内许多酶系统的辅酶，参与多种代谢过程，如参与氨基酸代谢的脱羧作用、氨基转移作用、色氨酸代谢、含硫氨基酸代谢、不饱和脂肪酸的代谢。同时，维生素B_6还是糖原代谢中磷酸化酶的辅助因素，与无机盐的代谢也有关。

（2）**维生素B_6缺乏症** 缺乏维生素B_6，会引起肉狗厌食，幼狗生长缓慢，成年肉狗体重减轻，发生小红细胞低色素性贫血，皮炎，舌、口腔和嘴角发生炎症，血液中铁浓度升高，含铁血黄素沉积。

（3）**维生素B_6的来源与供应** 维生素B_6的来源广泛，其中以谷实、豆类、肉骨粉、酵母等饲料中含量较多，而块根、块茎、牛奶中则含量较少，加上肉狗消化道细菌合成的数量，一般不会出现缺乏症，但对舍饲肉狗一般还要额外添加。

11. 维生素B_{11}

（1）**维生素B_{11}的生理作用** 维生素B_{11}又称为叶酸。维生素B_{11}以辅酶形式作为各种碳水化合物或残基（如甲醛、甲基等）的载体。维生素B_{11}参与嘌呤的合成，对血细胞的形成有促进作用。维生素B_{11}是某些氨基酸如组氨酸、丝氨酸、蛋氨酸等在动物体内代谢的关键性物质。

（2）**维生素B_{11}缺乏症** 依靠饲料和肠道微生物的合成就可以充分满足肉狗对维生素B_{11}的需要。但长期饲喂治疗剂量抗生素和磺胺类药物（该类药物是维生素B_{11}的颉颃物）以及长期的肠道疾病后有可能出现不足症。维生素B_{11}不足时，表现为亚急性贫血、白细胞和血小板减少、生长抑制、被毛褪色、脱毛或消化、呼吸、泌尿器官的黏膜损害而发生感染。

（3）**维生素B_{11}的来源与供应** 植物性饲料中除块根、块茎类饲料外，所有饲料均有较多的维生素B_{11}。含有维生素B_{11}丰富的饲料有酵母、肝脏、有色甘蓝、荞麦、豆角等。

12. 维生素B_{12}

（1）**维生素B_{12}的生理作用** 维生素B_{12}又称为钴胺素或抗恶性贫血维生素，是唯一含有金属元素的维生素。维生素B_{12}在动物体内参与许多物质代谢过程，其中最重要的是与维生素B_{11}协同参与核酸和蛋白质的生物合成，维持造血机能的正常运转。维生素 B_{12} 能促进动物上皮，包括胃肠上皮的正常新生，加速红细胞的生成、发育与成熟，保护神经系统中脑磷脂的正常功能等。

（2）**维生素 B_{12} 缺乏症** 机体内消化道细菌可以合成维生素 B_{12}，能不同程度地满足肉狗的需要。但在缺钴地区，由于缺钴而不能合成维生素 B_{12}，会发生缺乏症。肉狗缺乏维生素 B_{12} 时表现为厌食、营养不良、生长停滞、贫血、毛粗乱、肌肉软弱，有的还可见到皮炎及后肢运动失调等症状。

（3）**维生素 B_{12} 的来源与供应** 所有的植物性饲料中均不含维生素 B_{12}；动物性饲料中以鱼粉、肝脏、肉粉含量最多，且易被吸收。多给肉狗饲喂动物性饲料，是预防维生素 B_{12} 缺乏的最好方法。

七 水

水和空气一样，都是肉狗赖以生存的最重要的物质。肉狗若失水达10%，即可导致代谢紊乱，失水达20%即可引起死亡。而肉狗失去几乎全身所有的糖原和脂肪，或失去一半的蛋白质，仍可维持生命。

1. 水的生理作用

肉狗机体的主要组成成分是水，占体重的60%～75%，机体各组织细胞内及细胞间都含有水分。水有调节渗透压和表面张力的作用，这使细胞膨大、坚实，以维持组织、器官具有一定的形态、硬度及弹性，使狗体维持正常形态。水是一种理想溶剂，机体的各种生物化学反应、机能的调节及整个代谢过程都需要水的参与才能正常进行。例如，饲料在消化过程中，水可以加强消化液的分泌和作为溶剂溶解食物，使大分子营养物质消化、分解为简单的营养物质，这些营养物质也要靠水为媒介而吸收和运输到各组织中去。肉狗的体温调节也靠水来进行。由于水的比热大，可以吸收较多热量，能起缓冲作用，使体温不易受外界气温的影响而波动太大。水还可将肉狗体的余热，通过肺脏的呼吸、体表皮肤或口腔唾液腺的蒸发散发出去。因为肉狗缺乏汗腺，呼吸运动通过水气散发热量对狗尤为重要，所以在炎热的夏天，常见肉狗张口喘气。水还有润滑等作用，可减少肉狗各脏器活动的摩擦。如肉狗在运动时，四肢各关节的关节液具有减少各关节之间摩擦的作用。水还可湿润饲料而易于肉狗采食吞咽，并提高其食欲。

2. 水的需要量

一般肉狗采食 1kg 饲料干物质，需饮水 3000mL。在实际饲养中，肉狗的饮水量受生长阶段、生理状态、饲料性质、环境温度和运动量的影响很大。从某种意义上讲，水比其他营养物质更为重要，一定要保证肉狗对水的需要。从理论上讲，成年狗每天需水量为每千克体重 80~120mL，幼狗每天需水量为每千克体重 140~170mL。母狗产仔后泌乳时，随乳排出的水量多，因而需水量增加。采食的日粮中蛋白质、矿物质和粗纤维含量高时，需水量增加。如日粮中食盐超过正常需要量时，需水量就显著增加。环境温度高或运动量增加时，通过呼吸的加快，由肺脏排出大量的水，这时需水量也会增加。

3. 缺水的后果

一般情况下，在生产实践中是采用自由饮水方式，因此一般都可获得足够的水分。如果管理不当，造成肉狗长期饮水不足，会使其食欲丧失，消化作用减缓，抗病力降低；幼狗生长发育迟缓，哺乳母狗泌乳量下降；严重影响生产性能的发挥。如失掉体重 1%~2% 的水，肉狗出现干渴、食欲减退、消化作用减缓，并因各种黏膜干燥而降低对传染病的抵抗能力；继续失去水分达到体重的 8%~10%，则引起代谢紊乱；当失水达体重的 20% 时，肉狗就会死亡。

第二节　肉狗饲料的种类与营养价值

凡是能用来饲养肉狗的物质，不论其来源、性质和成分如何，只要正常用量时没有毒害作用，且能够维持肉狗的基本生命活动，有利于肉狗生长、发育、繁殖及运动的都被称为饲料。肉狗的饲料种类很多，根据饲料的来源和营养成分，可把饲料分为动物性饲料、植物性饲料和添加饲料 3 大类。

一　动物性饲料

动物性饲料包括家畜、家禽、野生动物的肉及其副产品，鱼类及其他水产动物，乳品，蛋类等。其中肉、脂肪和内脏是肉狗最可口的饲料。肉类中不仅含高质量的蛋白质，而且还含有丰富的铁和B族维生素（如维生素B_1、维生素B_2、维生素B_3及维生素B_{12}）。动物性脂肪，不仅可增加其他饲料的适口性，而且是很好的能量和维生素A、D的来源。对肉狗来说，动物性脂肪易于消化并能降低胃的排空率，从而使肉狗食后产生饱感。

1. 肉类饲料

肉狗几乎能够食用各种动物来源的肉类。各种哺乳动物和禽类的肌肉，以及畜禽屠宰加工厂废弃的碎肉等，都是肉狗理想的动物性饲料（见表5-5）。肉类饲料的组成基本相似，主要是水、蛋白质和脂肪，其含量分别为：水70%~76%、蛋白质20%~22%、脂肪2%~9%，其中脂肪的含量变化范围较大。肉类饲料中的蛋白质含有与肉狗机体相似数量和比例的全部必需氨基酸和其他多种营养物质，适口性强，生肉消化率为90%以上，是肉狗全价蛋白质的重要来源。同时肉类饲料含有丰富的矿物质，如磷、铁、钠、氯等，但钙的含量较低，并且与磷的比例极不适宜，因此，在以肉类为主的日粮中必须添加适量的钙。利用肉类饲料时，需经卫生检疫，无病害者可生喂；可利用的病畜禽肉或污染的肉需高温无害处理后方可饲用，不可利用的应禁止饲喂。肉类煮熟过程中会丢失部分营养物质，在配饲料计算添加的蛋白质量时，熟肉应比生肉多加5%~8%。

表5-5 肉狗常用肉类饲料中营养物质含量

	水 /(g/100g)	蛋白质 /(g/100g)	脂肪 /(g/100g)	钙 /(g/100g)	磷 /(g/100g)	能量 /(kcal/100g)
猪肉	71.5	20.6	7.1	0.008	0.20	147
牛肉	74	20.3	4.6	0.007	0.18	123
羔羊肉	70.1	20.8	8.8	0.007	0.19	162
犊牛肉	74.9	21.1	2.7	0.008	0.26	109
雏鸡肉	74.4	20.6	4.3	0.01	0.20	121
火鸡肉	75.0	19.7	4.8	0.012	0.20	122
鸭肉	75.5	21.9	2.2	0.008	0.19	107
兔肉	74.6	21.9	4.0	0.022	0.22	124

> ⚠️ **【注意】** 病畜禽肉，来源不明的肉类或可疑污染的肉类，必须经过兽医检查和高温无害处理后方可喂给肉狗，否则容易导致肉狗感染传染性疾病，将给生产造成不可挽回的损失。

2. 肉类副产品饲料

肉类副产品是野生肉狗动物性蛋白质的来源之一，包括各种动物的肝脏、肾脏、胃、肠、肺脏等，这类饲料的营养差异很大。

（1）肝脏 肝脏的营养价值最为丰富，肾脏次之，肺脏的营养价值很低。肝脏含蛋白质19.4%、脂肪5%左右，还有丰富的维生素A、维生素D和微量元素，是较理想的优质动物性饲料。但动物肝脏中含钾、镁等元素，饲喂比例不宜过高，肝脏中的盐类会致动物轻度腹泻。

（2）心脏和肾脏 动物的心脏和肾脏含丰富的蛋白质和维生素，是全价的蛋白质饲料。若用新鲜的予以生喂，不仅适口性强，营养价值和消化率也很高。病畜的心脏和肾脏必须熟喂。

> ⚠️ **【注意】** 副肾（肾上腺）在繁殖期不宜用来饲喂肉狗，以防造成生殖机能紊乱。

（3）脑 动物的脑中含丰富的磷脂和必需氨基酸，不但营养价值高又易消化吸收，而且可以促进动物性器官的发育。

（4）肺脏 肺脏营养价值较低，必需氨基酸含量少，消化率不高，一般只起到调节适口性的作用。

（5）胃 牛、羊和兔等动物的胃蛋白质不全价，营养价值不高，粗蛋白质的含量为14%，脂肪为1.5%~2.0%，维生素和矿物质含量很低，但新鲜的胃肠适口性较强，使用时宜合理搭配其他饲料，补其不足，饲喂效果才好（使用前应清除内容物并洗净）。

（6）肠 动物肠子的蛋白质、脂肪含量随动物种类及食性不同而有差异，例如，猪肠蛋白质含量为6.9%，脂肪为15.6%；兔肠蛋白质含量为14.0%，脂肪为1.3%。使用动物新鲜肠子时，应先除去内容物，洗净后再使用。

（7）血液 健康动物血液的营养价值较高，蛋白质含量可达17%~20%，并含有大量易于吸收的矿物质（如铁、钾、钠、氯、锰、钙、磷、镁等）和一些维生素，是较好的添加饲料；因血中含有无机盐，有轻泻作用，所以饲喂时应严格限量。一般在配合饲料中所占比例宜控制在10%~15%。另外，血不易保存。为确保安全，通常把血加热煮成血豆腐，或者制成血粉后利用。

（8）脾脏 脾脏不能单独作为动物性饲料饲喂肉狗，因为它不易消化且具有轻泻作用。

（9）禽畜经屠宰后的骨架及胴体 各种家畜、家禽或家养野生动物经屠宰后，其骨架及胴体等经处理后也可作为配合饲料的一部分。将其清洗干净后，可先将所有肉剔出集中在一起，然后用绞肉机绞碎；多种骨头剁成小块，集中于粉碎机中粉碎。然后将上述肉末和粉碎的骨头调和后，置于烤箱或烘箱中，在120~140℃下连续翻动烘干，干后装袋密封，存放于干燥处备用；此类饲料中虽含一定量的蛋白质，但不易消化吸收，而且骨头中含有激素相对较多。因此，不宜喂给繁殖期的肉狗，且用量不宜多，要煮熟并粉碎后适量调入配合饲料中。肉狗习惯咬啃，故要经常喂它骨头，以便磨牙，但不宜饲喂鸡骨、鸭骨等较碎的骨头，以免引起消化道疾病。

> **【提示】** 肉类及副产品应在冷水中洗净，以尽量减少蛋白质的损耗，但不要在水中浸泡，否则会使肉中血清蛋白被水溶解而流失，从而降低营养价值和适口性。

3. 乳品和蛋类饲料

乳品类饲料包括牛、羊的鲜乳、乳粉及其他乳制品，是营养价值极为丰富的优质饲料。乳品类饲料含有肉狗易消化和吸收的各种营养物质：蛋白质、脂肪、多种维生素、矿物质等。乳类饲料还能提高其他饲料的适口性和利用效率。乳品类尤其是鲜乳，适合细菌生长繁殖，易酸败，所以对乳品类饲料要注意保鲜。禁止用酸败变质的乳品喂肉狗。鲜乳要加温至70℃，灭菌10~15min后再喂。如使用乳粉、奶酪等乳品类饲料，应稀释或绞碎后再混进饲料。

各种家禽的蛋及鸟蛋，适口性高，组成蛋白质的各种氨基酸比例恰当，蛋黄中还含有卵磷脂、中性脂肪酸及维生素 A、D、E、B_1 等，是生物学价值较高的饲料，在繁殖期利用效果较好。家禽孵化过程中的未受精蛋、毛蛋（死胚蛋），可经消毒灭菌后，调入配合饲料。

> 【提示】禽蛋蛋清部分含有抗胰蛋白酶和卵白素，前者会影响饲料蛋白质的消化吸收，后者会使维生素 H 失去活性，所以以熟制为宜。

4. 鱼类饲料

鱼类一般含蛋白质 13%~20%，脂肪含量差别较大。低脂肪鱼类含脂肪 2% 左右，而高脂肪鱼类含脂肪高达 5%~20%。鱼类蛋白质的组成好，能被肉狗全部吸收。微量元素中含碘较多。含脂肪高的鱼类维生素 A、维生素 D 等含量丰富。鱼类和肉类相比较，适口性较差。鱼类种类繁多，除一些鱼类有毒外，经加工后大部分淡水鱼和海鱼均可用作肉狗的饲料。这些饲料通常分为多脂鱼和白鱼。多脂鱼富含脂肪，如鲱鱼、鲭鱼、沙丁鱼、鳟鱼和鳝鱼，因季节和鱼的成熟阶段不同，脂肪含量在 5%~18% 之间变动，且富含维生素 A 和维生素 D。白鱼脂肪含量不足 2%，这类鱼有鳕鱼、黑线鳕鱼、鲽鱼等，白鱼在组成上和精瘦肉相似，蛋白质质量较好，但维生素 A 和维生素 D 含量通常较少。很多淡水鱼（鲤鱼、鲫鱼、红鲤、鳙鱼等）和海鱼（毛鳞鱼、远东沙丁、银鲑、田鹬鱼和梭鱼、红娘鱼、香鱼等）含有硫胺素酶，大量饲喂这些鱼时，可影响肉狗对饲料中维生素 B_1 的吸收与利用。实践中可采取熟制加工处理、添加一定量的维生素 B_1 以及和其他富含维生素 B_1 的肉类饲料配合饲喂等措施来解决。脂肪酸败的鱼类，产生过氧化物，分解出毒素，可破坏饲料中各种营养物质，喂后易引起肉狗食物中毒、脂肪组织炎、出血性肠炎、脓肿和维生素缺乏症等。

> 【提示】饲喂鱼类饲料时，要求新鲜保质。鱼类饲料和肉类饲料一样，也含有寄生虫，在饲喂之前必须经过加工处理。

5. 鱼粉

鱼粉蛋白质含量高，必需氨基酸多，生物学价值高，并富含丰富的钙、磷和各种维生素（特别是维生素 B_{12}），在动物性蛋白质饲料中占据头等重要地位。鱼粉的种类很多，因鱼的来源和加工过程不同，饲用价值各异。进口优质鱼粉外观呈浅黄色、浅褐色，有点发青，有特殊鱼粉香味，不发热，不结块，无霉变和刺激味；蛋白质含量在62%以上，脂肪小于10%，水分小于12%，盐分和沙含量均不超过1%，赖氨酸在4.5%以上，蛋氨酸在1.7%以上，真蛋白质占粗蛋白质95%以上，挥发性氨态氮不超过0.3%；适口性好，动物性蛋白质饲料所具有的各种营养特点都很突出。因此，其饲用价值高于其他蛋白质饲料。进口鱼粉以秘鲁和智利质量最好。国产鱼粉质量较差，粗蛋白质含量多在40%以下，粗纤维含量高，盐分含量也高。由于我国鱼粉供不应求，市场上优质鱼粉较少，而劣质鱼粉、掺假鱼粉较多，因此使用鱼粉时应注意鉴别。优质鱼粉盐分不超过1%，含盐分过高的鱼粉或鱼干应限制使用，以防止肉狗食盐中毒；鱼粉含较高的脂肪，尤其是以鱼下脚为原料制得的粗鱼粉含量更高，储藏过久易发生氧化酸败，影响适口性，造成肉狗下痢和肉质变质。对含食盐量高的鱼粉应进行脱盐处理。具体操作是：先将鱼粉泡在淡盐水中，然后改用清水浸泡脱盐。鱼粉因为价高并且很容易掺假，所以质量难以保证，往往发生掺羽毛粉、肉粉、皮革粉、发酵粉、尿素、盐等，不但无法起到营养作用还会引起肠炎、生长停滞等疾病，危害极大但是检验氮含量还很高，所以应该通过色泽、气味、盐含量、非蛋白氮含量等综合检测手段才能检出（见表5-6）。一般养殖户可在有一定商业信誉的大销售商处购买。

表5-6 鱼粉的感官鉴别

鱼粉种类	色 泽	气 味	质 感
优质鱼粉	红棕色、黄棕色或褐色	浓咸腥味	细度均匀、手捻无沙粒感，手感疏松
劣质鱼粉	浅黄色、青白色或黑褐色	腥臭或腐臭味	细度和均匀度较差，手捻有沙粒感，手感较硬

(续)

鱼粉种类	色泽	气味	质感
掺假鱼粉	黄白色或红黄色	淡腥味、油脂味或氨味	细度和均匀度较差,手捻有沙粒感或油腻感,在放大镜下观察有植物纤维

> **⚠【注意】** 使用鱼粉时应注意鉴别:优质鱼粉盐分不超过1%,含盐分过高的鱼粉应限制使用,以防引起食盐中毒。另外,应对鱼粉妥善储存,特别是高温、高湿季节容易发生霉变、生虫或酸败,导致鱼粉变质,以致不能饲用。

6. 肉粉和肉骨粉

肉骨粉或肉粉是以动物屠宰场副产品中除去可食部分之后的残骨、脂肪、内脏、碎肉等为主要原料,经过脱油后再干燥粉碎而得的混合物。屠宰场和肉品加工厂将人不能食用的碎肉、内脏等处理后制成的饲料为肉粉;连骨带肉一起处理加工成的饲料为肉骨粉。含磷量在4.4%以上的为肉骨粉,在4.4%以下的为肉粉。产品中不应含毛发、蹄、角、皮革、排泄物及胃内容物。肉粉蛋白质含量在45%~60%,赖氨酸含量较高,矿物质含量丰富,最好与植物性蛋白质饲料搭配使用。肉骨粉含有大量的钙、磷,是上好的蛋白质饲料。新鲜肉粉和骨肉粉色黄,有香味,发黑而有臭味的不宜饲用。若以腐败的原料制成产品,品质更差,甚至可导致中毒。

> **⚠【注意】** 使用肉粉与肉骨粉时应注意:肉骨粉不耐久藏,应避免使用脂肪已氧化酸败的变质肉骨粉;监控肉骨粉的卫生指标,如原料是否来源于患病动物,尤其是疯牛病患牛以及沙门氏菌和其他有害微生物的污染等。

7. 血粉

血粉是畜禽鲜血经脱水加工而成的一种产品,是屠宰场的主要副产品之一,是一个来源广、产量大的蛋白质饲料。血粉的蛋白质含量很高(80%~90%),赖氨酸含量丰富,比鱼粉高近1倍,此外色氨酸、组氨酸和苏氨酸含量也高,但蛋氨酸含量偏低,异亮氨酸缺乏,故血粉是属于高能量、高蛋白质,但氨基酸不平衡的蛋白质饲料,宜与其他蛋白质饲料配合使用。血粉味苦,适口性差,用量不宜过高,饲喂血粉过多时可能引起腹泻,一般控制在3%以下,且幼狗不宜使用。

> 【提示】 血粉自身的氨基酸利用率不高,氨基酸组成也不理想。生产中要充分利用血粉的营养特性,科学调配使用。

二 植物性饲料

植物性饲料种类多、来源广、价格低,是肉狗日粮中的主要成分。植物性饲料提供能量、蛋白质、矿物质和维生素。植物性饲料分能量饲料、蛋白质饲料和青绿块根块茎饲料。

1. 能量饲料

在肉狗的能量饲料中,主要有玉米、小麦、高粱、大麦、大米、小麦麸和米糠等。

(1) 玉米 玉米是肉狗的主要能量饲料,常将它作为衡量其他能量饲料的标准。玉米含无氮浸出物高,可达70%~72%,且主要是易消化的淀粉;粗纤维含量低;脂肪含量高,是小麦和大麦的2倍,所以玉米的可利用能值高,在谷物籽实中排在首位;黄色玉米中含有较多的胡萝卜素;蛋白质含量低,平均含量为8.6%,比小麦、大麦含量少,与高粱接近,而且蛋白质品质差,缺乏肉狗所必需的赖氨酸和色氨酸等必需氨基酸;矿物质含量低,特别是钙的含量极低,磷含量相对钙较高,但有50%~60%为植酸磷,对于肉狗来说这些植酸磷是不能很好被利用的。因此,生产中不能单用玉米喂肉狗,应避免使用生玉米,且必须与品质较好的蛋白质饲料和矿物质饲料等搭配一起喂。玉米如不及时晾晒或烘干,极易发霉变质,会使母狗发生霉菌毒素中毒。玉米发霉的第一个征兆是胚轴变黑,然后胚变色,最后整粒玉米呈烧焦状。储存玉米时,其含水量应保持在13%以下。

> 【提示】 由于玉米不饱和脂肪酸含量较高，玉米粉碎后易酸败变质，不宜久存，应现粉碎现用。夏天粉碎后宜7～10天喂完。变质后发苦，口味较差，会引起幼狗中毒死亡，引起妊娠母狗流产和死胎。

（2）小麦　小麦主要用作粮食，近年来饲料用小麦逐渐增多。小麦的有效能值略低于玉米，但粗蛋白质含量约高出玉米含量的50%，各种必需氨基酸均比玉米高。在小麦中矿物元素锰和锌的含量较高，但钙、铁、硒的含量较低。小麦中由于非淀粉多、糖含量较高，在饲料中其用量过多时，会增加食糜黏度，降低食糜通过消化道的速度，因而影响肉狗的采食量。因此，以小麦为主要能量饲料时，应添加一定量的酶制剂，以提高其消化率。

> 【注意】 小麦易感染赤霉菌病，赤霉菌可引起肉狗急性呕吐等中毒症状。

（3）高粱　高粱与其他谷实类相比，粗脂肪含量相对较高，有效能值仅次于玉米、小麦。同样的缺点是蛋白质含量低（8%～9%）、品质差，必需氨基酸、常量元素、微量元素等的含量均不能满足肉狗的营养需要。一般将单宁含量低于0.4%的高粱称为低单宁高粱，达到0.66%称为中单宁高粱，1.5%以上的称为高单宁高粱。黄高粱和白高粱一般含单宁较低，为0.2%～0.4%，而褐高粱含单宁则较高，为0.6%～3.6%。单宁主要抗营养作用是苦涩味重，影响适口性，以及与蛋白质及消化酶类结合，影响饲料的转化率和代谢能值。因此幼狗不宜用，其他狗用量也不宜过大。高粱中单宁的去除方法，可采用水浸或煮沸处理、氢氧化钠处理、氨化处理等，也可通过饲料中添加蛋氨酸或维生素B_4等含甲基的化合物来缓解单宁的不良影响。

> 【提示】 高粱含鞣酸较多，多喂容易引起肉狗便秘。

(4) **大麦** 大麦种植地区较广，分为米大麦（裸大麦）和皮大麦两种。皮大麦外面包有一层种子外壳颖包称为麦秴，在饲用时脱秴，但仍有少量秴皮，因此比米大麦粗纤维和粗灰分含量高，营养价值比玉米和高粱低，但蛋白质品质较好，赖氨酸含量比玉米、高粱高1倍左右。钙、铜的含量较低，但含有较多的铁。米大麦经脱壳、压片及蒸汽处理后可取代部分玉米饲喂肉狗。大麦皮厚，含粗纤维较多，喂时宜经粉碎，否则不易消化。

⚠️ **【注意】** 严重感染赤霉病的大麦，不仅适口性差，且易导致中毒，因此不宜饲用。

(5) **大米** 稻谷脱去壳后，大部分种皮仍残留在米粒上，称为糙米，糙米再经精加工成为精米，是人们的主食。一般在产稻区因玉米供应不足通常采用糙米作为肉狗饲料；此外，还有未成熟米和米厂加工过程中产生的碎米可做饲料用。饲料用糙米的一般营养成分及含量：干物质87%、粗蛋白质8.8%、淀粉75%、粗脂肪2.0%、粗纤维0.7%。糙米含B族维生素丰富，但随精制程度提高而减少，而其他维生素含量则很低。

(6) **小麦麸** 小麦麸俗称麸皮，是以小麦籽实为原料加工制粉后的副产品之一。小麦籽实是由种皮层、糊粉层、外胚乳层、内胚乳层和胚乳、胚芽等部分组成。小麦麸的特点是粗蛋白质含量较高，达15%左右，必需氨基酸含量也高于玉米，特别是赖氨酸达0.57%，B族维生素含量丰富。小麦麸含有较丰富的铁、锌、锰，但磷的质量不高，大部分是植酸磷，不利于矿物元素的吸收，用麦麸配合饲粮时要特别注意补充钙。小麦麸吸水性强，如果饲喂小麦麸过多，则易引起便秘。

🔑**【小经验】**>>>>

→ 小麦麸因含粗纤维较多，体积大，且含有较多的植酸，因而具有轻泻性质，母狗产后消化机能很弱，可适量饲喂麸皮粥，以利于消化道机能恢复。

（7）米糠 米糠是糙米加工成精米时的副产物，由种皮、糊粉层、胚和少量的胚乳组成，100kg稻谷脱壳可产出米糠6kg。米糠含脂肪高（平均为16.5%），其中油酸及亚油酸占脂肪酸的79.2%，故脂肪的营养价值可与玉米相比。米糠有轻泻作用，在饲粮中用量不宜过多，尤其是仔狗和妊娠母狗。

> 【提示】 米糠含脂肪较多，储存中极易氧化、发热、霉变和酸败，最好用鲜米糠喂狗。且用量不宜过多，不宜超过20%，并注意补充钙。

2. 植物蛋白质饲料

植物蛋白质饲料是蛋白质饲料中使用最多的一类。植物蛋白质饲料主要包括豆科籽实、油料饼（粕）类和其他制造业的副产品。植物蛋白质饲料粗蛋白质含量高，蛋白质中的必需氨基酸含量也较平衡，故蛋白质的利用率高于禾谷类饲料蛋白质的利用率；无氮浸出物含量低；粗脂肪含量因种类、加工工艺不同变化较大；粗纤维含量一般不高，但棉籽饼、葵籽饼、花生饼等粗纤维含量较高；矿物质含量与谷类籽实相似，也是钙少磷多；B族维生素含量丰富，胡萝卜素含量较少；该类饲料如用量过大，适口性较差；油籽饼（粕）等含有毒素或不良物质，如不脱毒就大量利用，易中毒。

（1）饼（粕）类饲料 常用的饼（粕）类饲料有大豆饼（粕）、花生饼（粕）、菜籽饼（粕）、棉籽饼（粕）等，他们是植物性蛋白质的重要来源。通常将经压榨法的副产物称为饼，而将浸提法或预压浸提法的副产物称为粕。饼与粕相比，后者的蛋白质和氨基酸略高些，而有效能略低些。

1）大豆饼（粕）。大豆饼（粕）是目前生产上用量最多、使用最广泛的植物蛋白质饲料。大豆饼（粕）风味好、色泽佳，适口性好，饲喂价值在各种饼（粕）饲料中最高。大豆饼（粕）蛋白质含量高于其他饼（粕），可达40%~47%之间，必需氨基酸的组成和比例较好，赖氨酸含量较高；缺点是蛋氨酸、胱氨酸含量不足，B族维生素含量较低。大豆中含有多种抗营养因子，主要是胰蛋白酶抑制因子。饲用大豆饼（粕）的国家标准规定的感官性状为：呈黄褐色饼状或小片状（大豆饼），呈浅褐色或浅黄色不规则的碎片状（大豆粕）；色泽一致，无发酵、霉变、结块、虫蛀及异味、异臭；水分含量不得超过13.0%，不得掺入饲料用大豆饼（粕）以外的东西。除粗蛋白质、粗纤维、粗灰分为质量的控制指标外，规定饲用大豆饼（粕）中脲酶活性不得超过0.4%。大豆饼（粕）所含抗营养因子（与大豆相同）的含量与大豆提取油脂时的水分、温度和加热时间有关，适当的水分和加热时间，有助于消除有害物质，又不破坏蛋白质的营养价值。

> ⚠ **【注意】** 大豆粕（饼）在用作饲料时，要用熟豆粕（饼），不能用生豆粕（饼）。

2) 花生仁饼（粕）。花生仁饼（粕）是花生制油所得的副产品。由于花生的品种、制油方法和脱壳程度等的不同，其成分和营养价值也不一样。花生大多脱壳后榨油，通常分为全部脱壳或部分脱壳花生仁饼（粕）。国内一般都是脱壳后制油，其法有机械压榨和预压浸提法。其蛋白质含量为38%~47%，粗纤维为4%~5%；其中精氨酸和组氨酸相当多，但赖氨酸（1.2%~2.1%）和蛋氨酸（0.4%~0.7%）含量低。花生仁饼（粕）很容易发霉，特别是在温暖潮湿条件下，黄曲霉繁殖很快，并产生黄曲霉毒素，这种毒素经蒸煮也不能去掉。因此，花生仁饼（粕）必须在干燥、通风、避光条件下妥善储存，储存期不宜过长。

> ⚠ **【注意】** 发霉的花生仁饼（粕）不能饲用，哺乳仔狗饲粮最好不用花生仁饼（粕）。

3) 菜籽饼（粕）。菜籽饼（粕）的蛋白质含量为35%~40%，蛋白质中氨基酸比较完全，但赖氨酸较少，蛋氨酸较高，可以代替部分豆饼喂狗。菜籽饼（粕）粗纤维含量较高，是大豆饼（粕）的2倍。菜籽饼（粕）含有的多种抗营养因子（如硫葡萄糖甙及其降解产生的多种有毒产物及单宁等）可严重降低饲料的适口性，可引起胃肠道炎症，降低养分消化率，致肉狗甲状腺肿大、抑制生长、影响母狗繁殖。目前生产上合理利用菜籽饼（粕）有两种方法：一是限量使用；二是进行脱毒处理，常用的脱毒方法有坑埋法、水洗法、加热钝化酶法、氨碱处理法等。妊娠后期母狗和哺乳母狗不宜饲用。

> 【提示】 菜籽饼（粕）过量饲喂或不经适当处理饲喂肉狗，可引起中毒和死亡。育肥狗多表现为急性经过，死亡快；妊娠母狗可发生流产。

4）棉籽饼（粕）。棉籽饼（粕）是棉籽经脱壳取油后的副产品，是重要的植物蛋白质饲料资源（如带壳的棉籽饼则属粗饲料）。去壳棉籽饼（粕）粗蛋白质含量可达41%，粗纤维含量低，能值与豆饼（粕）接近；未去壳棉籽饼（粕）含粗蛋白质20%~30%，粗纤维含量为11%~20%。棉籽饼（粕）赖氨酸和蛋氨酸含量较低，精氨酸含量较高。棉籽饼（粕）中含有毒的游离棉酚，棉酚在体内特别是肝脏中蓄积可引起棉籽饼（粕）中毒，因而限制了其用于肉狗饲养。为了防止游离棉酚的有毒作用，可用棉酚和硫酸亚铁按1:5的比例添加硫酸亚铁，或棉酚与铁1:1，经充分混合后饲喂。

> ⚠【注意】 妊娠母狗和仔狗对棉籽饼（粕）毒性物质特别敏感，母狗喂大量未经处理的棉籽饼（粕），不仅易引起母狗中毒，而且可通过乳汁引起仔狗中毒。

（2）豆类籽实 豆类籽实包括大豆、黑豆、豌豆、蚕豆等，现在一般以食用为主，农村散养情况下还有用作饲料的情况，其他多用在高档饲料和颗粒饲料中。大豆按种皮颜色可分为黄、青豆、黑豆、其他大豆和饲用豆（秣食豆）5类，其中黄豆最多，其次为黑豆。大豆是含蛋白质（32%~40%）、粗脂肪（17%~20%）高，粗纤维低的高能高蛋白质饲料，且赖氨酸含量高，与能量饲料配合使用，可弥补能量饲料蛋白质低、赖氨酸缺乏的弱点。但大豆蛋氨酸含量相对较少，应注意平衡。其中不饱和脂肪酸较多，亚油酸和亚麻酸可占55%。经过加热处理的全脂大豆，因其蛋白质和能量水平较高，是配制全价料的理想原料。生大豆中存在多种抗营养因子，如胰蛋白酶抑制剂、大豆凝集素、胃肠胀气因子、大豆抗原等。如生喂会造成养分的消化率下降和干扰肉狗的正常生理过程，引起腹泻（即使加热处理这种抗原仍有较强的活性），抑制生长。大豆加热不足不能完全破坏抗营养因子，过熟则会导致大多数氨基酸，尤其是赖氨酸利用率下降，影响饲用价值。因此，大豆的适宜加工非常重要。

> 【注意】 大豆应熟喂，且用量不宜过大。

3. 青饲料和块根块茎类饲料

（1）青饲料 青饲料是指富含水分和叶绿素的植物性饲料，包括作物的茎叶、藤蔓、牧草和蔬菜等。青饲料鲜嫩可口，营养丰富，水分含量高，栽培或野生的陆生青饲料含水分为70%～85%，水生青饲料含水分为90%～95%，因此，青饲料中干物质含量少，营养浓度低。青饲料是养狗生产上维生素营养的良好来源，特别是胡萝卜素、B族维生素含量丰富，但缺乏维生素D。青饲料中富含肉狗所需的矿物质，且钙、磷及微量元素比较平衡。

> 【注意】 青饲料在饲用时要防止焖制，以免引起肉狗亚硝酸盐中毒。

（2）块根、块茎类饲料 块根、块茎类饲料，包括马铃薯（土豆）、胡萝卜、甘薯（白薯）和南瓜等。这类饲料主要含碳水化合物，而蛋白质、脂肪和矿物质含量低，维生素C含量丰富。胡萝卜和南瓜中含有丰富的胡萝卜素，是体内维生素A的良好来源。甘薯（白薯）不易消化，不适合作为肉狗的饲料。

> 【提示】 洋葱（葱头、圆葱）和葱不能喂肉狗，它们能溶解肉狗血液中红细胞的组成成分，食后尿中有血，会造成肉狗严重贫血而死亡。

三 饲料添加剂

饲料添加剂是指在配合饲料时添加的各种微量成分。其目的在于满足肉狗养殖生产的特殊需要，如保健、促生长、增食欲、防饲料变质、改善饲料及产品品质、改善养殖环境等，从而提高经济效益。饲料添加剂可分为营养性添加剂和非营养性添加剂。

1. 营养性添加剂

营养性添加剂包括维生素饲料添加剂、矿物质饲料添加剂、氨基酸添加剂等，主要用于补充、平衡配合饲粮的营养成分，提高饲料营养价值。

（1）维生素饲料添加剂 肉狗需要的维生素，除常规饲料，主要靠麦芽、酵母、鱼肝油及工业合成的维生素添加剂来补充。因为常规饲料中所含的维生素变化较大且易遭破坏，生产上在平衡饲粮中的维生素时，一般都将常规饲料中所含的维生素忽略不计，肉狗需要的维生素全部通过补充维生素添加剂来解决。随着营养科学的发展，各种维生素在狗体内的作用及需要量逐步明确，因此在饲料内添加维生素，得到日益广泛的应用。常用的维生素添加剂有维生素A、D、E、K和B族维生素等，并多采用复合添加剂的形式（即将几种维生素配合添加）。维生素添加的数量除按营养需要规定外，还应考虑日粮组成、环境条件（气温、饲养方式等）、饲料中维生素的利用率、肉狗维生素的消耗及各种逆境因素的影响。

> 【提示】 在计算维生素添加量时，除依据营养需要量外，还应考虑环境条件（温度、湿度、饲养条件等），在预混料或配合饲料中的损失，饲料加工条件（制粒、挤压膨化等），以及疾病等应激条件。

1）麦芽。主要提供维生素E，每100g大麦芽含维生素E 25～30mg。自制麦芽饲料，是一种简便易行、冬春给肉狗补充维生素的好方法。其具体制作方法是：先将大麦籽实筛选除去杂质，放入温水中淘洗，除去泥沙、瘪粒及虫蛀粒，然后放入25～35℃的温水中浸泡24h；当籽实吸饱水膨胀后，捞出平摊在竹筛或滤水容器中，厚度为3cm左右，上面覆盖纱布,每天按时喷洒温水,保持湿润,两三天后,当籽实胚根、胚芽长出,便揭去纱布,仍然每天按时浇以温水,待长出10~15cm的青绿幼苗时,即可饲喂。

⚠️ 【注意】 制作麦芽时要控制好发芽温度;注意浇水时间及次数,麦芽发芽、生长中不能出现根芽干枯现象;发现霉烂籽粒,立即剔除,以防蔓延扩大。严禁给肉狗饲喂霉烂根部或发霉的麦芽。

2)酵母。饲用酵母是B族维生素的来源,包括石油酵母和工业废液酵母两类,含粗蛋白质40%~60%,蛋白质的生物学价值介于动物蛋白质与植物白蛋白质之间,赖氨酸含量高,蛋氨酸为主要限制氨基酸。B族维生素中的维生素B_1、维生素B_2、维生素B_3、维生素B_5含量特别丰富,经过紫外线照射的酵母中每千克含维生素D_2 1000~5000国际单位。饲料酵母在使用时一定要加热处理,杀死酵母菌以防止饲料发酵。另外,B族维生素遇碱易被破坏,所以,在使用B族维生素时一定要和碱性饲料分开。酵母使用量每只狗每天40~50g。

➡️ 【提示】 提示:购买维生素添加剂时要注意密封性和有效保存期,超期的维生素添加剂效价降低,甚至完全失效。添加维生素的饲料不宜长时间储存。

(2)矿物质饲料添加剂 常规饲料中的矿物质含量往往不能满足肉狗的营养需要,常常要用专门的矿物质饲料来补充。一般常用的矿物质饲料有食盐、含钙饲料和钙磷平衡的饲料。

1)食盐。植物性饲料中缺少氯和钠,食盐可以给肉狗补充钠和氯。食盐中含钠39%,含氯60%。碘化食盐还含有0.007%的碘。肉狗饲粮中添加0.25%~0.5%的食盐,可改善饲料的适口性,增进食欲,从而促进生长。食盐不足,肉狗食欲下降,采食量降低,生产成绩不佳,并出现异嗜癖。使用食盐含量较高的鱼粉等饲料时应特别注意防止食盐过量。

2）骨粉。骨粉因加工方法不同，可分为蒸骨粉、煮骨粉、脱脂骨粉等，含钙24%~28%、含磷10%~12%，是很好的钙、磷平衡的饲料，一般用量占日粮的1.5%~2%。

3）蛋壳粉和贝壳粉。主要成分是碳酸钙，含钙35%以上，蛋壳和贝壳在加工之前，应先消毒，防止因蛋白质腐败和病菌而感染疾病。

4）微量元素添加剂。目前我国肉狗养殖生产中添加的微量元素主要有铁、铜、锰、锌、钴、硒和碘等。添加剂的原料是含有这些微量元素的化合物。常用的有碳酸盐、硫酸盐或氧化物类的无机矿物盐。但必须注意：添加铁时不能用氧化铁（肉狗不能吸收）；添加硒时只能用亚硒酸钠或硒酸钠；添加碘时可用碘化钾、碘化钠、碘酸钾、碘酸钙。近年来微量元素添加剂已从无机盐发展到有机酸金属螯合物和氨基酸金属螯合物，这些螯合物中的微量元素的利用率都较无机矿物盐高。

> ⚠【注意】 各种营养性添加剂由于添加量小，应充分搅拌均匀，以免造成浪费与意外事故。

（3）氨基酸添加剂 在我国，肉狗日粮中动物蛋白质饲料缺乏，而植物蛋白质饲料，尤其是肉狗的主要饲料——谷物类饲料必需氨基酸含量不平衡，因此需要氨基酸添加剂来平衡或补足。肉狗养殖生产中常用的氨基酸添加剂是赖氨酸、蛋氨酸。

1）赖氨酸添加剂。赖氨酸有L与D两种异构体。动物只能利用L-赖氨酸。商品赖氨酸添加剂为L-赖氨·盐酸，商品上标明的含量为98%，指的是L-赖氨酸和盐酸的含量，L-赖氨酸的含量只有78%左右，在使用这种添加剂时，要按实际含量计算。此外，还有一种赖氨酸添加剂是DL-赖氨酸·盐酸。其中D型赖氨酸是发酵或化学合成工艺中的半成品，没有进行转化L型的工艺，必须注意L型的实际含量。

2）蛋氨酸添加剂。蛋氨酸的D型和L型同样可被狗体利用，具有相同的生物活性。因此DL-蛋氨酸添加剂的活性成分含量如标明98%，在使用时不用折算。

2. 非营养性添加剂

非营养性添加剂包括抗生素、酶制剂、益生素、酸化剂、激素、离子交换化合物等,主要作用是促生长、保健康和改善饲料品质。常用的有抗生素添加剂、抗氧化添加剂、防霉剂、酶制剂、益生素、酸化剂等。

第三节 肉狗饲粮的科学配制

一 肉狗的饲养标准

我国肉狗养殖历史虽然悠久,但始终沿袭一种传统的养殖方式,饲养粗放,缺乏科学管理,使肉狗养殖生产长期在较低水平徘徊,严重制约了肉狗规模化生产。我国目前尚没有统一的肉狗饲养标准,仅有一些学者和单位根据肉狗养殖现状,提出了各自的营养需要建议量。如朱维正等(1999)提出肉狗日粮中植物性饲料可占70%~80%,蛋白质饲料(动物性和植物性)占10%~20%,骨粉2%~4%,食盐0.5%~1.0%,另加适量维生素、微量元素和青饲料。王恩强建议了肉狗各生长阶段对粗蛋白质和消化能的需要量(见表5-7)。另外,美国饲料管理协会(AAFCO,1997)提出的狗饲养标准(见表5-8),各项指标均以饲料中的营养浓度表示,对计算配方较方便,可参考使用。

表5-7 各生长阶段肉狗对粗蛋白质和消化能需要量

生长阶段	仔狗	断乳幼狗	青年狗	空怀母狗	妊娠母狗	哺乳母狗	休闲公狗	配种公狗
粗蛋白质(%)	22~23	18~20	15~17	14~15	21~23	22~25	15	16~18
消化能/(MJ/kg)	12.96~13.38	12.96	12.96	12.54	12.96	12.96~13.38	12.54	12.96

表 5-8 AAFCO 狗饲料营养标准（1997）

营养成分	生长和繁殖狗最低需要量	成年狗维持最低需要量	最大用量
蛋白质（%）	22.0	18.0	
精氨酸（%）	0.62	0.51	
组氨酸（%）	0.22	0.18	
异亮氨酸（%）	0.45	0.37	
亮氨酸（%）	0.72	0.59	
赖氨酸（%）	0.77	0.63	
蛋氨酸+胱氨酸（%）	0.53	0.43	
苯丙氨酸+酪氨酸（%）	0.89	0.73	
苏氨酸（%）	0.58	0.48	
色氨酸（%）	0.20	0.15	
缬氨酸（%）	0.48	0.39	
脂肪（%）	8.0	5.0	
亚油酸（%）	1.0	1.0	
钙（%）	1.0	0.6	2.5
磷（%）	0.8	0.5	1.6
钙磷比	1:1	1:1	2:1
钾（%）	0.6	0.6	
钠（%）	0.3	0.06	
氯（%）	0.45	0.09	
镁（%）	0.04	0.04	0.3
铁/(mg/kg)	80	80	3000
铜/(mg/kg)	7.3	7.3	250
锰/(mg/kg)	5.0	5.0	
锌/(mg/kg)	120	120	1000
碘/(mg/kg)	1.5	1.5	50
硒/(mg/kg)	0.11	0.11	2

(续)

营养成分	生长和繁殖狗最低需要量	成年狗维持最低需要量	最大用量
维生素A/(国际单位/kg)	5000	5000	250000
维生素D_3/(国际单位/kg)	500	500	5000
维生素E/(国际单位/kg)	50	50	1000
维生素B_1/(mg/kg)	1.0	1.0	
维生素B_2/(mg/kg)	2.2	2.2	
维生素B_5/(mg/kg)	10	10	
维生素B_3/(mg/kg)	11.4	11.4	
维生素B_6/(mg/kg)	1.0	1.0	
维生素B_{11}/(mg/kg)	0.18	0.18	
维生素B_{12}/(mg/kg)	0.022	0.022	
维生素B_4/(mg/kg)	1200	1200	

注：假设饲料代谢能为3.5MJ/kg干物质，如高于4.0MJ/kg干物质，应予以矫正。

二 肉狗饲料的配制

1. 肉狗饲料配制的基本原则

饲料是肉狗养殖生产的物质基础，是肉狗的能量和营养的来源。调配饲料时必须参考各类肉狗的营养需要量，再依据不同发育阶段肉狗的营养需要而予以灵活应用。肉狗饲料配制的基本原则是：

（1）**保证饲料的安全性** 配制肉狗的饲料，应把安全性放在首位。只有首先考虑到饲料的安全性，才能慎重选料和合理用料。饲料配合必须遵循国家的《饲料和饲料添加剂管理条例》《兽药管理条例》《饲料卫生标准》《饲料药物添加剂使用规范》等有关饲料生产的法律法规，慎重选料就是注意掌握饲料质量和等级，最好在配料前先对各种饲料进行检测，也就是要做到心中有数。作为肉狗的饲料，其中不应含有任何有毒成分。

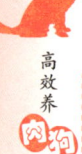

> **【提示】** 为了保证产品符合卫生要求,为了维持消费者的利益,要充分估计到有些添加剂可能发生的毒害,必须遵守添加剂停药期的规定和有关使用添加剂的法规,确保安全第一。

(2) 营养全面 肉狗饲料要根据各种饲料中营养成分的多少和饲料的消化率进行合理搭配。配合饲粮时应首先保证能量、蛋白质及限制性氨基酸、钙、有效磷、地区性缺乏的微量元素与重要维生素的供给量,并根据肉狗的品种、生产阶段、性别、季节、膘情等条件的变化,对饲养标准做适当的增减调整。饲料配合时应考虑到摄食的对象,如给生长幼狗配制饲料时,应多加些蛋白质、钙、磷和维生素 D 等,以利于幼狗的生长发育;对于老龄狗或疾病初愈的狗在增加蛋白质和钙比例的同时,要特别注意补充足够的维生素 C、D、B、A 等。

(3) 适口性要好 适口性差的饲料肉狗不爱吃,采食量减少,营养水平再高也很难满足肉狗的营养需求。要考虑饲料的适口性,适口性好的饲料多用些,差的少用些。特别是为幼狗和妊娠母狗设计饲料配方时更应注意。配合饲料时应尽量做到饲料原料多样化,做到多种饲料原料合理搭配,这样不仅能提高饲料的适口性,还能使各种营养物质得到相互补充,从而提高饲料的营养价值。生产中应根据肉狗对各种养分的需要,以及在不同饲料中各种养分的有、无、多少进行搭配才合理。另外,日粮在一般情况下应煮熟再喂,煮熟可改善饲料外观、味道、质地,不仅可以提高饲料的消化率,增强饲料的适口性,而且能有效防止疾病的传染。但要注意,饲料不宜蒸煮过烂,以防营养物质被破坏。

(4) 饲料容积要适当,控制粗纤维含量 一个好的配合饲料,应该既保证养分够,又保证肉狗吃饱而不过食浪费。不同大小的肉狗,在消化道容积、饲料通过消化道的速度和消化能力等方面是不相同的。所以,饲料的容积和单位重量中养分含量,应该与肉狗的消化生理要求相适应。例如,幼狗消化能力差,就应配成易消化、养分含量高、饲料容积较小的配合饲料。总之,饲料容积关系到采食量(进食量),进食过多或不足都不好。碳水化合物是最廉价的能源，碳水化合物中含有粗纤维，粗纤维有通便作用。但粗纤维含量不能过高，过高能降低消化率和适口性，适宜的含量为5%左右。

（5）因地制宜，选择配方原料 配合饲料既要考虑生产实际，又要提高产品档次；既要降低生产成本，又要注重生产水平和经济效益。配方原料要充分利用当地生产的和价值便宜的饲料，最好是在不降低或降低很少饲养效率和经济效益的前提下，尽量就地取材，物尽其用，降低生产成本。

（6）饲料配合要相对稳定 如确需改变时，应逐渐过渡，应有一周的过渡期。如果突然变化过大，会引起应激反应，降低肉狗的生产性能。

（7）饲料应储存在干燥、阴凉处 高温、高湿可加速饲料中维生素和养分的破坏。虽然添加霉菌抑制剂和抗氧化剂有助于延长饲料的储存期，但也应在4周内用完。

2. 饲料配方设计的基本步骤与方法

饲料配方设计有多种方法，但一般包括以下5个基本步骤：

（1）确定目标 不同的生产目标对配方要求有所差别，如是追求产肉率还是生长速度，是追求健康还是生长性能等，此外，还包括对环境的影响、产品质量等方面。随养殖目标的不同，配方设计也必须进行相应的调整，只有这样才能实现各种层次的需求。

（2）确定肉狗的营养需要量 国内外肉狗的饲养标准可以作为营养需要量的基本参考。但由于养殖场的情况千差万别，肉狗的生产性能各异，加上环境条件的不同。因此，在选择饲养标准时不应照搬，而是在参考标准的同时，根据当地的实际情况，进行必要的调整，稳妥的方法是先进行试验，在有了一定的把握的情况下再大面积推广。

（3）选择饲料原料 这是饲料配制的第3步，即根据前面的原则选择可利用的原料，并对其养分含量进行实测，确定其利用率。选择饲料原料首先注意饲料原料品质。在小型养殖场感官检验占有重要的地位，原料的感观检查常用的检查指标包括：颜色：典型、明显而一致的色泽；气味：新鲜、特有的气味，无异味；水分：无黏性，干燥，无受潮现象，对于玉米等谷物，可以通过紧握时对手

心的刺痛感强弱来判断水分是否超标；温度：无发热现象；质地：颗粒大小一致，无破碎现象；标签：名称与发货单一致，在保质期内；其他：不夹杂灰尘、霉菌、植物枝叶、金属杂品、沙子及其他杂质，无鸟类、鼠类或其他昆虫污染的迹象。具体原料的选择应是适合肉狗的习性并考虑其生物学效价（或有效率）。

(4) 设计饲料配方 将以上步骤所获取的信息综合处理，形成配方配制饲料，可以用手工计算，也可以采用专门的计算机优化配方软件。其中手工配方法容易掌握，但完成配方的速度慢。饲粮配合的理想工具是电脑，电脑可以应用先进的线性规划法，迅速完成配方，而且可以把成本降到最低。电脑配方法现有出售的软件，其运算简单，不做详细介绍。下面只介绍手工配方法，供小型肉狗场或个体户参考应用。手工配方法主要有试差法和线性规划法等。试差法又叫试差平衡法，运算简单、容易掌握，可借助笔算、珠算、电子计算器完成，在实践中应用仍相当普遍，步骤如下：

1) 确定相应的饲养标准。根据肉狗的品种类型、生长阶段、生产水平，查找肉狗的饲养标准，确定日粮的主要营养指标，一般需列出代谢能、粗蛋白质、钙、磷、赖氨酸、蛋氨酸及蛋氨酸 + 胱氨酸等。

2) 确定饲料种类和大概比例。根据市场行情，确定所用饲料种类、查饲料营养成分及营养价值表，列出所用各种饲料的营养成分及含量。

3) 初算。将各种饲料的百分比，按肉狗常用饲料成分表计算饲料的营养成分含量，所得结果与饲养标准进行比较。

4) 调整。反复调整饲料原料比例，直到与标准的要求一致或接近。如粗蛋白质含量低于标准，可用含粗蛋白质高的饲料（鱼粉、豆饼等）与含粗蛋白质较低的饲料（玉米、麦麸等）互换一定比例，使日粮的粗蛋白质含量达到标准。当代谢能低于标准时，可用含代谢能高的玉米与含代谢能低的糠麸等饲料互换一定比例，使日粮的代谢能达到标准。经过调整，各种营养已很接近标准时，最后加入矿物质饲料、微量元素、氨基酸和维生素，使其达到全价标准。

(5) 制作小样和质量评定 为了减少浪费，饲料配方设计好后，应先配制一少部分样品,对其气味、色泽等指标进行评定,如果不合适,要重新配制。配方产品的实际饲养效果是评价配制质量的最好尺度,应当经常比较配方与实际饲养效果的差异。

三 饲料的加工和调制

1. 肉狗饲料的加工

为改善饲料的适口性,保存和提高饲料的营养价值,确保饲料安全无毒,要对不同饲料进行各种加工处理。对肉狗饲料进行加工的方法很多,如粉碎、晒干、打浆、发酵、糖化、蒸煮、膨化、焙炒和碱化等,其中最常用的是粉碎、蒸煮、膨化。

粉碎加工又称为磨碎加工。禾谷类、豆类籽实及饼类饲料质地坚硬,不方便进行调配,饲喂后肉狗难以消化。此类饲料利用前需要将其磨成粉状。需要注意的是,磨碎的饲料在温暖潮湿的环境中易发霉、变质,应将其放置在阴凉、通风和干燥的环境中。磨碎的饲料一旦霉烂,禁止用来喂肉狗,以防其中毒。

蒸煮是饲料用来饲喂肉狗前一种最常用的调制方法。肉类易感染细菌和寄生虫,应加热后饲喂,加热时间应以杀菌和煮熟为准,以保证养分被充分利用。不要焖烂,肉汤可以与饲料一起拌喂。肉块不宜用冷水煮,否则血清蛋白会凝固而缠裹在肉的纤维上使肉变硬,肉应在水烧开后放入锅内,使外层部分血清蛋白迅速凝结,形成不溶于水的被膜,使内部血清蛋白不易流出,既保持了肉的营养成分,又使肉味鲜美,肉质鲜嫩可口。鱼体内含有硫胺素酶,可破坏硫胺素(维生素 B_1),加热能使硫胺素酶失去活性,因此鱼类及副产品也应加热后饲喂。蛋清中含有抗生物素蛋白,能与生物素相结合而降低生物素的作用,因此蛋品也应加热后饲喂。蒸煮可软化粗纤维,促进淀粉降解,提高饲料的消化率和适口性。肉狗原本是肉食动物,在人们长期驯养过程中变成杂食动物,但其消化生理还保持肉食动物的特点。谷类饲料含淀粉较多,肉狗对淀粉的消化能力较差,在饲喂前应进行加热,可蒸窝头或煮成粥,但不能烧煳或夹生,否则会影响适口性和消化吸收。豆类饲料熟制处理,还能破坏其所含的抗胰蛋白酶、血细胞凝集素和皂碱等有害的生物毒素,从而保证肉狗的安全。熟制加工过程中应尽可能减少破坏饲料自身

的有益的酶类和维生素等营养成分。蔬菜应洗净后切碎,然后放在锅内煮。块根不要削皮,洗净后直接加热。

> 【提示】 肉狗对不经加工熟制的淀粉类食物很难消化吸收,食后多引起消化不良和腹泻,影响肉狗的健康和生长。将各种淀粉类饲料蒸煮后饲喂,将明显提高饲料的适口性和消化率。

膨化加工即利用机械对饲料进行加温、加压处理,使其膨化成多乳状颗粒或圆粒形饲料。膨化饲料具有适口性强、易于消化的优点,可提高饲料利用率,有助于肉狗体健壮。

2. 肉狗饲料的调制

饲料调制是指将一些已加工过的饲料,按照肉狗的营养需要,烹调成肉狗食用时的状态。调制饲料的基本要求是卫生、营养、肉狗喜食、易消化、不浪费。在加工调制饲料过程中,饲料中的营养成分会有一定数量的损耗,饲料中的营养物质也不可能全部被狗体所吸收利用。在调制饲料时,一定要注意保证饲料中有足够的营养成分,以满足肉狗对能量和各种营养物质的需要。为此,要根据各种不同饲料的性质和肉狗喜食的状态进行烹调。

肉狗的精饲料部分可调制成窝头或蒸糕状来饲喂肉狗。其方法是在大米或小米中掺上 2/3 的面粉,然后将盐、骨粉等添加饲料拌入精饲料中搅匀,用手将面和好后捏成窝头状或做成蒸糕状,蒸熟即可。饲喂时须将窝头或蒸糕切成小块状,拌入菜肉汤中供肉狗采食。精饲料也可制成粥糊样半流动状。

青菜和块根类蔬菜饲料宜洗净切成碎块后连同煮烂的肉、鱼粉、盐、骨粉等一起拌入饲料内;也可将生肉或内脏以冷水洗净切碎,煮熟再混入蔬菜类饲料,短时间内煮沸,使之成为混合的菜肉汤后与调制的米类或其他谷物饲料拌匀后喂肉狗。

3. 肉狗饲料加工调制的注意事项

饲料经过合理的调制后,常可增进肉狗的食欲,促进其消化吸收,获得良好的营养效果。若调制不当,不仅使饲料中的营养物质丢失严重,而且会导致肉狗发生疾病。因此,肉狗饲料加工调制时应注意以下几点:

1）加工肉类时，洗肉要用冷水，浸泡时间不宜过长，煮沸的时间长短以杀菌、肉熟为度，以减少蛋白质损耗。

2）谷类饲料通常只需用清水将沙土淘净即可。如需浸泡膨胀，则应在浸泡后，将浸米水和米一起倒入锅内煮熟，以保证营养成分的充分利用。调制谷物类饲料时，无论是制作粥糊，还是制作蒸糕，都不得夹生或烧煳。

3）蔬菜饲料应先洗后切，并用急火快速煮熟，混入其他饲料中饲喂。煮熟后的蔬菜放置时间不宜过长，以防产生亚硝酸盐而引起肉狗食物中毒。

4）蔬菜、谷物类饲料和肉类应分别煮熟后，再混搅在一起喂狗。

5）若利用剩余饭菜调制肉狗饲料时，应注意少放盐，或不放盐，以免增加饲料中的盐分而影响肉狗的食欲，避免引起食盐中毒。

6）肉狗的饲料烹制好后，将之放置在清洁的台架上或橱内用纱布或窗纱盖上，以防苍蝇污染。

7）肉狗饲料最好现吃现调制，不宜过夜。在夏季，饲料极易酸败变质，绝不能用酸败的饲料喂肉狗，以免发生食物中毒或其他疾病。在冬季，应注意肉狗食物的保温（最适温度为40℃左右），并防止让肉狗吃冰冷的食物。

8）注意防鼠，以免引起传染病的发生和造成浪费。

> ⚠ 【注意】 在加工调制过程中，各种饲料原料的营养素都会有一些损失，一般肉类损失18％，鱼类35％～40％，豆类10％，蔬菜块根类15％，损失总量约为40％。所以，调制时必须科学合理，尽量减少营养成分的损失。

四 肉狗饲料配方示例

1. 哺乳期仔狗饲料配方

【配方1】肉骨汤300g，小儿糕粉50g，鲜牛奶200mL，赖氨酸1g，蛋氨酸0.6g，添加剂2g，盐0.5g，鸡蛋1枚。

【配方2】肉类50g，大米50g，面食70g，青绿植物50g，牛奶

150g，乳渣 20g，动物脂肪 3g，鱼肝油 0.5g，酵母 1g，胡萝卜 5g，骨粉 5g，盐 0.5g，另外隔日补充鸡蛋 1 枚。

【配方 3】瘦肉或内脏 500g，鸡蛋 3 枚，玉米面 300g，面粉 300g，青菜 500g，盐 4g，赖氨酸 5g，蛋氨酸 3g，微量元素适量，其他添加剂 10g。

2. 断乳期幼狗饲料配方

【配方 1】玉米 27.5%，高粱 22%，面粉 10%，鱼粉 10%，奶粉 10%，杂肉 10%，糖分 8%，骨粉 2%，盐 0.5%。

【配方 2】玉米 40%，麸皮 20%，细糠 10%，豆饼 19%，进口鱼粉 7%，骨粉 3%，盐 0.5%，生长素 0.5%。

3. 幼狗饲料配方

【配方】玉米 55%，豆饼 10%，麸皮 8%，黑面 10%，蔬菜 3%，生长素 1%，鱼粉 7%，肉骨粉 5%，盐 1%。

4. 青年狗饲料配方

【配方 1】玉米面 25%，碎米 20%，糠饼 20%，小麦麸 10%，花生饼 10%，菜籽饼 5%，肉粉（血粉、羽毛粉）5%，骨粉 4%，添加剂 0.5%，盐 0.5%。

【配方 2】玉米 45%，豆饼 10%，麸皮 12%，黑面 15%，鱼粉 8%，骨粉 4%，蔬菜 5%，盐 1%，外加适量微量元素、复合维生素。

5. 育肥狗饲料配方

【配方 1】玉米面 40%，碎米 30%，麸皮 17%，肉类或动物内脏 10%，骨粉 2%，盐 1%，青饲料每天每只 150g。

【配方 2】玉米面 25%，碎大米 15%，米糠 20%，麦麸 20%，豆饼 10%，鱼粉 7%，骨粉 2%，盐 0.5%～1%，青饲料每天加入 150g。

第六章
肉狗的繁育

第一节　肉狗的生殖生理

一　肉狗的生殖器官及其功能

1. 公狗生殖器官

公狗的生殖器官包括睾丸、附睾、输精管、尿道、阴茎、阴囊和副性腺（见图6-1）。

（1）**睾丸**　睾丸位于阴囊内，左右各一个，重约30g，约占体重的0.32%。睾丸是公狗生成精子的器官，也是分泌雄性激素（睾酮）的主要器官。肉狗的睾丸较小，呈椭圆形，睾丸纵隔发达，纵轴朝向后上方。睾丸除产生精子外，还分泌雄性激素（睾酮），该激素有维持公狗雄性特征和激发公狗交配欲的作用。

（2）**附睾**　附睾紧贴于睾丸，是精子成熟与储存的器官。肉狗的附睾较大，由附睾头、附睾体和附睾尾组成。

（3）**输精管**　输精管是输送精液的管道。输精管是由附睾尾逐渐扩大而且伸直通往尿生殖道的管道，具有发达的平滑肌纤维，管壁厚而口径小。在射精时，借助输精管壁强有力的收缩作用而将精液排出。

（4）**尿道**　尿道起自膀胱颈，伸向阴茎头的长管，包于尿道海绵体内。

（5）**阴茎**　阴茎为公狗的交配器官。肉狗的阴茎内有阴茎骨，成年狗的阴茎长8～10cm。阴茎骨向龟头方向逐渐变窄，再向前就变成纤维组织。阴茎前端为龟头，分为圆柱状的延长部和尖形的游离端。交配时,阴茎被锁在母狗阴道内,主要是龟头球的极度膨胀所致。

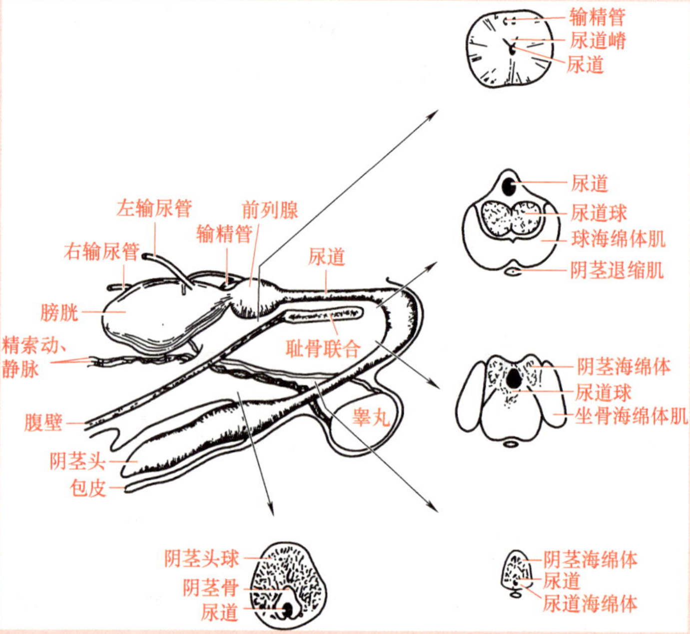

图 6-1 公狗生殖器官(选自董瑞成)

(6) 阴囊 阴囊为袋状囊腔,内有睾丸、附睾和部分精索。阴囊是维持精子正常生成所需温度的调节器官,阴囊可以保证睾丸的温度总比体温低 2~3℃。只有在较低的温度下,睾丸才能生成精子。

> 【提示】 患隐睾症的公狗不能产生正常的精子,以致造成公狗不育。

(7) 副性腺 副性腺的分泌物是构成精液的主要部分,使精液形成一定的容量和密度。狗只有前列腺和尿道小腺体,没有精囊腺。肉狗前列腺较大,呈浅黄色,位于耻骨前缘,覆盖在膀胱颈和尿生殖道的起始部,内部有大量的排出管。前列腺分泌的前列腺液具有稀释精子、营养精子、改善阴道环境,以利于精子运动的作用。

2. 母狗生殖器官

母狗的生殖器官包括卵巢、输卵管、子宫、阴道、尿生殖前庭和阴门(见图6-2)。

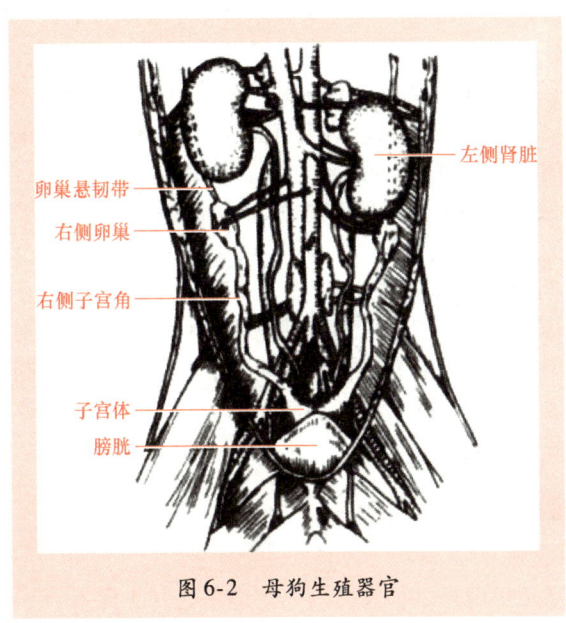

图6-2 母狗生殖器官

(1) **卵巢** 肉狗的卵巢呈长而稍扁的椭圆形,长约2cm,位于第4~5腰椎下,子宫角的两端。卵巢表面常可见成熟卵泡的隆起,卵泡成熟后则破裂排出卵子。它是母狗产生卵细胞(卵子)的器官,也是分泌雌激素(雌二醇)和孕激素(孕酮)的主要部位。性成熟后的母狗,每到发情期将一批成熟卵子排出,如遇精子,即可受精妊娠。雌激素的作用是促进雌性生殖器官发育,维持生殖机能。

(2) **输卵管** 输卵管为母狗生殖道的起始端,将卵巢和子宫联系起来。输卵管可接纳卵巢排出的卵子,并将其输送到子宫。肉狗的输卵管起始部围着卵巢,稍弯曲伸向子宫角,以细小的一端与子宫角的起始部相接,开口于子宫角的黏膜上。输卵管是运送卵子、卵子最后成熟及受精的场所。

（3）子宫 子宫是胚胎生长发育的地方，为母狗生殖道的主要部分。肉狗的子宫由子宫角、子宫体和子宫颈3部分组成。子宫体很短（2~3cm），子宫角细长（12~15cm），直径均匀，外观近乎直线，全部位于腹腔内。子宫颈短，肌层很厚。子宫颈管近乎上下垂直，其子宫口（子宫颈内口）位于背侧，阴道口（子宫颈外口）位于腹侧。

（4）阴道 阴道是母狗的交配器官，同时也是分娩的产道，全长约12cm。除穹窿外，其余的阴道黏膜形成许多纵行的皱褶，皱褶上还有小的横褶。因此，阴道内径和长度有扩展能力。

（5）尿生殖前庭 尿生殖前庭是母狗的交配器官和产道，同时也是排尿的必经之路。

（6）阴门 阴门又称为外阴，是母狗的外生殖器官，由肥厚的左右阴唇构成。在阴门腹侧角有非常发达的阴蒂，是母狗交配的感觉器官。阴门包括阴唇和阴门裂，两阴唇在阴门裂的背侧和腹侧相会合，形成阴唇背侧联合和阴唇腹侧联合。背侧联合与骨盆联合位于同一个颌面内或稍偏下。

二 性成熟与适配年龄

1. 性成熟

性成熟是指肉狗生长发育到一定时候，其生殖器官和副生殖器官已基本发育完全，并能产生成熟的生殖细胞，具备了繁殖能力的时期。此时，公狗可以产生具有受精能力的精子，开始具有正常的性行为、性欲要求；母狗能排出成熟的卵子，有正常的发情表现和行为，一旦与公狗交配即能正常受孕。肉狗的性成熟受品种、气候条件、环境和饲养状况等影响，即使是同一品种，由于个体不同也有较大的差别。一般认为肉狗8~12月龄就达到性成熟，早的6月龄就进入性成熟期。通常小型肉狗性成熟较早，为6~10月龄；大型肉狗较晚，为8~14月龄。一般母狗的性成熟期稍早于公狗；体质好的肉狗早于体质差的肉狗；饲养管理好的肉狗早于饲养管理差的肉狗；无不良应激的肉狗早于有不良应激的肉狗。

2. 适配年龄

刚达到性成熟的幼狗，虽然具有繁殖能力，但不适合繁殖。因为此时幼狗身体尚未完全发育成熟，体重仅达成年狗的60%左右，过早地进行交配不论是对公狗还是母狗的生长发育均有很大的影响，并且可祸及其后代。从繁殖角度讲，只有体成熟后，才能进行繁殖活动。否则会影响肉狗自身的发育，也不利于胎儿发育和分娩。公狗过早交配时，由于精子成活率低、活性弱，往往不易使受配母狗妊娠，即使受孕也难产出品种优良的后代。母狗过早妊娠，由于其体型小，体质弱，产后泌乳少，会出现窝产仔数少，仔狗体型小，身体不健壮，成活率低或有胚胎死亡的现象。不同品种、不同个体的体成熟在时间上存在差异。总的来说，母狗体成熟大约在18月龄，公狗体成熟大约在24月龄。小型肉狗体成熟的时间稍早于大型肉狗。

三 发情周期

肉狗的发情无严格的时间规律可循，而是间隔一段时间后再次发情。不同品种不同地理位置和环境，肉狗的发情时间也有所不同。公狗本身不受季节限制，只要母狗允许，任何时候都可交配，也就是说，繁殖时期取决于母狗的发情、排卵时期。在我国，肉狗的发情大多集中在每年春季的3~5月秋季的9~11月各发情1次。

发情周期是指母狗生长到性成熟后，其生殖器官及整个机体便发生一系列周期性变化，且变化周而复始，一直到停止性机能活动的年龄为止。发情周期的计算通常是这次发情开始到下一次发情开始的这一段时间。根据母狗的表现，发情周期可分为相互联系又有区别的4个时期，即发情前期、发情期、发情后期和休情期。母狗的发情周期长短因品种、个体不同而存在着差异，一般为126~240天。发情周期的长短，往往受母狗的年龄、体质、气候和饲养等因素的影响。

1. 发情前期

发情前期是由休情期移行至发情期，为交配行为做准备的一段时间，一般是指从发现母狗由阴门排出无色或浅红色分泌物至开始愿意交配的时期。在发情前期，母狗的生殖系统开始为卵巢排出卵子做准备，新生的卵泡开始发育并迅速增长，其中充满卵泡液，生殖道上皮开始增生，性腺活动开始加强，分泌物增多。母狗在发情前期的主要表现是兴奋不安，性情急躁反常，不爱吃食，但饮水量增多，排尿次数增多，外生殖器官肿胀，阴道充血，潮红湿润；阴门开始流分泌物，从无色到浅红色，乃至血样；母狗不停地舔阴部；阴道分泌物涂片，可见大量红细胞、角化上皮细胞和少量白细胞。公狗往往在很远的地方即可闻到这种分泌物的气味，并远道而来。当公狗接近母狗企图交配时，母狗拒绝交配。发情前期持续时间通常为 5～15 天，平均为 9 天。

2. 发情期

发情期是指母狗开始愿意接受交配至拒绝交配的时期。此时，母狗卵巢的卵泡已经逐渐发育成熟，母狗通常在发情期开始的 1～3 天内开始排卵，此时是最好的交配时期。发情期紧接在发情前期之后，持续 5～12 天，平均为 9 天。母狗在发情期的主要表现是异常兴奋、敏感、易激动，出现明显的交配欲，常对公狗产生"调情"性反应，爬跨其他母狗并喜欢和试图接近公狗。进入发情期的母狗，其阴门虽然仍显肿胀，但比发情前期软，肿胀开始消退，阴道分泌物由浅红色变成浅黄色，数量逐渐减少。人为地轻碰其臀部，母狗则会向一侧摆尾。当公狗爬跨交配时，母狗便主动下塌腰部，向一侧摆尾，臀部对向公狗，阴部开张，阴唇有节律性地收缩，主动采取迎合公狗的性交姿势。

> 【提示】发情后的 9～14 天，母狗开始排卵，这时是交配的最佳时机。

3. 发情后期

发情后期紧接着发情期，是母狗拒绝公狗进行交配的时期，是发情的恢复阶段。发情后期第 3～5 天，卵巢形成黄体，血中孕酮迅速升高。如果此次发情未交配或配后不孕，则发情后期可持续 30～90 天，平均 60 天。发情后期母狗的主要表现为情欲减退或消失，性情恬静，阴门肿胀减退，逐渐恢复正常，黏液分泌锐减或仅有少量黑褐色分泌物。

4. 休情期

休情期又称为乏情期、间情期或发情休止期，是指发情后期至下一个发情期之间的时期，一般 90~140 天，平均 120 天左右。在此期，母狗除了卵巢中一些卵泡生长和闭锁外，其他生殖器官都处于休眠状态。母狗的主要表现为食欲增强，性情稳定，温顺。当母狗由休情期即将转入发情前期的数日内，大多数母狗无精打采，表情冷淡，偶见处女狗发生拒食或惊厥现象。

第二节 肉狗的配种

一 种狗的选择

1. 肉狗生产性能的主要度量指标

(1) 生长发育评定指标 肉狗生长发育的好坏，对于肉狗成年后的体重和体型大小、体躯结构、生产性能都有很大的影响。肉狗生长发育的评定重点是测定肉狗不同生长阶段的体重和体尺。

1）体重。不同品种对体重的要求也不同，一般对肉狗来说，体重越大越好。测定体重的方法是直接用衡器称取肉狗的重量。称重应在早晨饲喂以前空腹进行，而且应当连称 2 天，以克（g）为单位取其平均数。常用的体重指标有：初生重、断乳重、3 月龄重、4 月龄重、6 月龄重和 1 周岁重。1 周岁以后，每年需测定 1 次。

2）体尺。测量体尺的项目，依据使用目的的不同而不同。作为一般的选种测定项目时，通常只测定体长、体高、胸围 3 项，必要时加测头长、头宽、耳长、耳宽、肩高、腰高、腰宽、腰围等项目（见图 6-3）。体长（体斜长）是用来表示肉狗体躯长度的发育情况，是指从肩胛突出部分至坐骨结节的直线长度，测定时可用直尺直接测定这两点的长度。体高（鬐甲高）是指肉狗由鬐甲顶点至地面的垂直高度。胸围是在前肢肘后部围绕胸廓一周的长度，它表达了胸部的容积和发育状况，用软尺测量，用软尺测量时应松紧适度，不可过松或过紧。体尺的测量一般从 3 月龄开始，可与称重同时进行，每次测量时应该对同一部位连续测量 2~3 次，然后将测得的数据计算出平均数，以代表该次测量的结果，这样可一定程度地减小误差。体长、体高、胸围测量，均以厘米（cm）为单位，精确到 0.1cm。

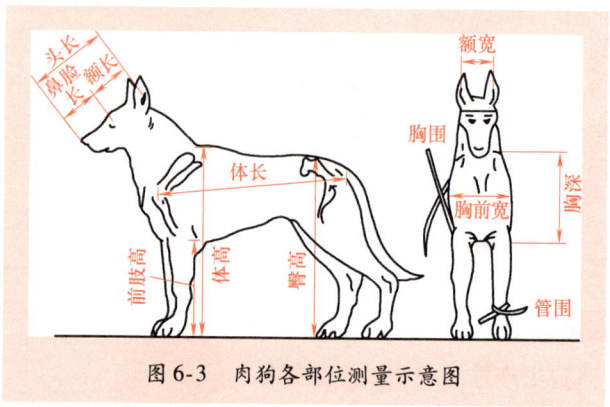

图6-3 肉狗各部位测量示意图

（2）繁殖性能评定指标　繁殖性能是指肉狗繁殖后代的能力，包括产仔性能和哺育性能两方面。产仔性能用产仔数、产活仔数和初生窝重来评定，哺育性能用仔狗成活率、泌乳力和断乳窝重等来评定。

1）受胎率：指受胎母狗数占参加配种母狗数的百分比。

2）产仔数：指母狗一窝实产仔狗数，包括活仔、死胎、畸形胎儿。

3）产活仔数：指称量初生窝重时活仔狗数。

4）初生窝重：指初生时该窝所有活仔狗的总重量。

5）断乳活仔狗数：指断乳时存活的仔狗数（寄养出去的仔狗不计在内）。

6）断乳仔狗成活率：指到断乳时成活的仔狗占所产活仔狗数的百分比。

7）泌乳力：用3周龄仔狗的增重表示，包括寄养仔狗。初产母狗按连续3胎的平均数计算，以克（g）为单位。

8）断乳窝重：指断乳时全窝仔狗的总重量，其中包括寄养仔狗。

9）母狗的繁殖习性与母性状况：母狗的繁殖习性与母性状况对于提高母狗的繁殖性能也很重要，这些性能包括：是否有习惯性流产、产前是否会拉毛做窝、是否有在产箱外产仔的恶癖、是否产仔后不给仔狗哺乳等。

10）公狗的繁殖性能：评定公狗的繁殖性能主要看公狗的体格是否强壮，性欲是否旺盛，配种能力强不强，精液品质好不好。

> 【提示】 无论是公狗还是母狗，在评定其繁殖性能时，应对其产生后代的数量、品质等各方面进行综合考虑。

(3) 产肉性能的评定

1）经济早熟性：指肉狗在一定的饲养条件下，能够早期达到一定体重的能力。通常以达到适宜屠宰体重时的年龄为经济早熟性的指标。肉狗一般在6月龄。

2）生长速度：常用统计期肉狗日增重表示。其公式为

$$生长速度 = \frac{统计期内狗增重}{统计期饲养天数}$$

3）饲料消耗比（料肉比）：饲料消耗比是指从断乳到屠宰前每增加1kg体重消耗饲料的千克数。在达到一定体重时，肉狗消耗的饲料越少，获得的经济效益越多。其公式为

$$饲料消耗比 = \frac{断乳至屠宰期间所消耗的标准饲料数量}{屠宰前活重 - 断乳重}$$

4）屠宰重：是指胴体冷却24h后所测得重量。

5）胴体重：可分为全净膛重和半净膛重。全净膛重系指肉狗宰后，除去血、毛皮、内脏、头和脚的胴体重量。半净膛重则是保留心脏、肝脏、肾脏等可食内脏的胴体重量。

6）屠宰率：通常指全净膛胴体重占宰前活重（停食12h以上的活重）的百分比。其公式为

$$屠宰率 = \frac{胴体重}{宰前活重} \times 100\%$$

7）净肉率：指从胴体上去掉骨后的肌肉占原胴体重的百分比。

8）肉的品质评定：包括肉色、肉味、嫩度、硬度、pH等。

2. 肉狗的体型与体质

(1) 肉狗的外貌特征 外形在一定程度上反映出肉狗的内部机能、生产性能和健康状况。肉狗的体型与其他用途狗的不同之处是要求体躯呈圆柱形或方砖形，头短宽、颈粗厚，胸宽深，背腰宽平，

后躯丰满，四肢粗壮，强壮有力，大腿宽广多肌肉。

（2）肉狗的体质类型　体质是指在遗传基础和环境条件相互作用下，动物有机体各部分机能和结构协调性的综合表现。根据肉狗有机体皮肤的厚薄、骨骼的粗细、皮下结缔组织的多少及肌肉内脏发育情况分为5种体质类型。

1）细致紧凑型：这类肉狗的骨骼细致而结实，头清秀，肌肉结实有力，皮薄有弹性，结缔组织少不易沉积脂肪，外形消瘦，轮廓清晰，新陈代谢旺盛，反应敏感灵活，动作迅速敏捷。

2）细致疏松型：这类肉狗的结缔组织发达，全身丰满，骨细皮薄，皮下及肌肉内易积存大量脂肪，肌肉肥嫩松软，体躯宽广低矮，四肢比例小，代谢水平较低，早熟易肥，神经反应迟钝，性情安静。如小型肉狗。

3）粗糙紧凑型：这类肉狗骨骼粗壮结实，体躯魁梧，头粗重，四肢粗大，骨骼间相互靠得较紧，中躯显得较短而紧凑，肌肉筋腱强而有力，适应性和抗病能力较强，神经敏感程度中等。如马士提夫犬等。

4）粗糙疏松型：这类肉狗骨骼粗大，结构疏松，肌肉松软无力，易疲劳，皮厚毛粗，神经反应迟钝，繁殖能力和适应性均较差，是一种最不理想的体质。

5）结实型：这种类型的肉狗外形健壮结实，体躯各部分协调匀称，皮、肉、骨骼和内脏的发育适度，骨骼坚强而不粗，皮紧而有弹性，厚薄适中，皮下脂肪不过多，肌肉相当发达，性情温顺，对疾病抵抗力强，生产性能表现较好。

（3）肉狗的神经型　一般根据肉狗大脑皮质兴奋与抑制过程的强度均衡性及灵活性等特点，将其分为4种类型。

1）兴奋型：此类型肉狗的行为特征是急躁、暴烈、不易受约束，带有明显的攻击情绪，总是不断地处于活动状态。

2）活泼型：此类型肉狗的行为特征是很活泼，对一切刺激反应很快，动作迅速敏捷，即便对周围发生的微小变化也能迅速做出反应，同时灵活性也很强，且善于适应复杂多变的环境，易于调教，方便管理。

3）安静型：此类型肉狗的行为特征是安静、细致、温驯和有节制，有较强的忍受性，易于育肥。

4）抑制型：此类型肉狗的行为特征是胆怯而不好动，易疲劳，常畏缩不前和带有防御性，通常不能适应复杂多变的环境。

> 【提示】 4种神经型的肉狗中以活泼型和安静型为佳。

3. 种狗的选种方法

（1）个体选择 主要根据肉狗本身在一个肉狗群内个体表型值的差异，选择优秀个体，淘汰低劣个体。种狗的选择必须符合肉狗的标准，不能单纯从外表是否美观、高大来评定，而是从狗的体质、外貌、体重、繁殖力和抗病力等方面综合评定。主要选择体形外貌符合品种特征和肉用体形、生长快、耐粗饲、育肥时间短、产肉性能好、耗料少、成活率高、繁殖力强、抗病力强、繁殖力高、神经类型稳定的个体留作种用。

> 【提示】 肉狗耐粗饲，可降低饲养成本，有利于管理和较大范围进行饲养。

种公狗的选择标准是：体格健壮，精神状态良好，体态匀称，被毛紧密，膝距适中，头形端正，臀部较肩略高，颈长适中，背平直，胸宽，腹部紧，尾直、垂而有力，口齿整齐；生殖器官发育良好，无缺陷，阴囊紧凑，雄性强，精液品质优良，配种时能紧追母狗，频频排尿，交配时间长（完成1次交配需15~20min），神经型为活泼型或安静型。对公狗交配活动中的一些恶癖要进行纠正，无法纠正并影响交配活动的要淘汰。生殖器官有包皮口狭窄、隐睾、生殖器官畸形等先天或后天缺陷的公狗，不能留作种用。由于1只公狗能配6~7只母狗，一般按公母1:(4~6)的比例留种。

> 【提示】 凡生殖器官有缺陷，如隐睾、单睾或两侧睾丸大小不一，不爬跨母狗、交配无力、交配时间短，精液品质不良者均不宜留作种公狗。

种母狗的选择选择标准是：年龄 1～5 岁，体型中等或中等以上，性情温顺，体型匀称，躯体宽厚，健康，生长发育快，抗病力强；发情周期正常约 6 个月 1 次，发情持续 11～16 天；乳头数为 4～5 对，乳头发育正常，产仔多，泌乳量多；母性好，护仔，分娩前会絮窝，产后能定时给仔狗哺乳，当仔狗爬出窝外时能用嘴衔回；神经类型属安静型。凡乳头数不足 4 对，年龄超过 5 岁，产仔不足 5 只，每年发情 1 次，母性不好，产后泌乳不足，以及产后有吃仔恶癖或在窝内大小便者均不能留作种用。

【小经验】>>>>

> 母狗母性好表现在分娩之前会絮窝，产后乳汁充足，能及时给仔狗哺乳，1 个月之后能吐食喂仔狗，仔狗爬出窝外能用嘴将其衔回，并有强烈的护仔性。

（2）系谱选择 系谱即为种狗的家谱，系谱记录个体本身及其祖先的出生日期、体尺、体重、生产成绩及遗传缺陷。系谱一般记录了 3～5 代，距个体越远的祖先，对育种的影响越小，系谱上的资料来自于日常工作的各种记录，如产仔数、各时期的体尺、体重、日增重等。系谱选择是通过查阅和分析各代祖代的生产性能及其他材料，估计该种狗近似种用价值，了解该种狗的血缘情况，为选配提供参考。考察系谱重点是父母代的品质和各代的品质趋势。逐代品质性状改进与提高，则应选择此个体，其后代可能为好的，因为遗传性稳定；反之，逐代品质性状递减，则该个体应被淘汰。

【提示】 选择种狗时系谱只能作为选择的参考，应与其他选择方法结合使用。

（3）后裔鉴定 后裔鉴定就是通过后裔测定，将不同个体的子女表型值进行高低对比，从而确定该个体是否选留的方法。这种鉴定法证实了所选出的种狗是否能够把遗传品质真实地稳定地传给下一代。在鉴定时，不宜根据个别劣质的后裔就对种狗做出否定的结论。正确的方法是对体形、体质、生长发育情况、繁殖和育肥能力、饲料利用能力、生活力和抗病力等多种性状进行综合考查后再做结论。

> 【提示】 在鉴定时后裔应给提供相应的饲养管理条件。

(4) **指数选择法** 在种狗选择工作中,很少只选择一个单一性状,而且是常常同时选择几个性状,将要选择的几个性状根据其遗传力、经济重要性及性状间的表型相关和遗传相关,进行适当的加权而制定一个可以相互比较的数值,即选择指数,再根据每个个体指数的高低选择种狗,这种选种方法称为指数选择法。

4. 肉狗的年龄与健康状况鉴别

(1) **年龄** 肉狗一般能活10～15年,最长的可活30多年。肉狗体成熟后,其繁殖能力即可达到和维持最佳状态,以后随着年龄的增长逐渐下降。研究表明,母狗在5岁后,其受胎率和窝产仔数都低于狗群的平均数;8岁后,其受孕率明显降低,不仅屡配不孕,而且所产仔狗体质弱,死亡率高。公狗在8岁以前,对受配母狗窝产仔数的影响很小,而当公狗年龄超过8岁时,则明显影响母狗受孕率和窝产仔数。因此,母狗的繁殖年限为8岁,最佳的繁殖年龄为2～5岁;公狗的最佳配种年限为8岁,超过8岁的种公狗应淘汰。在肉狗饲养场,常需引进年龄适当的种狗,这就需要进行年龄鉴别。肉狗的年龄通常可根据其外貌和牙齿的生长、磨损程度来判定(见表6-1)。肉狗的外貌变化不能确定其确切年龄,但若与牙齿状况结合,综合分析判定,有利于年龄的鉴定。通常青年狗面部表情活跃,好动,两眼灵活、明亮有神,反应灵活迅速,精神振奋,愿与人接近。老年狗眼神呆滞,反应迟钝,行动迟缓,7～8岁的肉狗眼发生白内障的增多,10岁以上的肉狗几乎都有白内障,甚至不愿活动。老年狗的被毛长出灰白毛,首先从口唇、下须开始,4～5岁时长出少数几根,以后明显增多,然后向背部、鼻部周围、眼睑、眉毛部发展,一直到额部及外耳,甚至整个头部毛色变白。10岁以上的肉狗,面额部、眼睑及头部都有白色毛。

表6-1 肉狗牙齿变化来判定年龄的参数标准

年 龄	牙 齿 特 征
18~22日龄	仔狗的幼齿开始长出
4~6周龄	乳门齿长齐
2月龄	乳齿全部长齐、呈白色,细而光
3~4月龄	更换第一乳门齿
5~6月龄	更换第二、三乳门齿及乳犬齿
8月龄后	全部乳齿脱落,换上恒齿
1.0岁	恒齿长齐,洁白光亮,门齿上的尖突均未磨损
1.5岁	下颌第一门齿大尖峰磨损至与小尖峰平齐,此时称为尖峰磨灭
2.5岁	下颌第二门齿尖峰磨灭
3.5岁	上颌第一门齿尖峰磨灭
4.5岁	上颌第二门齿尖峰磨灭
5.0岁	上颌第三门齿尖峰稍磨损,下颌第一、二门齿磨损面为矩形
6.0岁	下颌第三门齿尖峰磨灭,犬齿钝圆
7.0岁	下颌第一门齿磨至根部,磨损面呈纵椭圆形
8.0岁	下颌第一门齿磨损面向前方倾斜
10岁	下颌第二及上颌第一门齿磨损面呈纵椭圆形
16岁	门齿脱落,犬齿不全

(2) 健康状况 选购种狗时要仔细观察其健康状况。健康状况一般从以下几个方面来鉴定。

1) 精神状态:健康肉狗吠声清脆洪亮,警惕性高,关心周围的变化,反应敏锐,运动灵活、协调。

2) 体态:健康肉狗体型匀称,肌肉丰满,各部发育协调,强壮有力,无"X"形或"O"形姿势,关节无变形、肿大和压痛现象。

3) 眼睛:健康肉狗眼睛明亮有神,结膜呈粉红色,不流泪,无分泌物,两眼大小一致,无外伤或疤痕。

4) 鼻镜:健康肉狗鼻镜凉而湿润,细腻光滑。

5）口腔与牙齿：健康肉狗口腔清洁湿润，色泽粉红，舌鲜红无苔（松狮犬等除外），无口臭，不流涎。牙齿洁白光亮，无缺齿，牙齿咬合良好。

6）皮肤：健康肉狗皮肤柔软，富有弹性，皮温适度，不凉不热。被毛紧密，光滑，富于光泽。皮肤上无创伤、肿块、溃烂、斑秃、痂皮和疤痕等。

7）耳朵：健康肉狗耳道清洁，耳郭内无污秽物，无臭味。

8）肛门：健康肉狗肛门紧缩，周围清洁，不黏附粪便和其他污秽物，用手指接触肛门周围皮肤时，肛门即迅速有力地收缩。

9）饮食欲：健康肉狗能吃能喝，食欲旺盛，吃食速度快，喂给的食物在短时间内能吃完，食槽中不留残食；食后可见肚腹充满，粪的干稀和尿的数量均适当。

另外，选购肉狗时，特别是选购名贵良种时，最好对其体温、脉搏、呼吸等进行全面的检查，必要时还需配以血、粪、尿等实验室的常规和特殊项目的检查。

【小经验】>>>>

> 选择肉狗的基本要求：一是体型适中，肉味鲜美细嫩，骨骼小，肉膘厚；二是繁殖性能好，幼年期生长发育快；三是性情沉稳、温顺、易管理；四是耐粗饲，适应性强，抗病力好。

二 肉狗的选配

选配就是有目的、有计划地决定公、母狗的交配，选配的任务就是尽量选择有亲和力的公、母狗交配，保证产生优良的后代。另外，选配还可以避免狗群因混交乱配造成品质退化。选配时，应根据制定的目标，综合考虑种狗的品质、血缘和年龄关系等进行选配。一般在生产中，要尽量避免近交；种公狗的品质应优于母狗，充分发挥优良公狗的作用。及时对交配结果进行总结。

1. 同质选配

同质选配选择生产性能或其他经济性状相同的优良公母狗交配，目的就是将这些优良性状在后代中保持和巩固，使优秀个体数量增

加，群体品质获得提高。在育种实践中，当出现理想类型之后，可采用同质选配，使其尽快固定下来。为了提高同质选配的效果，选配中以一个性状为主。高遗传力的性状，如体形外貌同质选配的效果较好；低遗传力的性状，如产仔数，其效果较差。

> 【提示】 采用同质选配时应避免有相同缺点的公、母狗交配，如果公、母狗双方有相同缺点，交配会使双方缺点更加明显和巩固。

2. 异质选配

异质选配分为两种情况：一种是选择具有不同优良性状的公、母狗进行交配，以期获得兼顾双亲优良性状的后代。如选择生长速度快的种公狗与产仔性能好的母狗交配，应注意不能用凸背去改造凹背，不能用"X"肢势纠正"O"肢势。另一种是选择同一性状但优劣程度不同的公、母狗交配，以优改劣，提高后代的生产性能。以优改劣的选配要有针对性，只有改良者具有被改良者所缺乏的优良性能时，这种改良才有效。异质选配的主要作用中集合了双亲的优良性状，增大了后代的变异性，增加了基因型类型，增强了后代的适应性和生活力。因此，为了打破狗群停滞状态，通过性状的重组获得理想型，品种培育的初期，需要应用异质选配。

> 【提示】 在选配实践中，同质选配和异质选配两种方法很难截然分开，有时两种并用，有时交替使用，互相促进。

3. 年龄选配

年龄选配就是根据交配双方的年龄进行选配的方法。因为年龄与肉狗的遗传稳定性有关，同一只肉狗随着年龄的不同，所生后代品质也往往不同。因此，肉狗的交配，应以年龄的不同而进行选配。实践证明青年公狗和青年母狗交配所生后代，生活力和生产力较高，遗传性能比较稳定。在肉狗的繁殖中，要发挥壮年狗的核心作用，适宜采用的模式如下：青年♂×壮年♀、老年♂×壮年♀、壮年♂×壮年♀、壮年♂×青年♀、壮年♂×老年♀。不适宜采用的

模式如下：青年♂×青年♀、老年♂×青年♀、青年♂×老年♀、老年♂×老年♀（注：以上♂代表公狗，♀代表母狗）

4. 亲缘选配

考虑交配双方亲缘关系远近的选配称为亲缘选配。如交配双方有亲缘关系，则称为近亲交配，简称近交；反之称为非近亲交配，更确切地说称为远亲交配，简称远交。生产中一般将7代以内有亲缘关系的交配称为近交；超过7代，其共同祖先的影响很小，称为远交。近交的遗传效应是使基因纯合，提高狗群的纯度，可使肉狗的优良性状固定下来，其生产性能和体形外貌表现一致，同时使有害隐性基因暴露，以便淘汰不良个体。近亲繁殖是育种工作中一种重要的手段，使用得当，可以加快遗传进展，迅速扩大优良种狗群的数量，但是使用不当，会出现近交衰退现象。为了避免近交造成的不良后果，一般近交仅限于品种或品系培育时使用，商品肉狗场和繁殖场都不宜采用。采用近交时，必须同时注重选择和淘汰，保证良好的营养条件、环境条件和卫生条件，以减缓或抵消近交的不良后果。

> 【提示】 为了避免不必要的亲缘选配，在肉狗场内必须保持有一定数量的基础群，尤其是公狗数量。一般肉狗场至少应有10只左右的种公狗，而且应保持有较远的亲缘关系。

三 发情鉴定

1. 发情鉴定的方法

发情鉴定是指用临床观察、试情和实验室检查等方法来判断母狗是否发情。通过发情鉴定可确定母狗的发情阶段，以便选择配种日期；判断母狗的发情是否正常，以便及时发现问题并予以解决。发情鉴定主要通过外部观察和试情，并辅以阴道检查来完成。

（1）**外部观察** 外部观察即通过观察母狗的行为表现和阴道分泌物来确定母狗是否发情。母狗从发情时阴门开始肿胀，至交配时，肿胀到最大限度，且边缘开始收缩。母狗阴道分泌物的血样物质由鲜红色逐渐变浅呈粉红色，最后至无色时可交配。发情期母狗行为上表现为主动接近公狗，愿意与公狗在一起，并等待交配，当公狗

爬跨母狗时，母狗尾根抬起，尾巴偏向一侧，即达到了交配时间。

（2）发情出血 发情出血是母狗从发情前期开始阴门流出血样分泌物。发情前期的初期，阴门流出的分泌物为暗红色或茶褐色血样黏液，以后逐渐变红呈水样；从发情前期的后半期到发情期的前半期，分泌物呈浅红色；发情后期阴道分泌物为血样黏液，与最初的颜色相似。发情出血量，发情前期的前3天量少，中期量最多，进入发情期时，出血量明显减少，但少数狗出血量仍很多，发情期的后半期多停止出血。发情出血的持续时间为13～15天。

（3）试情 试情是用公狗接近母狗来检测母狗是否发情的方法。这是最有效的鉴定母狗是否发情的方法。处于配种适期的母狗，见到公狗后常表现出愿意接受交配，表现为轻佻、爱调情、站立不动、尾巴偏向一侧、阴门有节律地收缩等。

（4）阴道检查（分泌物涂片） 阴道检查即通过阴道分泌物涂片的细胞成分分析来确定母狗发情及其所处的阶段（见图6-4和表6-2）。因母狗所处发情阶段不同，阴道分泌物涂片中细胞类型差异较大，就上皮细胞而言，可分为无核表皮细胞、表皮细胞、中间细胞、旁基细胞、泡状细胞、发情后期细胞、基细胞等。

表6-2 肉狗发情周期阴道细胞组成（%）

细胞	发情前期		发情期			发情后期	休情期
	早期	晚期	早期	中期	后期		
无核表皮细胞		10	50	90	30	10	
表皮细胞	10	40	40	10	20	10	
中间细胞	70	50	10		20	20	+
旁基细胞	20				30	60	+
泡状细胞						+	(+)
发情后期细胞						+	
基细胞	+						+
红细胞	+	+	(+)				
白细胞	+	(+)		+	+	+	+

注：+表示出现，（+）表示最后出现。

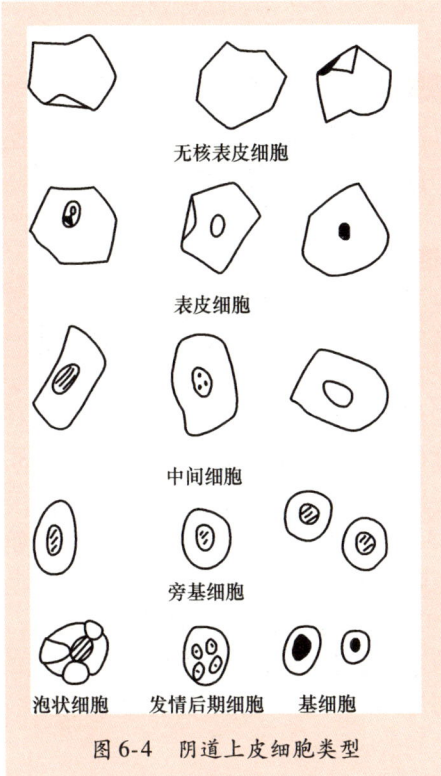

图 6-4 阴道上皮细胞类型

(5) **电测法** 电测法即测定母狗阴道黏液的电阻值，以便确定母狗发情及其所处阶段。发情前期的初期，阴道黏液的电阻值为 250～700Ω，发情前期的最后一天为 495～1216Ω，发情后期电阻值下降。

2. 母狗发情后应注意的问题

发情后，母狗生理机能会发生一系列的变化，情绪不稳定，食欲下降，抗病能力下降。因此要供给营养丰富、适口性好的日粮，加强饲养管理。尽量避免过大的体力消耗，多注意休息。注意圈舍卫生，不要让母狗到脏的地面上活动，以防母狗坐下时弄脏阴门造成感染；为了保持阴门卫生，可经常用温水擦洗（不要冲洗阴道）。加强对母狗及周围公狗的管理，防止偷配、乱配。时刻注意观察发

情母狗的行为变化和阴部状态,准确判断发情,确定适宜的交配日期。

四 肉狗的发情控制

应用某些外源激素或药物及畜牧管理措施人工控制母狗个体或群体发情并排卵的技术,称为发情控制。发情控制分为诱导发情和超数排卵。

1. 诱导发情

诱导单个母畜发情并排卵的技术,称为诱导发情。诱导发情可以控制母狗发情时间、缩短繁殖周期、增加胎次和产仔数,使其在一生中繁殖较多后代,从而提高繁殖率。而且还可以调整母狗的产仔季节,使肉狗按计划出栏,按市场需求供应狗产品,从而提高经济效益。对于发情期过长、初情期推迟的肉狗,也可采用诱导发情措施,使母狗发情配种。常用的方法是给母狗肌内注射孕马血清促性腺激素300~500国际单位,连用6天以后在发情期的前一天和第二天注射人绒毛膜促性腺激素250~300国际单位。也可使用已烯雌酚,每次0.2~0.5mL。对于在发情季节无发情周期,卵巢和生殖道处于静止状态的季节性乏情母狗,可在发情季节到来之前,在公狗、母狗分群饲养的母狗群中引入公狗,能刺激母狗并诱导其提前发情,此种效应为"公狗效应"。

2. 超数排卵

超数排卵是指在母狗发情周期的适当时期,注射外源性促性腺激素,诱发其卵巢上有较多的卵泡发育并排卵的方法,简称超排。肉狗超数排卵目的是提高产仔的数量。其方法是在发情前期注射孕血清促性腺激素,出现发情后或配种当日再注射孕马血清促性腺激素,之后隔日注射前列腺素。

五 配种技术

1. 肉狗的交配行为

了解肉狗的交配过程,不仅有助于判断交配是否成功,而且对于保护种狗,防止其在交配过程中受伤也是非常重要的。适宜交配的公狗和母狗相遇时,会极度兴奋,相互嬉戏,公狗经过调情以后非常激动，阴茎充血而勃起，呈半举起状态。接着公狗前腿迅速爬上母狗并抱之，而母狗多站立不动，此时公狗后躯来回推动（冲插），借助阴茎骨的支持将勃起的阴茎插入母狗的阴道。当阴茎插入阴道之后，由于阴茎基部的肌肉和阴门括约肌的收缩，压迫阴茎的背静脉，再加之阴茎外围纤维圈的动脉继续将血液输入海绵体和球体，使阴茎进一步强烈充血而完全勃起，以至阴茎球腺膨胀，龟头延长部拉长和直径增大，导致一时不能分离，从而出现"锁结"的过程。当公狗爬跨成功，在交配冲插的过程中开始射出水样精液，直到阴茎完全勃起为止，即完成第一次射精，该精液主要是腺体分泌物。待阴茎完全勃起之后，公狗的两后腿交替有力地蹬踏，为公狗第二次射精，第二次射精量大约为2mL，该精液浓稠，其中含有大量精子。第二次射精完成之后，有的公狗将一只前腿拿过母狗背部，有的则是母狗倒地转动，形成尾对尾的"锁结"状态。此时母狗往往会发出"狺狺"声，公狗可射出含有大量前列腺素和少量精子的精液，完成最后一次射精。由于射精完毕，公狗性欲降低，加之母狗阴道的节律性收缩也减弱，于是阴茎由阴道慢慢抽出，缩入包皮内。公、母狗分开后，各躺一边，舔着自己的外生殖器官，相互间变得冷淡，交配过程即告结束。

> 【提示】 交配成功的母狗阴唇非常明显地外翻，若阴唇仍然自然闭合，则表明配种未能成功。

2. 配种前的准备工作

做好配种前的准备工作不仅是使公、母狗能够顺利交配的重要环节，而且也是预防疫病传播，确保公、母狗健康的必要步骤。一般而言，配种前应做好以下几项准备工作。

（1）**健康检查与驱虫** 在进行交配之前，应对公、母狗分别进行健康检查，重点检查对肉狗健康危害较大的传染病、皮肤病、寄生虫病等，防止疾病在交配的过程中传播。母狗在配种前应进行一次彻底的驱虫，防止母狗在妊娠期间患寄生虫病。

（2）**精液品质检查** 为确保母狗受孕，如有条件，配种前最好检查一下公狗的精液品质。

（3）选择适宜的配种场地和时间　配种场地一般以饲养公狗或公狗熟悉的地方为好。配种时要保持安静，避免嘈杂，以防交配肉狗受到环境条件的影响而使交配失败。夏季最好选择在清晨或傍晚，冬季以中午为宜。吃食后2h之内不要进行交配，以免公狗发生反射性呕吐。

（4）令狗精神愉快　交配的辅助人员最好是母狗饲养员，或是母狗所熟悉的人员。这样母狗可以放松，不至于太惊慌而导致交配失败。交配时除公狗和母狗饲养员及有经验的辅助人员在场外，尽量减少在场人员。最好在交配前一天或半天让公狗和母狗接触一次，以便相互适应，而且利于刺激母狗排卵。交配前公狗和母狗均应处于安闲状态，亦应散放，令其各自排出大小便，做好调情和交配的准备。

> 【提示】　一般应将母狗放入公狗的圈舍内进行配种。如将公狗放入母狗的圈舍，公狗往往需要相当一段时间熟悉环境，然后才开始与母狗交配。

3. 配种方法

通常采用自然交配和辅助交配两种方法，在绝大多数情况下，都采用公、母狗自然交配。肉狗的自然交配是指公、母狗自行交配，为肉狗配种的主要方式。虽然肉狗的自然交配是自行进行，但由于肉狗多为控制饲养或圈养，所以大多需要人为地制定配种适合期和采取一些必要的辅助措施。

（1）自然交配　自然交配是指在无人为帮助下，让公、母狗直接进行交配的配种方式，也就是令公狗自然与发情母狗进行交配的方式。

（2）人工辅助交配　人工辅助交配是指公、母狗不能自然交配，须通过人工协助进行的交配活动。人工辅助交配常用于初次进行交配、无交配经验的公、母狗；或母狗虽已到交配期，但由于交配时慌乱，蹦跳并咬公狗；或公、母狗体型大小相差悬殊不能自行进行交配等情况。人工辅助交配的形式有以下几种：交配时，辅助人员将母狗的尾部拉到一侧，防止母狗尾巴遮挡阴门；体重较大的公狗与母狗进行交配时辅助人员可一手托着母狗腹部，借以帮助母狗承受公狗爬跨时向下压的重量；交配过程中，公狗勃起的阴茎伸出包皮在母狗的体外冲插，而无法插入阴道时，辅助人员应立即用手将阴茎导入阴道；交配时公狗弓着腰不停地抽动，会不断地把母狗往前推移，辅助人员可抓住母狗项圈，托住母狗腹部协助母狗保持站立姿势，迫使母狗接受交配；公狗过高，母狗过矮时，可拿一块适当高度的木板放在母狗脚下垫起来，或利用地形让母狗站在高处，公狗站在低处进行交配；对体型高大、强健有力的母狗或具有攻击性的母狗，交配前一定要给其带上口笼，防止其在交配过程中由于紧张、惊慌而张口伤人或咬伤公狗；有的母狗有选择公狗的习性，即使强制性交配也难以成功，若换一条公狗后，交配则能顺利进行；如母狗对交配特别敏感和害怕，它的阴门括约肌和阴道肌肉过度收缩，公狗的阴茎无法顺利插入，此时可在母狗阴门上部或左右两侧各深部注射5mL 2%的普鲁卡因，来减轻收缩紧张程度，便于交配。

> **【提示】** 肉狗配种中的辅助人员最好是母狗的饲养员，或者是母狗所熟悉的人员，陌生人不宜作为辅助人员，以免母狗惊慌而影响交配过程。

4. 最佳配种时间

适时配种能有效提高母狗的受胎率和产仔数，过早过晚配种母狗的受胎率都会有所降低。选择适当时机配种，主要根据母狗发情表现、排卵时间及子宫、卵巢情况，保证精子、卵子在活力最强时受精而受胎。配种的最佳时间为排卵前1天至排卵后4天这段时间。一般在发情后的第1天进行首次交配，到第3天再重复交配1次就行了，或从发情后第一天起，连续3天每天交配1次就更有把握。在实践中母狗排卵时期的确定方法有以下几种。

（1）**以母狗允许交配开始日为计算起点** 排卵为允许交配后48~72h。这种确定方法范围较窄，因而较为准确。

（2）**根据发情母狗阴唇肿胀程度来确定** 发情前期到发情期，母狗阴唇及其周围组织迅速肿胀，触诊阴唇深部很硬。进入发情期后，整个阴唇变软，转为可交配状态。临近排卵时，阴唇肿胀程度

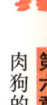

最高,排卵后迅速消肿,之后阴唇又肿胀到接近排卵前的程度,以后逐渐消肿,恢复到正常状态。有研究表明,发情母狗肿胀的阴唇在发情期有一过性消肿变化,大致为发情期的第3~5天,这个时期可以认为是交配适期。

(3) **以发情出血开始日为计算起点** 母狗的发情是以阴道流血水为标志的,流血时间大约持续21天,老龄母狗的发情时间通常稍短1~2天。第8天时流血量最多,颜色也最深,几乎呈血液色。第9天以后血流量逐渐减少,有时只流稀薄的血水。大约第10天,发情母狗便开始排卵,排卵期持续5~6天。在排卵期间母狗对其他事物的反应变迟钝,敏感性降低,但只有在此时,母狗才能接受公狗的交配。随着排卵期的推进,母狗对公狗的求爱一天比一天急迫,至第14天达到了高潮。过了第16天,母狗就不太愿意接受公狗的爬跨和交配了,但阴道仍然持续流出少量稀薄的血水,直到恢复正常。由此可见,并非母狗发情后就可以进行交配,母狗的最佳配种持续时间为4~5天。确定最佳配种时间,一般的计算方法是从观察到母狗阴道流出第1滴血之日算起,出血后的第9~14天内为最佳配种时间。此期间正是母狗开始并不断排卵的时间,有利于精子与卵子在有效的生存时间内结合,从而使母狗妊娠。此外,为了提高母狗的产仔率和受胎率,还必须考虑不同年龄母狗的最适交配时间的差异。一般来说,壮年母狗发情后的出血时间较长,老龄母狗的出血时间较短,在按9~14天的最佳配种时间进行配种时,通常老弱母狗的交配时间应稍稍提前一点,而青壮年母狗可推迟一些。

(4) **测定血中促黄体激素的峰值** 排卵大都发生于促黄体激素峰值后的1~4天内。

> 【提示】 正确计算和掌握最佳的配种时间,是提高母狗受胎率的关键。

5. 配种次数

实践表明,只交配1次的受胎率为58%,交配2次的为72%,3次则达83%。其原因是:公狗精子在母狗子宫和阴道里虽可存活72h左右或更长一点时间,但精子有真正的与卵子结合的能力则为

48h 以内，若超过了这段时间，精细胞就逐渐失去活力，即使遇到卵细胞也无法与之结合，从而使母狗不能妊娠。隔天重复交配或每天配1次连续进行3天的交配方式，可使精子处于强活性阶段与卵子结合，母狗受孕率高，产仔数多，其后代健壮。在生产中，种狗场为避免血缘关系混乱，可在母狗一个发情期内，用同一只公狗先后配种2~3次，以使母狗生殖道内经常有活力强的精子，增加精子和卵子结合的机会，从而提高母狗的受胎率。而商品肉狗可在母狗的一个发情期内，两只公狗先后与同一母狗交配，以促使卵子加速成熟，缩短排卵时间，增加排卵数，使母狗多产仔狗。

6. 肉狗配种中注意的问题

为了使公、母狗的交配能顺利进行并获得成功，保证公、母狗双方在交配过程中不受损伤，有许多事情值得注意，哪怕是细小的问题也不能忽视，否则会造成遗憾。肉狗在配种过程中应着重注意：

(1) 注意安全 在交配前，一定要给体大健壮、攻击性强的母狗带上口笼，防止其在交配过程中由于紧张、惊慌或异常刺激而咬伤辅助人员或公狗。

(2) 让公、母狗适当调情 交配前的调情，不仅能促进公狗体内促性腺激素的释放，提高血中睾酮的浓度，激起公狗的性兴奋，而且可以提高其射精量，改进精细胞（精子）的密度和活力，这对保证交配成功是非常重要的。在肉狗的交配过程中，要注意掌握肉狗的调情时间，如果时间过短，阴茎未能勃起，则不能进行正常的交配活动；如果时间过长，则损耗公狗的体力，会影响以后的交配过程。

(3) 令"锁结"的公、母狗自行分开 "锁结"是犬科动物所特有的行为，其生理作用是为了防止精液倒流。肉狗的"锁结"行为大约可持续5min到1h不等，个别的可长达2h。"锁结"并非是交配的结束，而是交配过程中的一个阶段。此时若强行将其分开，公、母狗都会受到危害，一定注意保护，耐心等待其自然分开。

(4) 做好初次参配种狗的训练 对缺乏性经验的初配公狗，可令其观摩别的公狗交配，以激发正常的性行为或令其与经产母狗交配。发情明显的经产母狗性兴奋强烈，可引诱初配公狗进行交配。

(5) 防止母狗倒卧 在交配过程中由于公狗爬跨后体重的压迫、来回冲插的推动力或长时间的爬跨，体弱的母狗有时会经受不住而突然趴卧、滚倒或坐起，从而导致公狗的阴茎受损，失去配种的能力。因此，在配种过程中一定要注意辅助母狗，减轻其所承受的压力，保护公狗，防止其受伤。

(6) 合理使用种公狗 使用公狗配种时，两次交配的间隔时间应不少于24h，不可在过短的时间内使之重复交配，否则会导致公狗精子数量少、质量低，会影响母狗的受孕率，同时对公狗的性欲、体力的保持都不利。

(7) 交配后保持休息或适度运动 当肉狗交配完毕之后，不要剧烈运动或马上饮水，应让公狗回圈舍安静休息，切不可将狗拴在舍外或放入运动场，以防感冒和避免发生意外事故。母狗交配后，要防止因母狗立即坐下或躺卧而引起精液外流。因此，应带领交配后的母狗做适当的散步，借以促进精液进入子宫。

(8) 做好配种记录 记录肉狗的配种日期以推算母狗的预产期，提前为分娩做好准备。记录除包括母狗的资料外也应包括公狗的资料，这在肉狗的育种与预防遗传性疾病中非常重要。

六 人工授精技术

人工授精是加快肉狗的繁殖和改良肉狗品种的一项有效措施，它可有效地提高优良种公狗的利用率。人工授精可提高种公狗的利用率，充分发挥优良种公狗的配种效能，减少种公狗的饲养数量，使优良种狗的后代很快达到一定数量，可大大加快育种工作的进程，提高经济效益。人工授精避免了公、母狗生殖器官的直接接触，因此可防止生殖器官疾病的传播和一些寄生虫的侵袭。人工授精还可以克服公、母狗因个体差异过大而无法交配或异地饲养不便运输而不能交配等困难。

1. 采精前的准备

(1) 采精人员准备 人工授精的成功需要采精人员具有精确、耐心、自信、仔细、热情和钻研精神。采精人员必须熟练地掌握怎样清洁母狗，怎样进行授精设备与器械的消毒，怎样调教公狗和采集、处理、储存精液，能精确地对母狗进行发情鉴定、适时配种等。

采精前，采精人员的指甲必须剪短磨光，充分洗涤消毒，用消毒毛巾擦干，然后用75%的酒精消毒，待酒精挥发后即可进行操作。

(2) **采精场** 采精一般应在规范的采精场内进行，理想的采精场应同时设有室外和室内采精场，并与人工授精室和公狗圈舍相连。采精场应宽敞、平坦、安静、清洁。场内应安设稳定的台狗，为防止个别公狗对人的伤害，应在采精室两边设置保护栏。

> ⚠ 【注意】 采精时要注意环境，以便使公狗有良好的性反射条件。

(3) **台狗与假母狗** 台狗最好是性格温顺的发情母狗。采精前台狗的前躯、尾根部、会阴部、肛门部位应彻底洗净，再用干净抹布擦干。在洗涤时不能用刺激味较大的消毒液洗涤，以免异味过大影响公狗的性欲和采精量。假母狗外形似母狗即可，一般体高60cm左右、体长60cm、体宽25cm左右，四肢着地，四肢间距稍宽一些，最外面固定一层狗皮。

(4) **采精与人工授精设备** 主要包括：采精瓶（各种不同的容器均可，但最好有保温隔热的效果，要能被消毒，便于清洗）、漏斗、消毒外科用纱布、一次性乳胶手套（注意无毒）、显微镜（放大倍数可为100、400、1000倍，最好配备有2个目镜，有显微镜保温箱，以便保持精液样本的温度）、载玻片、滴管、温度计、各种容量的烧杯、量筒和瓶子（玻璃或塑料的均可，用于准备稀释液、稀释精液及对精液进行分装等）、输精瓶和管嘴、精液保存设施（聚乙烯或聚苯乙烯泡沫藏箱、冷热水袋等，用于精液的短时间存放；恒温控制柜或保温箱）、消毒设施（消毒盘或电热网、电热输精导管消毒器械、高压消毒锅等）、输精导管、蒸馏水或反渗透水及干燥柜（干燥和存放所有采精和检测设备）。条件好的场还应配备：水软化器、比色计或分光光度计、水浴恒温箱、加热器、磁力搅拌器等。

2. 采精

(1) **采精公狗的调教** 采精用公狗必须给予全价饲料，精心饲养，适当追逐运动，注意狗体和狗舍的卫生，严格定期检疫。对于初次进行采精的公狗必须进行调教。其方法是：在使用台狗时，首先安装好假阴道，将假阴道拿在采精人的手中，在公狗正在爬跨发情母狗时，将公狗阴茎导入假阴道，公狗即可射精。此种采精方法一定要注意安全，防止公、母狗咬斗及对采精人员的攻击。采精训练的另一种方法是，在假母狗右侧放一只发情旺盛的母狗（要有人固定母狗）以引起公狗的性欲，牵引公狗到假母狗处，待公狗爬跨时，人为协助公狗爬跨于假母狗身上，同时将公狗阴茎导入假阴道内，在插入的同时将真台狗牵走。调教公狗时应特别重视第一次采精，第一次采精要完全并确保公狗不受任何形式的伤害或不良刺激，如果调教公狗半小时仍不成功，应将其友善地赶走，等待合适的时候或关于假母狗附近使之熟悉后再试。总之，调教公狗要有耐心，反复训练，切记不可操之过急，忌强迫、抽打、恐吓。要注意防止公狗烦躁咬人或与其他狗相互咬架。

> 【提示】 在调教过程中，要反复进行训练，耐心诱导，切勿强迫、抽打、恐吓或其他不良刺激，以防止性抑制而给调教造成困难；要注意人和狗的安全及公狗生殖器官清洁卫生。第一次爬跨采精成功后，还要经几次重复，以便建立巩固的条件反射。

（2）采精方法 采精是人工授精工作中的一个重要环节。目前狗采精常用的方法有手握采精法、假阴道采精法和电刺激采精法3种。采精前公狗生殖器官及其周围被毛和皮肤要彻底地清理，除去一切杂物和尘土，然后用清水洗涤，并用干净布擦干，以防污染精液。

> 【注意】 洗涤时不能用刺激味较大的消毒液洗涤，以免异味过大影响公狗的性欲与采精量。对公狗的保定不宜用捆绑法，否则增加它的恐惧感，对采精不利，有时可给它戴上口罩。

1）手握采精法。手握采精法是最早使用的采精方法，其所得精液宜直接输精，而不适宜保存。手握采精时，先将发情期的母狗固定在一个特制的架子里（或用假母狗），引诱种公狗爬跨，待公狗爬跨、阴茎勃起而伸出包皮之后，采精人员迅速用事先消毒、洗净的手握住公狗龟头后部的阴茎，随着公狗的反复抽动而配合其进行挤压和滑动。如此反复数次后，阴茎便会自行射精。此时，用另一只手拿住灭菌的收集管收集精液。公狗射精分3个阶段，起初射出的精液无精子，换一只收集管收集第二阶段射出的精液，这一阶段射出的精液中精子密度很高，最后射出的是以前列腺分泌物为主的液体，可以不收集。采精时须注意，握阴茎的手及收集精液的容器不要触及龟头，否则，神经质的公狗会停止射精。

【小经验】>>>>

→采精结束后，若公狗的阴茎久久不能自动缩回，可用稀释液湿润后将包皮捋向阴茎头助其缩回。

2）假阴道采精法。肉狗的假阴道可用长15cm、内径5cm的橡胶管做外胎，内侧套上一段乳胶管做成内胎。采精前，应先给假阴道内外胎中间装上41℃左右的热水，并夹上一个橡胶袋以便充气，内胎间的腔隙依据公狗勃起的阴茎大小来调节。当公狗爬跨台狗或假母狗时，立即将勃起的阴茎导入假阴道内，公狗便会开始抽动。此时，采精人员一手拿稳假阴道，另一只手握住龟头后的阴茎；助手同时轻轻地打气，借以产生必要的紧握感，刺激公狗不断将精液射入假阴道内的集精容器中，直至采精完毕。

3）电刺激采精法。采精前先给公狗进行基础麻醉，在电刺激采精器的探棒上涂上液状石蜡或其他无毒、无刺激性的润滑油，然后徐徐插入公狗直肠10~15cm，达耻骨前缘而止。接着开启电源，慢慢地增加电压和频率，给予节律性的刺激，导致公狗的阴茎勃起，伸出包皮，此时，立即将采精容器套在阴茎上，使公狗将精液射入容器中。待公狗射完精后，关闭电源，取出探棒，将狗置于温暖、安静的环境中使其苏醒和休息。

（3）**采精频率** 过度采精会造成公狗精子密度降低，存活时间缩短，畸形精子数增加等现象。因此，公狗的采精频率应每周2~3次，也可隔日采精，且在采精时要注意公狗的性表现和精液品质的变化。

3. 精液品质的检查

精液品质受年龄、健康状况、营养、运动、交配次数、季节、品种及个体等诸多因素的影响。精液品质的优劣与受胎率的高低息息相关，也是确定公狗种用价值的一个重要指标。常用的检查精液品质的方法主要有两种，即外观检查法和显微镜检查法。

> 【提示】 精液品质检查要求采精后迅速置于37℃条件下检查，防止温度骤然下降，对精子造成低温打击，检查操作要迅速，不能人为损害精子，评定结果要准确，取样要均匀。

(1) 外观检查法 外观检查法是指用肉眼观测精液品质的方法，主要检查射精量、精液的颜色和污染等情况。

1）射精量。射精量是指公狗自生殖器官中一次射出的精液总量，多与狗的品种、个体、年龄、性准备状况、采精方法、技术水平、采精频率和营养状况等因素有关。射精量多少一般不作为评定精液品质好坏的指标，但若同一只公狗射精量相差悬殊，就要检查原因。大、中型狗每次采精量为 5~10mL，小型狗的采精量为2~3mL。

> 【提示】 射精量的异常减少可能是公狗的健康因素所致，也可能是采精程序有问题。评定公狗正常射精量，应以一定时间内多次射精总量的平均数为依据。

2）颜色。精液的颜色由灰白色到乳白色不等。精子密度高时呈乳白色，密度低时则为清淡色。当精液中混有异物时，则色泽发生异常，如精液带绿色或黄色，为混有脓汁和尿液；呈浅红色或红褐色时，则为混有鲜血或陈血，要考虑公狗是否患有前列腺炎、龟头炎或包皮炎等；呈水样、透明，则可能精子含量很少，甚至不含精子。

> 【注意】 有时公狗吃了某些含核黄素的饲料也可使精液颜色变为黄色，应加以区别。

（2）显微镜检查法　显微镜检查法是指用显微镜检查精子的形态、运动、精子密度、精子活力、精子畸形等来评价精液品质的方法。

1）精子活率。肉狗精子运动方式有前进运动、回旋运动（圆圈运动）、摆动和不前进等类型。其中只有呈前进运动的精子才有受精能力。精子活率是指精液中前进运动精子所占有的百分比，也称为活力。做前进运动的精子是指精子近似直线地从一点移动或前进到另一点。精子活率是精液品质评定的一个重要指标，因为它与受精率高度相关。评定精子活率常用十级评分法，即视野中100%的精子呈直线运动时评为1.0分；90%的精子呈直线运动时定为0.9分，依此类推。

> **【提示】**　精子活率是一个经常评定的指标，一般在采精后、精液稀释后、降温平衡后、冷冻后、解冻后和输精前都要评定。

2）精子密度。也称为精子浓度，指每毫升精液中所含的精子数。精子密度的大小直接关系到精液稀释倍数和输精剂量的有效精子数，也是评定精液品质的重要指标之一。评定方法一般有目测法和计数法。目测法与检查活率的方法相同，往往与观察活率同时进行，按照精子密度的大小粗略分为密、中、稀3个等级（见图6-5）。密：指整个视野内充满精子，几乎看不到空隙，很难见到单个精子活动；中：在视野内精子之间有相当于一个精子长度的明显空隙，可见到单个精子活动；稀：视野内精子之间的空隙很大，超过一个精子长度的空隙，甚至可查数到精子的个数。目测法需要有一定的评定经验，但简单易行，可粗略地确定稀释倍数。

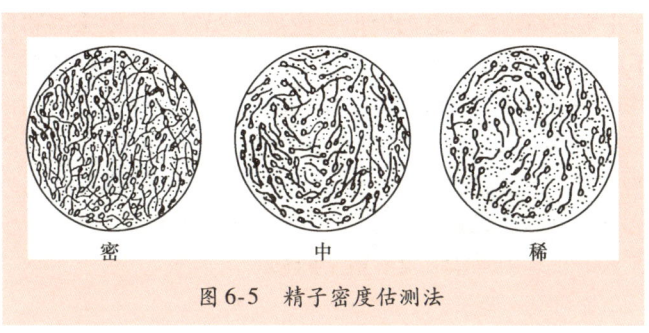

图6-5　精子密度估测法

3）精子形态。精子形态正常与否与受胎率有着密切的关系，如果精液中含有大量的畸形精子，其受精能力就低。正常的精子形态像蝌蚪。畸形精子一般分为4类（见图6-6）：

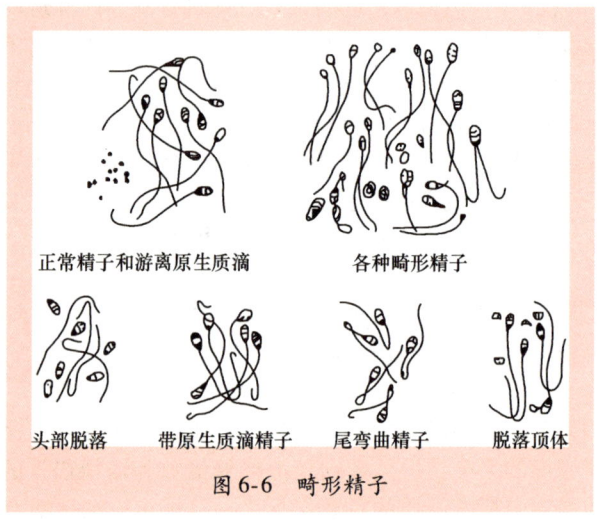

图6-6 畸形精子

① 头部异常，如头部巨大、瘦小、细长、圆形、轮廓不明显、皱缩、缺损、双头等；

② 颈部异常，如颈部膨大、纤细、曲折、不全，带有原生质滴、不鲜明、双颈等。

③ 尾部异常，如弯曲、曲折、回旋、短小、长大、缺损、带有原生质滴、双尾等。

④ 顶体异常，如顶体不完全、异型等。

在正常的精液中，总的畸形率应低于25%，其中头部和顶体畸形率不超过5%，颈部畸形率（原生质滴）为10%，尾部畸形率为5%。精子畸形率的检查方法：用清洁的细玻璃棒蘸取1滴精液，点在清洁载玻片上，用另一块载玻片的一端与精液轻轻接触，以30°~40°的角度轻微而均匀地向一方推进制成抹片，然后用红或蓝墨水染色3min，在高倍镜（大于600倍）下进行检查，观察精子总数不少于500个，并计算出畸形精子的百分率。

> 【提示】 用普通显微镜或相差显微镜观察精子畸形率，要求畸形率不超过18%，每只公狗每两周检查1次精子畸形率。

4. 精液的稀释

精液的稀释是指将采集的狗精液与事先配好的稀释液按比例混匀的方法。由于稀释液中含有大量精细胞生活所必需的成分和保护精细胞的成分，精液经稀释后既增加精液的容量，又延长精液的保存时间。稀释液的种类很多，不同品种狗的精液保存，所用的稀释液也不同。现在最常用、最廉价的稀释液为煮沸而冷却的鲜牛奶、卵黄-柠檬酸钠、2.9%的柠檬酸钠等。

肉狗精液稀释液种类很多，要根据实际情况合理选择，现配现用。配制稀释液所使用的用具、容器必须洗涤干净、消毒，用前经稀释液冲洗。稀释液必须保持新鲜。如有条件可将灭菌的密封稀释液置于冰箱内保存数日，但卵黄、奶类、活性物质及抗生素须临时加入。所用的水必须清洁无毒。蒸馏水或去离子水要求新鲜，使用沸水应在冷却后用滤纸过滤。药品成分要纯净，一般选用化学纯制剂或分析纯制剂，配制时称量要准确，充分溶解，过滤后消毒。使用的奶类应在水浴中（92~95℃，10min）灭菌，冷却后除去奶皮；卵黄要取自新鲜鸡蛋，取前要对蛋壳消毒。抗生素、酶类、激素、维生素等添加剂必须在稀释液冷却至室温时，按用量准确加入。

肉狗精液稀释的比例根据精液保存的时间不同有很大的差别。若将刚采集的新鲜精液，立即输送给发情的母狗，此时，精液与稀释液之比多为1:1。若要较长时间保存精液，精液与稀释液之比以1:5或1:8为宜，这样精子可最大限度地从稀释液中获得生存的营养，保持一定的活力。

精液在稀释前首先检查其活率和密度，然后确定稀释倍数。将精液与稀释液同时置于30℃左右的恒温箱或水浴锅内，进行短暂的同温处理，稀释时，将稀释液沿器皿壁缓慢加入，并轻轻摇动，使之混合均匀。如做高倍稀释（20倍以上）时，分两步进行，先加入稀释液总量的1/3~1/2，混合均匀后再加入剩余的稀释液。稀释完毕后，再进行活率、密度检查，如活率与稀释前一样，则可进行分

装、保存。

5. 精液的保存

精液保存是指根据精子的生理特性，将采集的狗精液与稀释液按比例混合后，创造延长精子寿命的条件，抑制精子的活动，降低其能量消耗，消除对精子存活的有害因素，在常温、低温或超低温条件下储存起来以延长精子寿命的方法。精液保存的目的是延长精液的利用时间，扩大精液的利用范围。其常用的方法主要有常温保存法、低温保存法和超低温保存法3种。

（1）常温保存法 常温保存法是指将稀释过的精液放置于室温（15~25℃）下保存的方法。由于保存温度不十分恒定，允许其有一定的变化幅度，春、秋季可放置室内，夏季也可置于地窖或用空调控制的房间内，故又称为室温保存或变温保存。一般将稀释的精液分装后密封，用纱布或毛巾包好，置于15~25℃环境下避光存放即可。常温保存法是一种短期保存精液的简便方法，可在4天保存期内，使精子生存，并具有运动能力。在室温条件下，精子运动快、能量消耗大，容易出现营养成分缺乏而导致精子死亡。

> 【提示】常温保存的精液必须在2~3天内用完，否则就丧失受孕能力。

（2）低温保存法 低温保存法是指把稀释好的精液置于2~5℃的低温条件下保存的方法。一般将稀释好的精液置于冰箱或广口保温瓶中，在保存期间要保持温度恒定，不可过高或过低。操作时注意严格遵守逐步降温的操作规程，原则上精液稀释后，要逐渐降温到0~5℃，避免精子发生冷休克。所以一般要用平均每30min降低5℃的速度降温，即每分钟下降0.2℃左右的速度。但在实践中，为了提高工作效率，都采用直接降温法，即将分装有稀释精液的试管（或小瓶），包以数层纱布或棉花，再装入塑料袋内，而后直接放入冰箱（0~5℃）或装有冰块的广口保温瓶中，也可将其放入30℃温水（室温）杯中，再一起直接放入0~5℃的环境中，经1~2h，精液温度降至0~5℃。低温保存精液时，为避免突然降温引起精子代谢异常而造成精子死亡，在稀释液中应加入抗冷刺激（如卵黄、牛奶、甘油）的成分。用等量卵黄液和2.68%的柠檬酸钠液作为低温保存稀释液，在4℃条件下，精液保存96h后仍有50%的精子活力较强；用巴氏灭菌的牛乳做等量稀释后，在4℃条件下保存20h后，精子活力为50%，输精后仍能使母狗受孕。

（3）超低温保存法 超低温保存法又称为冷冻保存法，是指将稀释的精液通过降温、平衡和冷冻后，置于液氮（-196℃）中保存的方法。超低温保存可长期保存精液（半年、一年甚至数年），便于携带、运输，有利于优良品种狗的推广繁殖。但是解冻后精子活力较低，受精率较低，狗精液超低温保存法有待于进一步研究改进。

6. 输精

输精是指正确地用输精器把公狗的精液输送到母狗生殖道合适的部位，促进精子与卵子进行结合的方法。

（1）输精前的准备 各种输精用具在使用前必须彻底清洗、消毒，再用稀释液冲洗。玻璃和金属输精器可用蒸汽、75%的酒精消毒或置于高温干燥箱内消毒；输精胶管不宜高温，可用蒸汽、酒精消毒，但一定要在输精前用稀释液冲洗2~3次。阴道开张器及其他金属器材等用具，可高温干燥消毒，或浸泡在消毒液内，也可用酒精火焰消毒。输精器一般以每只母狗1支为宜，但当输精器不够时，可用74%酒精棉球涂擦消毒外壁，然后用稀释液冲洗外壁及管腔2~3次。输精人员要身着工作服，指甲剪短磨光，手洗净擦干后用75%的酒精消毒。

（2）输精方法 将适于输精的发情母狗保定在输精架上，大型母狗可令其站在地面，后躯抬高，将头部固定在助手的两膝之间。保定好母狗后，将母狗的尾巴拉向一侧，露出阴门。用温水洗净母狗外阴部并擦干，再用酒精棉球擦拭消毒。输精人员将消毒后的输精器插入两阴唇间并以垂直方向推进至前庭后，以水平方向通过子宫颈，凭手感确认输精器被送到子宫内后，即可将装有精液的注射器连接到输精器上，稍加压力缓缓注入精液。输精后立即抬高母狗后躯，同时以食指戴上灭菌的指套伸入阴道内停留2min，模拟自然交配的"栓结"作用，以有利于防止精液倒流。根据母狗体型大小及精液品质，确定输精量，一般为1.5~10mL，有效精子数应为每毫升0.6亿~2.0亿个。母狗每个发情期输精2次即可。新鲜精液活力要求在0.6以上，低温保存者经升温后不宜低于0.5。

（3）注意事项 在输精时，应注意以下几点：输精所用的器械必须彻底消毒，临用前用稀释液冲洗；用于输精的精液必须检查合乎输精标准；准确计算母狗发情和排卵的时间；输精人员的手应先用肥皂洗涤干净，并用75%的酒精消毒，然后才可进行操作；输精完毕后，应令母狗散放或牵引散步15~20min，防止其爬卧或坐地而导致精液外流。

第三节　肉狗的妊娠与分娩

一　胚胎发育与妊娠期

1. 妊娠期

肉狗妊娠期是指从最后一次配种日期算起直至胎儿正常分娩时。一般为58~63天，平均为60天。肉狗妊娠期长短与品种、年龄、产仔数、母狗健康状态及外界环境等因素有关，如早熟品种肉狗比晚熟品种肉狗的妊娠期短数日；小型肉狗比大型肉狗短几日；青年肉狗较老年肉狗的妊娠期稍长；胎儿数多的肉狗比胎儿数少的肉狗短几天。

2. 早期胚胎发育及胎儿的生长

（1）早期胚胎的形成 母狗早期胚胎形成要经历受精、卵裂、迁移和附植4个阶段。母狗排卵后卵子进入输卵管与精子结合，即受精（受精在排卵后24~48h）。受精卵转移到输卵管中部，在排卵72h开始分裂增生而不是生长，即为卵裂。处在卵裂期的早期胚胎，沿输卵管运行，在排卵6~9天进入子宫角内，称为胚胎的迁移。胚胎进入子宫后，一段时期内呈游离状态，在配种后14~17天，胚胎和子宫内膜建立密切的联系，并形成胎盘，这一过程称为胚胎附植（俗称"着床"）。

（2）胎儿的生长 胚胎附植后，胚胎与母体间建立了胎盘联系，从而可从母体血液中吸收营养，并把代谢废物排入母体血液。从胚胎附植到胎儿出生有40~55天，这段时间是胎儿生长发育的时期。

在这么短的时间内完成个体发育，可见胎儿的生长发育速度非常快。随着妊娠期的延长，胎儿迅速发育、体长迅速增长。肉狗的胎盘为带状，配种后 21 天，胎儿胎盘内开始充满液体，从外面可看到明显的卵圆形胚胎鼓起，每一卵圆形胚胎鼓起的直径为 15～18mm。至第 28 天，胚胎鼓起变成球形，直径达 30mm。第 35 天，胎膜和子宫进一步扩大，各胚胎鼓起之间的分布界限变得不明显。同时，由于胎儿不断发育、长大，其重力向下牵拽，使子宫占据从骨盆前缘到肝脏的全部空间，并向背部和体躯后部发展。

3. 假妊娠

假妊娠亦称为假怀孕，是指未妊娠的母狗具有妊娠母狗的一些行为和表现，但到预产的分娩时间却无仔狗产出现象。假妊娠主要是由于母狗体内性激素代谢紊乱，黄体形成后未及时消退，并不断分泌孕酮所致。假妊娠多见于老龄母狗，亦可见于发情后交配或未交配的母狗。假妊娠母狗的主要表现为发情期过后，其腹部常因脂肪逐渐蓄积而不断膨大，乳腺发育，乳头肿大，60～70 天时有到处寻觅棉絮、破布或稻草进行筑窝的行为。有的假妊娠母狗还表现出母性的本能，如保护不活动的物体及收养仔狗，允许仔狗吮乳。由于假妊娠的母狗具有与妊娠母狗相似的行为表现，常可使人误诊。但认真观察，便可会发现其饮食、性情变化等不如妊娠母狗明显。如假妊娠的母狗，其饮食量变化不明显，常无呕吐和偏食表现。假妊娠母狗虽在发情期后性情稳定，但其变化平淡，运动量亦如往常。最重要的是在母狗妊娠 30 天后，若用手能在母狗腹部子宫处触摸到胎儿或用听诊器可听到胎音，而假妊娠母狗则无此体征。

二 妊娠征候与妊娠诊断

妊娠又称为怀孕，是指由受精卵在子宫角发育开始，直到发育成熟的胎儿出生为止的整个生理过程。

1. 妊娠征候

受精卵在母狗子宫内着床后，为了维持妊娠和使胎儿生长发育，母体子宫的血液循环旺盛，卵巢与子宫等机能也显著活跃。随着胎儿的发育，整个母体出现一系列变化。通常把母体的这种变化称为妊娠征候。妊娠征候有两种：一种是由于胎儿的存在而直接表现出

来的征候（可疑征候）；另一种是母体所表现出的一系列妊娠样反应。一般这两种征候的表现程度随妊娠持续而明显化。临床上可根据这些变化所致的体征来判定母狗是否妊娠及妊娠的进展情况。

（1）行为变化 妊娠初期母狗无行为变化；妊娠中期母狗表现为动作缓慢而谨慎、温顺、安静、嗜睡，喜欢温暖安静的场所；妊娠后期，母狗表现为易疲劳，频频排尿，接近分娩时有做窝行为。妊娠50天后在母狗腹侧则可见到"胎动"。

（2）食欲变化 母狗食欲变化一般出现在妊娠后的15~20天，此时母狗主要表现为食欲下降，约有1/3的妊娠母狗在这个时期有"妊娠反应"样的呕吐，持续1~2天。妊娠30~35天可见母狗食欲增加。此时由于妊娠膨大的子宫压迫胃，一般不能一次饲喂过饱，一天喂2~3次为宜。妊娠55天以后，母狗食欲减退，到分娩日，母狗完全无食欲，分娩中仅饮水。分娩后食欲逐渐恢复。哺乳期的母狗食欲特别旺盛，可增加到妊娠时的1倍。

（3）体重变化 因胎儿、胎盘、羊水等重量的增加，母狗妊娠30天以后体重迅速增加，而且怀胎数量越多，体重增加越快，直到妊娠55天，母狗才停止增重，达到体重高峰。分娩后母狗体重一般比妊娠初期稍重。

（4）腹围变化 由于胎儿、子宫增长和乳腺的发育等原因，母狗妊娠35~40天以后腹部迅速增大。到妊娠55天时腹围达到最大限度，并一直维持到分娩。母狗腹围增大程度因胎儿数量的多少有所不同，若胎儿数量较多时，则可发现母狗腹部膨大，腹围增加；母狗的胎儿数量较少时，腹部则无明显的变化。

（5）外阴部变化 母狗发情结束后，非妊娠狗经过3周左右的时间其外阴部肿胀逐渐消退。妊娠狗在整个妊娠期外阴部持续肿胀，常呈粉红色的湿润状态，分娩前2~3天肿胀更加显著，外阴部变得松弛而柔软；特别是大型狗，分娩前外阴部肿胀程度与发情时相比，大数倍，呈充血、水肿样，分娩结束后很快恢复原状。临近分娩时（前数小时），子宫颈管扩张，分泌1~3mL非常黏稠的黄色不透明黏液。有的狗分泌的黏液中含有胎盘色素而呈绿色。

（6）乳腺变化 妊娠初期乳腺变化不明显，妊娠一个月后乳腺开始发育,腺体膨大,乳房下垂,乳头有弹性,临近分娩时从乳头里可以挤出乳汁。

2. 妊娠诊断

母狗配种后,要不时地注意、细致地观察,争取尽快确诊,以便对母狗加强妊娠护理,防止流产,并按配种日期计算好预产期,及时做好产前的准备工作。做好妊娠诊断,对于繁殖具有很重要的意义。母狗妊娠诊断的方法很多,较常用的主要有外部观察法、触诊法、听诊法、超声波诊断法、X射线检查法、血液学检查法和尿液检查法等。

(1) **外部观察法** 通过了解肉狗的生理状况、繁殖情况,如年龄、已产胎数、上次分娩日期及产后情况,发情周期及发情行为、配种方式和已配种次数、最近一次配种日期及配种后是否再发情、近期饮水、食欲、行为变化和病史等,可以对妊娠可能性做出初步诊断。一般母狗交配1周左右,阴门开始收缩软瘪,可以看到有少量黑褐色液体排出,出现食欲不振等妊娠前期反应;在2~3周时,乳房开始逐渐增大,食欲增强,被毛光亮;1个月左右,体重增加明显,可见腹部膨大,乳房下垂,乳头富有弹性,排尿次数增多。在配种后第4周用手触摸母狗腹部子宫所在位置,妊娠母狗可感觉到有如鸡蛋大小的胚胎。

> 【提示】 外部观察法准确率较低,更无法分辨妊娠和假妊娠。

(2) **触诊法** 触诊法是指隔着母狗腹壁用手触摸母狗腹部子宫位置,看其内是否有胎儿的方法。触诊法通常是肉狗配种20~25天时,将母狗做站立姿势保定,抚摸颌下使其保持安定状态。胎儿的位置是在脐孔和第四乳头之间的腰椎与下腹壁之间(见图6-7)。将左手掌紧贴母狗的下腹部,拇指位于右侧腹壁,中指位于左侧腹壁。当母狗因呼气而腹压降低时,以两手指向腹部压缩,并上下左右轻轻滑动以判定胎儿位置。与其他脏器相比,胎儿呈葡萄状硬块、有弹性容易区别。直肠中的粪块成串排列位于脊椎下,质地较硬、无弹性。而膀胱的位置是在第4~5乳头区间,腰椎和下腹部的中间,当膀胱内有较多的尿液潴留时，呈现柔软有波动感，其位置是在胎儿之后，在检查中应注意区别。以小型狗为例，不同妊娠日龄母狗的征象见表6-3。

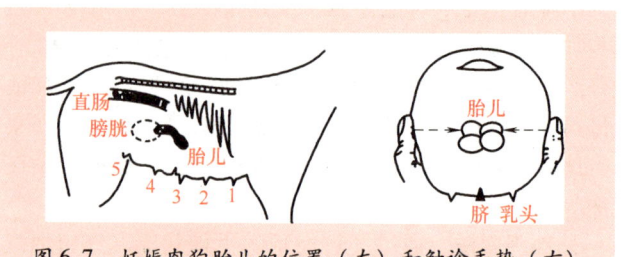

图6-7 妊娠肉狗胎儿的位置（左）和触诊手势（右）

表6-3 不同妊娠日龄母狗的征象

妊娠日龄	胎儿大小/cm	胎儿形状	乳房变化
10	0.4	圆形	—
15	0.6	圆形	第5对乳头稍粗
17	0.8	圆形	第5对乳头稍粗
20	1.0	圆形	第4、5对乳头稍粗
25	1.5	圆形	乳头出现硬芯
27	2.0	圆形	乳头硬芯增大
30	2.5×3	长圆形，位置前移	乳头硬芯增大

（3）听诊法　听诊法即用听诊器在子宫部了解胎儿心音及其活动情况。母狗在交配后30～35天，将听诊器置于母狗腹部子宫处即可清晰地听到胎儿的心音。

（4）超声波诊断法　超声波是振动频率在20000Hz以上超过人耳听阈范围的一种声波，简称超声。目前用于动物妊娠诊断的超声诊断技术有：A型超声波诊断、B型超声波诊断、D型超声波诊断（即多普勒超声诊断）等。应用超声波诊断仪进行妊娠检查的方法主要有体外腹部探查法、阴道探查法和直肠探查法。探查中可根据动物的体型大小和所探查组织器官的部位不同而选择适合的探查方法，以达到理想的探查效果。D型超声波诊断法可用于发现妊娠19～25

天的胎儿心脏跳动；随着胎儿的发育，其准确率增加，妊娠36～42天的准确率为85%，妊娠43天到妊娠结束的准确率为100%，未妊娠的准确率为100%；体型太小的母狗，由于腹部动脉的跳动，误诊率稍高。A型超声波诊断法可用于18～20天以后的妊娠诊断，在妊娠32～60天时，其准确率为90%，未妊娠的准确率为85%；采用此方法时应区别来自充满尿液膀胱的信号。B型超声波诊断法比D型超声波诊断法、A型超声波诊断法的效果更好，其优点是能探测出18～19天的胎儿，甚至可以鉴别胎儿的性别、数量及死活。

(5) **血液学检查法** 母狗从妊娠21天起直到分娩，红细胞数降低，至分娩前最后1周，70%的母狗每微升血液中红细胞数不足500万，同时红细胞比容和血色素分别降至40%和14%以下，而血沉相应加快。因此，检查母狗血液有助于妊娠诊断。

(6) **尿液检查法** 母狗妊娠后5～7天，尿液中就可出现一种与人绒毛膜促性腺激素结构相似的激素，由此可采用人用的"速效检孕液"检出狗尿液中是否含有类似人绒毛膜促性腺激素的物质。结果为阳性者妊娠，阴性者未妊娠。此法准确率相当高，在交配后6天左右就可检测出来。

三 分娩征兆

随着胎儿的发育成熟和分娩期的接近，母狗的生殖器官与骨盆部都要发生一系列生理变化，以适应排出胎儿和哺乳幼仔的需要。母狗的行为及全身状况也发生相应的变化，通常将这些变化称为分娩预兆（见表6-4）。根据这些变化，可预测母狗分娩的时间，以便做好产前准备，确保母仔平安。

表6-4 母狗分娩预兆

分娩预兆	预兆至分娩时间		出现频率（%）
	平均	范围	
胎动	2周	3周~1天	12.6
腹壁扩大	11天	3周~1天	10.7
懒惰	10天	3周~1天	12.6
造窝	3.5天	2周~30min	45.6

（续）

分娩预兆	预兆至分娩时间		出现频率（%）
	平均	范围	
呕吐	3.5 天	2 周~45min	13.2
吼叫	2.5 天	1 周~8h	14.9
乳头出现乳汁	2 天	1 周~15min	19.3
尿频	2 天	1 周~15min	16.9
不安	30h	2 周~1.5h	57.7
前肢刮地	24h	1 周~30min	32.0
食欲降低	20h	1 周~3h	37.1
寻求保护	20h	2 天~1h	15.1
体温降低	19h	30~8h	22.6
排出红色或黏性液	12h	4 周~1min	34.6
呼吸加快	12h	2 天~15min	30.8
舔阴门区	12h	2 天~1min	13.8
呻吟或哀号	10h	4 天~2min	21.3

1. 乳房变化

分娩前乳房迅速发育、充实，于分娩前 2 天，可从乳房中挤出少量清亮的乳液或少量初乳。分娩前乳头和乳汁的变化情况虽然常作为估算预产期的依据，但受母狗营养状况的影响较大。在营养不良情况下母狗变化不明显；是否漏乳则与母狗乳头管的松紧程度有密切关系。

◆【提示】 不能单纯依靠乳房变化判断母狗是否即将分娩。

2. 阴部变化

阴唇逐渐柔软、肿胀、增大，阴唇皮肤上皱襞展平，皮肤稍变红。子宫颈在分娩前数天开始松软，并于分娩前的 1~2 天内，见子宫颈管充满黏液，有水饴状透明液体流出，并有少量出血。

3. 骨盆变化

分娩前数天骨盆部韧带变得柔软、松弛，荐坐韧带和荐髂韧带也变软，臀部肌肉明显塌陷。

4. 行为变化

母狗在分娩前都有较明显的精神状态变化，出现食欲不振、精神抑郁、徘徊不安和离群寻找安静地点（散养情况下）等现象。一般分娩前2天，母狗的行动急躁，在阴暗的角落里用前爪刨地或来回走动和转圈圈。有的狗还坐卧不安，常打哈欠，并张口发出怪声，呻吟或者尖叫，扒垫草，呼吸加快，同时大小便次数增多。母狗于分娩前数天，食欲开始下降。在分娩前36.5~24h其食欲常明显减退，在临产前两三餐，食欲大减，甚至停食。

5. 体温变化

母狗的正常体温是38~39℃，而于分娩前3天左右其体温常常开始下降，分娩前可下降到37.5~36.5℃。当体温回升时即将分娩，这是预测分娩的重要指标。

综上所述，所有肉狗在分娩前出现各种预兆，但在实践中不可单独依据其中某一个分娩预兆来判断分娩时间，要全面观察，综合分析才能做出正确判断。

> 【提示】 母狗预产期的推算，以母狗最后一次配种的日期为准，向后推58~63天即可。如果是经产狗，可以参考前几胎的分娩情况进行推算。

四 分娩与接产

1. 母狗分娩过程

分娩是母狗经过正常妊娠期后，靠自身力量使成熟胎儿、胎盘、胎膜及羊水由母体内排出的生理过程。母狗在正常分娩过程中，排出羊水、胎儿及胎膜的动力主要是其子宫肌的收缩（阵缩）、膈肌和腹壁肌的收缩（努责），而全身各器官系统也均协调参加这一过程。根据阵缩、努责和生殖器官内部的变化及全身表现，可将分娩过程大致分为子宫开口期、胎儿产出期、胎衣排出期3个阶段。

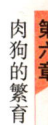

（1）子宫开口期 子宫开口期是指从子宫肌开始收缩，至子宫颈口充分开张为止。子宫开口期持续的时间差异较大，一般为3～12h，其特点是只有阵缩而不出现努责。母狗的表现为心神不安、忧惧和惊恐，不吃食，烦躁，来回走动，常做排尿动作，有轻度的腹痛，不时回顾腹部，拱腰举尾或频频摆尾。有的母狗可伴有颤抖，气喘和呕吐。一般初产狗表现明显，经产狗相对比较安静。

（2）胎儿产出期 胎儿产出期是指从子宫颈完全开张后，胎囊及胎儿进入软产道，到胎儿排出体外为止。此期的特点是阵缩和努责共同发生，而且强烈。阵缩和努责相协调，构成了强大的分娩动力，以迫使胎囊通过产道而露于阴门之外并随即先后破裂。通常先是尿膜破裂流出污黄色尿液，叫作第一羊水；继而是羊膜破裂，流出黄色黏稠液体，称为第二羊水。当胎囊排出后，母狗常迅速用牙齿把胎囊撕破（有时在胎囊刚露出产道时，母狗即用牙齿将之拉出，使胎囊与胎儿一起脱出）。之后，再将脐带咬断，吃掉胎衣，舐干仔狗身上的黏液。胎儿娩出的时间间隔平均为30min，个别的可达数小时。胎儿产出期持续时间长短取决于母狗状况和仔狗数目，一般在6h之内，仔狗数多也不应超过12h。据统计，妊娠母狗每胎产仔数一般为4～8只，少则1～2只，多则可达23只。

（3）胎衣排出期 胎衣排出期是指从胎儿排出后到胎衣完全排出为止。当胎儿排出后，母狗即安静下来，经过5～15min后，子宫主动收缩而使胎衣排出。在分娩的过程中，往往前面产出的胎儿，其胎衣还未排出，而又有几只胎儿已经娩出，甚至于所有的胎儿均已娩出，此时，如果胎盘未立即娩出，脐带仍在阴门内，母狗则会咬住脐带而拉出胎膜。

> **【提示】** 对母狗产后的生殖机能状况进行监测，以便采取适当的措施，使母狗在产后能尽早配种受孕，对于缩短产仔间隔期、提高母狗繁殖力具有重要作用。

2. 产前准备

应提前准备好产房，产房要求宽敞、干净卫生、安静、空气流通而无贼风、光线适宜（通常情况下光线稍暗勿强）、冬暖夏凉，以便母狗安静休息。根据妊娠母狗的预产期和分娩预兆,要在分娩前1~2周转入产房,以便让其熟悉环境,安定情绪。每天要检查待产母狗的健康状况,注意分娩预兆。

产房内准备好助产用具和药械,并将其放在固定地方。要准备的用具和药械有肥皂、毛巾、刷子、棉花、纱布、注射器、针头、体温计、听诊器、细绳、产科绳、大塑料布、照明设备、70%的酒精、2%~5%的碘酊、0.1%的新洁尔灭、催产药品及急救药等。有条件最好准备一套常用的产科器械。接产者应选择有接产经验的人员来担任,无经验者应事先进行培训,以使其熟悉各类动物的分娩规律和助产操作规程。据统计,母狗分娩通常是在夜晚或清晨,因此要建立值班制度。助产时,要预防布氏杆菌的感染,做好助产人员的自身防护工作。为了确保仔狗的安全,最好制作一个木质产箱(见图6-8)。产箱的大小以足以让母狗、仔狗躺卧即可;高度以不让仔狗跑出,而母狗可以自由出入为宜。为了方便仔狗的进出,在产箱的一边留一个半圆形缺口。产箱底部铺设间隔不大的细木条铺板,铺板上放一些短草、旧毛毯或破布等作为床垫。产箱底及四周必须光滑、无硬棱角,以防磨损仔狗的脐带或擦破仔狗的皮肤等。在寒冷季节,在产房或产箱上方可加吊一盏红外线灯给仔狗加温。有条件的养殖户可吊一盏紫外线灯以便日常消毒照射。

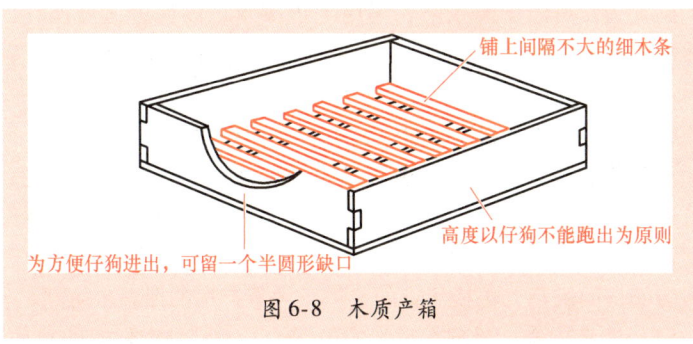

图6-8 木质产箱

3. 接产

大多数母狗能够顺利地分娩,并自行处理好仔狗。但为了提高仔狗的成活率,保证母狗的健康,当母狗分娩时,做好接产工作是十分重要的。在临产前应对母狗进行1次狗身梳毛和清洁工作，除去其周身的尘埃和异物，并用0.5%的来苏儿溶液给其臀部和乳房清洁消毒，借以减少仔狗出生后的污染。

胎儿产出后，要迅速擦去口、鼻内的黏液，而后进行断脐。当将呼吸道、口、鼻腔中的羊水和黏液清除后，立即用酒精棉球反复涂擦仔狗的鼻头，借此刺激，引起仔狗的呼吸中枢兴奋，恢复呼吸功能。若脐带被自行挣断，一般可不结扎，但须用5%~10%的碘酊溶液或5%的碳酸溶液浸泡脐带消毒，以防感染或发生破伤风。仔狗产出后，如果母狗不能断脐，可先将脐带内的血液向仔狗腹部挤压，然后用线在肚脐根部结扎，在距离胎儿2cm处消毒的剪刀剪断脐带，用5%的碘酊涂抹断端消毒，以防细菌感染。对暂时性窒息而假死的仔狗，可将仔狗两后肢提起，头部朝下，用两手轻轻挤压其胸、腹部，令呼吸道内的羊水或黏液快速流出。有条件时可用吸痰器迅速吸出口、鼻及呼吸道内的异物，无条件时可用嘴对着仔狗的口、鼻将羊水和黏液吸出。当用酒精棉球刺激难以唤起呼吸中枢兴奋时，应立即进行人工呼吸，即将仔狗仰卧保定，两手四指并拢，放在胸部轻轻进行挤压，每分钟挤压30~40次，或让仔狗仰卧姿势握住两前肢，前后来回摆动，一般3~4min即可复活。当仔狗恢复呼吸并比较平稳时，即刻将之交还给母狗。对于体弱的仔狗，活动不灵活，找不到乳头，可给予温水浴，再用毛巾擦干，以促进血液循环，增强体质。畸形、先天性发育不良或24h以内不吃乳的仔狗，应淘汰掉。

在接产过程中，接产人员需注意以下问题：

(1) 提供适宜的分娩环境　母狗的分娩场所应阴暗不明亮，这样可避免母狗兴奋。周围应无噪声，严禁多人围观，否则会使母狗过度紧张而导致难产。母狗分娩结束后，以温水洗净其阴门、尾及乳房等部位的脏物，更换污染的垫褥，注意产房的保温、防潮。

(2) 注意安全　母狗有很强的护仔性，尤其是产仔时的狼种狗，是不允许陌生人靠近的，对于不十分熟悉的人特别富于攻击性，接产人员一定要是母狗饲养员或母狗很熟悉的人。接产人员在母狗临产前就要主动接近母狗，表现要亲切、认真、仔细，经常用轻柔的动作抚摸它的腹部，取得母狗的信任，消除其怀疑心理，减轻防御行为。接产工作须在母狗的身边进行，让母狗看到，使其放心。绝不能把仔狗拿到别的地方进行处理，否则母狗会站起来追去抢回仔狗，甚至会咬伤接产人员，使接产工作无法进行。即便如此，也应注意观察母狗的表情，当其发出表示不满的"啨、啨……"声之后，应立即离开。

(3) 增强无菌观念 母狗分娩之前，要用3%的来苏儿溶液对产房和产床进行消毒。此外，先用温肥皂水将母狗的乳房、外阴部、肛门、尾根及后躯部洗净擦干，用0.55%~1%的来苏儿溶液清洗乳房和阴门，接产所用的金属器械需用1%的新洁尔灭溶液浸泡消毒，注射器和针头等应煮沸消毒，吸水纸和毛巾等应高压灭菌，接产人员手臂亦应用0.55%的新洁尔灭溶液消毒。总之，接产所使用的一切物品，都应进行消毒、灭菌。

(4) 注意观察，发现问题及时解决 当母狗已从阴道流出大量稀薄液体数小时或胎儿露出阴门10min还未能产出时，说明母狗难产，要及时给予助产或剖宫产。分娩后，若阴道内有较多血液流出，则可能出现产后大出血，应立即请兽医治疗。母狗产后吃胎盘是正常现象，胎盘营养丰富且具有催乳作用，但吃得太多，会引起胃肠消化机能障碍，一般让其吃2~3个即可。发现母狗有"食仔"现象应立即制止。

(5) 做好记录 仔狗出生后，立即称重，做好标记，并填好产仔记录表。

> 【提示】 当遇到有母狗难产时，应立即请兽医助产，并遵守助产原则。

第四节 肉狗的经济杂交与利用

在育种学中，把不同品种或品系个体之间的交配称为杂交。杂交之所以应用如此广泛，是因为正确的杂交方式，可获得杂种优势，使杂交后代具有较好的适应性、较强的生活力、较高的繁殖力、较快的生长速度及较佳的胴体品质。

一 杂种优势的概念及其计算

所谓杂种优势是指杂种后代在生活力、耐受力、抗病力、生长势和生产性能等诸方面的表现优于亲本纯合体。就性状而言，是指某一性状的平均表型值超出亲本该性状的平均表型值。杂种优势分为三类：一类是个体杂种优势，指杂种本身生活力强，生产性能好，这是利用得最多的一种杂种优势；二类是母本杂种优势，指杂种的母亲是杂种，表现母性好，繁殖力强，仔狗哺育率高，多元杂交利用了这类杂种优势；三类是父本杂种优势，指杂种的父亲也是杂种，表现生产性能好，精液品质好，配种力强，双杂交利用了这种杂种优势。杂种优势在肉狗养殖生产中的应用，获得了显著的经济效益。杂种优势的大小，以杂种优势值来表示，即杂种后代的某性能的平均值与双亲该性能的平均值之差表示。计算公式为

$$杂种优势值 = 杂一代平均值 - 双亲平均值$$

为了比较各个不同性状间杂种优势的大小，常用杂种优势率来表示。一般采用杂种后代的主要经济性状的平均表型值与双亲的平均表型值之差除以双亲平均值来估计，用百分数表示。计算公式为

$$杂种优势率 = \frac{杂一代平均值 - 双亲平均值}{双亲平均值} \times 100\%$$

例如，藏獒与蒙古犬杂交，藏獒的平均日增重为220g，蒙古犬的平均日增重为100g，其藏、蒙杂交狗（杂种1代）平均日增重为166g，则日增重杂种优势率按上述公式计算为3.75%。

二 杂种优势表现的一般规律

杂种优势的产生，取决于遗传基因间相互作用的方式和程度，而杂种优势的大小也有一定规律。在开展肉狗杂交利用时，必须认识和掌握产生杂种优势的规律预测杂种优势的大小，找准杂交用亲本，才能收到预期理想的效果，获得较大的经济效益。肉狗具有的许多经济性状，如产仔数、断乳窝重、生长速度、饲料报酬、胴体品质等，都是受许多不同类型的微效基因决定的，再加上它们对环境条件的敏感程度不一样，因此遗传力的大小也不同，杂种优势的

强弱也不同。体质的结实性、健壮性、生活力、产仔数、泌乳力、仔狗哺育率、断乳窝重等性状,受非加性基因影响大,易受环境因素的影响,近交易衰退、遗传力低,杂交时能获得强的杂种优势。生长速度、饲料报酬等肥育性状,受加性基因和非加性基因的影响中等,遗传力中等,杂交时能获得中等表现的杂种优势。胴体性状和肉质性状主要受加性基因的影响,近交不易衰退,遗传力强,杂交时杂种优势表现弱或不表现杂种优势,甚至低于双亲的均值。

如果用两个基因相反的纯合亲本杂交,基因间互相作用的方式要多一些,作用的程度也强一些,也就能产生大的杂种优势。有亲缘关系的品种或品系间杂交,亲缘关系越近,杂种优势越小,甚至出现"杂种劣势";反之,杂种优势要明显一些。若杂交双方没有亲缘关系,杂种优势会更明显。一种是由于地理、交通的原因,长期与外界隔绝,缺乏交流。另一种是繁育方法上的隔绝,有的地方(地处偏远的地方交通不便)长期有意识或无意识地封闭繁育。这些地域上、血缘上与外界长期隔绝的地方品种,基因型较纯,与外界的优良肉狗种杂交,杂种优势特别明显。一般说来,分布地区相距较远,来源差异大的品种或品系间杂交,可以获得较大的杂种优势。综前所述,在开展杂种优势利用时,一定要选择那些在地域上、来源上、亲缘关系上差异较大的品种或品系进行杂交,方能获得较大的杂种优势。

三 杂交方式

在生产中,开展肉狗的杂种优势利用,应根据本地的肉狗品种资源、饲养管理水平和人们对产品的需要而采用适宜的经济杂交方式。

1. 二元杂交

二元杂交又称为简单杂交,指利用两个不同的品种或品系的公、母狗进行杂交,产生的杂种后代,不论公、母狗均作为商品肥育狗。二元杂交的优点是杂交方式简单,可以广泛地利用地方狗种资源,杂种优势率高达20%左右,具有杂种优势的后代比例高达100%;遗传性能较稳定,成本低,易推广。其缺点是父、母本都需要纯种;不能利用父本杂种优势和母本杂种优势,特别是不能利用母狗在繁

殖方面的杂种优势；遗传基础不广泛，杂交效果不如多品种杂交。

2. 三元杂交

三元杂交又称为三品种（系）杂交。首先用两个特定的品种（系）杂交获得一代杂种，在一代杂种中选留优秀杂种母狗做母本，再与第三个品种（系）的公狗杂交，产生的三元杂种全部作为商品肉狗。三元杂交的优点是能获得更高的个体杂种优势和利用母本杂种优势，杂种母狗在窝产仔数和断乳窝重等繁殖性能方面的杂种优势得到了充分利用；遗传基础广泛，可充分利用第一父本和第二父本的生长速度、饲料利用率和胴体品质等优良经济性状，胴体瘦肉率比二元杂交更高。缺点是繁育体系复杂，父本都是纯种，不能获得父本杂种优势；要维持3个纯种亲本，增加了工作难度。

> ⚠【注意】 三元杂交在使用中第一次杂交注重繁殖性状，因第一次杂交目的是获得优秀杂种母狗；第二次杂交注重生长性状，因三元杂种将用于商品生产。

3. 级进杂交

级进杂交又称为改良杂交，即选择高产的优良品种公狗，同低产的母本品种交配，所得的杂交后代连续多代与高产父本品种交配从而起到改良低产品种的作用。

四 提高杂种优势的途径

杂种优势的利用不是单纯地进行品种（系）间杂交，它包括了杂交亲本的选择、亲本的选优提纯、配合力测定和加强饲料管理等一整套技术措施，其中提高杂交亲本的纯度和遗传性能水平是杂种优势利用的一个基本环节。杂种必须能从亲本那里获得优良高产的基因，才能产生较大的杂种优势。

1. 品种选择

在进行经济杂交中，根据杂交目标的不同，应选择相关的品种。一般用作父本品种者，以其生长速度、胴体性状表现为主。选取母本品种时，以其生长、繁殖、哺育及抗应激能力为主。

2. 选好杂交亲本

杂种优势的表现与亲本的品质、纯度及相互间的遗传距离有很大的关系，杂交亲本的选择至关重要。杂交是否有优势，有多大的优势，在哪些方面表现优势，所有这些问题，主要取决于杂交亲本的性能水平及其相互间的配合力。

（1）母本的选择 母本需要的数量较大，为解决母本来源问题，以利于在本地推广。母本应选择在本地区分布广、数量多、适应性强的品种或品系。选择繁殖力强、母性好、泌乳力高的品种或品系作为母本，有利于杂种后代在胚胎期和哺乳期的存活及发育。在不影响杂种生长速度的前提下，母本应体格大小适中，体格太大则消耗量大，增加了饲料成本，体格大小适中则可适当降低饲料用量。

（2）父本的选择 作为杂交父本，一般应该具备的条件是：生长速度快，饲料利用率高、胴体品质好；性成熟早，精液品质好，性欲强；适应当地环境条件。另外，在选择父本时应注意经济类型，不同类型比同类型公、母狗的杂交效果明显。二元杂交或多元杂交时，选择最后一个杂交父本（终端父本）尤其重要。

> 【提示】 利用肉狗的杂种优势，至少涉及 2 个以上的亲本品种，选择合适的杂交亲本是能否获得较大杂种优势的关键。

3. 选择适宜的杂交方式

肉狗养殖生产中常用的各种杂交方式各有优缺点，组织比较简单的杂交，对杂种优势的利用就会差一些。因此，应根据当地的肉狗品种资源、狗群情况、设备条件、技术条件和经营管理水平而定，更要考虑配合力测定的杂交效果。在总结以往杂交利用效果的基础上，选择适宜的杂交方式，如二元杂交、三元杂交等，以充分发挥杂种优势效应。

4. 提高杂交亲本的纯度和遗传性能水平

杂种是否会产生优势，能产生多大的优势，主要取决于杂交亲本的纯度和性能水平。因此，在开展肉狗杂种优势利用时，必须搞好杂交亲本的选优和提纯工作。选优就是通过选择使亲本种群的优良高产基因的频率（比例）尽可能增加，从而提高亲本的遗传性能

水平。提纯就是通过选择和近交使亲本种狗群在主要经济性状上纯合体的频率尽可能扩大,个体间的差异尽可能缩小。选优和提纯相辅相成,二者同步进行能有效地提高杂种优势的效果。从这一点出发,在开展肉狗杂种优势利用之前,应事先选育出优秀的纯合亲本品种(系),再进行有效的杂交组合。

5. 加强饲养管理

杂种优势的大小或有无,与杂种所处的生活环境条件有着密切的关系。因此,注意杂种的培育,是杂种优势利用的一个重要环节。虽然,杂种的饲料利用能力、生长速度等,在同等条件下比地方纯种表现更好,但是高的生产性能是需要一定的物质基础做保证的。在基本条件不能满足的情况下,杂种优势不可能表现,有时甚至不如低产的纯种。所以,必须加强饲养管理,保证杂种优势的充分表现。在养狗生产中,应根据各种不同类型肉狗的饲养标准,科学地配合全价饲料。另外,应尽量满足杂种狗生长和肥育的环境条件,注意防病治病。

五 杂交工作中应注意的问题

1. 杂交目的要明确

在经济杂交中,不应盲目强调提高肉狗产肉率,要在提高产肉率的同时,保持我国本地狗繁殖力强、适应性强的特点;并根据当地的饲养条件和管理水平,逐步改善商品肉狗的结构,稳步提高狗肉产量。

2. 父、母亲本的选择要合理

父、母亲本间的差异要大。两亲本分布地区距离较远,来源差别较大(如在两个亲本的育成过程中无相同的品种参与),类型、特长不同的种群间杂交,可获得较大的杂种优势。长期与外界隔绝的种群间杂交,一般可获得较大的杂种优势。在选择经济杂交父、母亲本时,以繁殖性能好(产仔多、泌乳力强、仔狗成活率高)的中型品种作为母本;以产肉性能好(生长速度快、胴体品质好、屠宰率高、饲料报酬高)的大型品种作为父本,一般效果较好。

3. 杂交种狗品种应精简

参与杂交的种狗品种不宜过多,只要能保证杂交效果,两品种杂交能解决的问题,就不要用三品种杂交。

4. 杂交种狗血缘要清,性状要好

在血缘不清的杂种狗群开展经济杂交时,要对群体进行调查研究,按外貌特征和生产性能,划分一下类群。保留具有优良性状的狗只,淘汰劣杂和退化的狗只,通过选留逐步形成具有专门特征的优良群体。

第七章
肉狗的饲养管理

第一节 肉狗的一般饲养管理

一 饲喂

根据肉狗的生活习性，建立一套稳定的饲喂制度十分重要。饲喂方法是指每次喂肉狗时要有一定的顺序和程序。顺序的原则是先次后好；程序的原则是少给勤添。先次后好能保持肉狗的旺盛食欲；少给勤添使肉狗总有不足之感，不至于厌倦挑剔。具体操作时，肉狗的饲喂要做到"六定"，即定时、定量、定温、定质、定地点和定次数。

1. 定时

定时就是指每天的饲喂时间相对固定，每天到时就喂，不能时早时晚。定时饲喂可促进消化液的定时分泌，提高肉狗胃肠的消化力，有利于提高饲料的利用率。

2. 定量

定量就是每天喂肉狗的食量要相对恒定，不可时多时少，避免肉狗饱一顿饥一顿。食物过量和不足均会影响肉狗正常生长、发育，尤其是对幼狗。食量过多易引起消化不良、腹围膨大或四肢变形等；食量过少会使肉狗感到饥饿，不能安静休息，进而导致营养不良的发生。肉狗的食量应根据肉狗的需要来决定。刚开始时可以喂的稍多一些，视吃剩的食物多少判断喂量是否过多。当喂完食后，肉狗仍然啃咬空盆，低声吠叫，这可能是食量不够；如果经常剩食就可能是食物过量。在实践中，可以观察肉狗3～4天内的采食量，加以平均算出平均每天的采食量,再按这个量稍稍减一点即为肉狗的喂食量。在幼狗生长过程中应慢慢增加喂食量,喂食量应根据幼狗的进食情况,2~3周调整1次。

【小经验】>>>>

→ 肉狗每次进食以在15~30min内吃完为宜。

3. 定温

定温是指根据不同季节的气温变化,调节饲料及饮水的温度。饲料和饮水的温度不能过高或过低,一般宜掌握在40℃左右,但冬、夏有别,要做到"冬暖、夏凉、春秋温"。

4. 定质

定质是指饲喂用的饲料质量一定要保持新鲜、清洁,防止吃霉烂腐败的饲料。日粮的配合应保持日粮的相对稳定,不要随意变动,如有变动,应逐渐平稳过渡。

5. 定地点

定地点是指相对固定饲喂地点,每只肉狗的饮、食具专用,不可到处乱喂,防止肉狗养成随地乱吃东西的不良习惯。

6. 定次数

定次数是指根据不同年龄或工作的性质来决定饲喂肉狗的次数。一般断乳仔狗和生产后期母狗每天喂4~5次。4~6月龄幼狗、妊娠母狗和哺乳期母狗每天喂3~4次,分别为早、中、晚或午夜。6月龄至1岁肉狗喂2~3次。1岁以上的肉狗或未有配种任务的成年肉狗可1天喂1次,但这种饲喂制度要求日粮质量高,饲料中的营养浓度高。

此外,要注意保证饮水充足、新鲜。如果饮水不足,狗容易发生消化不良、便秘等胃肠道疾病,在炎热的夏季更应注意。

➡ **【提示】** 多种饲料合理搭配可使营养成分相互配合,取长补短,起到平衡的作用,有利于肉狗的生长发育。单喂植物性饲料的肉狗,由于缺乏动物性蛋白质和氨基酸,往往生长发育缓慢,如适当配合饲喂动物性饲料,生长发育速度即可加快。

二 卫生管理

1. 圈舍的管理与卫生

圈舍是肉狗栖身的场所，只有正确地管理和使用，才能保证肉狗健壮。

（1）注意圈舍的温度调节和空气流通 肉狗舍可根据不同季节和气候，适当开、闭门窗。如在夏季，天气炎热时应将门窗敞开，让室内外空气流动，通风降温。必要时采用搭盖凉棚、洒水等方式进行防暑降温。春、秋季节天气变凉时，则要少开或关闭门窗，减少空气流通，保持舍内温度。冬季寒冷时，还应在门窗上挂帘子，借以防寒保温。肉狗舍要有良好通风和日照，以保证空气新鲜、日照充足，如果通风不好，空气污浊、阴暗潮湿，就会引起各种疾病的发生及传染病的暴发。特别是在炎热的夏季，更要注意狗舍的通风换气。

（2）保持圈舍内卫生 空圈舍在使用前要彻底清扫、消毒。有肉狗的圈舍应每天清扫，随时清除粪便污物。在日常清扫的基础上，根据气候情况和圈舍污染程度，还要进行必要的洗刷。夏季天气炎热，可以经常洗刷；春、秋季天气较凉，可每周洗刷1次；冬季寒冷则可酌情洗刷或根据需要进行局部洗刷。

（3）定期给圈舍消毒 除了及时清扫和洗刷之外，圈舍要定期消毒，一般每周1次，借以减少疾病的传播；当有传染病发生时，要随时消毒。一般的消毒方法是：先把肉狗牵出，对圈舍进行彻底清扫，然后用2%的来苏儿溶液喷洒地面和四壁半小时后，用清水冲洗地面，待晾干后再把肉狗牵回舍内。消毒过程中要注意不留死角，如墙缝、狗床下面等处。此外，狗床应经常日晒杀菌，垫草要定期更换；每年春、秋季节，对圈舍各进行1次彻底的消毒。

> ⚠ **【注意】** 消毒时注意选择消毒药的种类，尽可能选择气味和刺激性较小的消毒药。如果消毒药气味过大，最好进行空舍消毒，即将肉狗转移到其他空舍后再进行消毒，消毒后要注意通风，并确保气味尽量散尽，再将肉狗转移回来。

（4）保持和改善圈舍周围的环境卫生 圈舍的排水沟要保持畅

通。圈舍周围的粪便和污物要及时清理、运走，并集中堆放在指定地点。狗粪应进行深埋或堆积发酵等无害化处理。夏季要注意消灭蚊、蝇等。

2. 狗体卫生

为了保证肉狗健康成长，且看起来美观、漂亮，必须加强狗体卫生管理。要经常刷拭被毛，把被毛中的泥土、草屑等刷掉。

3. 肉狗的饮、食具卫生

肉狗的饮、食具卫生对肉狗健康有极大影响，必须专狗专用，保持清洁，定期消毒。每餐后食具都要清洗干净。饮水盆每天要更换新鲜饮水。饮、食具一般每周煮沸消毒1次，或用0.1%的新洁尔灭、84消毒液或漂白粉上清液浸泡，最后用清水将残留药物冲洗干净。

三 分群管理，加强运动

对后备种狗和商品肉狗，应按照狗的品种、年龄、性别、体质强弱和吃食快慢分群分舍饲养，这样既能合理利用狗舍、便于管理，又有利于肉狗的健康，每群的肉狗数不宜过大，一般以8~10只较好。

运动可增强肉狗体内的新陈代谢，刺激神经系统和内分泌的作用，增加食欲，提高种公狗的性欲、配种能力和母狗的繁殖力，防止难产，减少死胎、弱胎，促进幼狗和育成狗骨骼和肌肉的发育。运动量因品种、年龄和个体的不同而异，一般每天2次，每次30min比较合适。夏天运动量要小些，冬天可适当增加。运动的方式应视运动的目的不同而异。

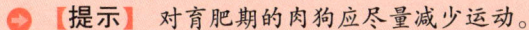

【提示】 对育肥期的肉狗应尽量减少运动。

四 勤观察

勤观察是指要密切注意肉狗或肉狗群的动态，及早地发现疾病和隐患，及时纠正饲养管理中的错误。

1. 观食欲

在喂食时，健康肉狗对饲养人员和投料的声音极熟，一到时间就会找食，这样的食欲是健康肉狗的重要标志。对于不走近料槽的肉狗、不采食的肉狗、采食慢或中间退槽的肉狗，应在背上做上记号，饲喂结束后，立即诊察，进行处置。

2. 观饮水

一般情况下，健康肉狗饮水时反应敏捷，饮水适量，而病弱肉狗则反应迟钝。当肉狗舍内温度过高、饲料中含盐量过高、饲料发霉时，肉狗的饮水量增多。

3. 观粪尿

清扫肉狗舍时要注意观察肉狗粪便的形状与颜色是否正常。正常粪便主要呈香肠样或香蕉状。若粪便过稀或不成形，则是摄入水分过多或消化不良的表现；若粪便呈浅黄色泡沫样或黄绿色、恶臭，则大部分是肠炎引起的。

4. 观动作

健康肉狗精力旺盛、好动。特别是仔狗，饲养员入舍时，很快围上来，与饲养人员进行戏耍，不停地跳跃或啃舔饲养员的鞋、手等。如动作不活泼、离群、呆立、精神不振等，则是不健康的标志。有跛行等症状的也要仔细观察。

此外，肉狗散放或运动时，要注意观察肉狗有无眼屎，被毛是否有光泽，鼻镜是否干燥，精神状态如何，这些都是判断肉狗是否健康的依据。肉狗的皮肤病很多，耳、头、颈部、背部等脱毛，并伴有脱皮屑、剧烈痒感，是疥螨病的表现。大腿内侧等无毛处出现丘疹，并伴有呼吸症状和脚趾肉垫角化，可怀疑是犬瘟热。肉狗鼻镜有特殊的分泌结构，健康时经常呈湿润状态（睡觉和刚刚睡醒时鼻尖干燥）；热性病和代谢紊乱时，鼻端干燥并有热感，严重时鼻端出现龟裂。

五 抓捕与保定

肉狗的性格和行为一般分为三种：与人友善型、胆怯型和攻击型。第一种类型的肉狗性格温顺，易于与人接近，生产中易于保定。第二种类型的肉狗胆小、怕生，当陌生人接近时，主要表现为自我防范行为。第三种类型的肉狗，性格暴烈，具有强烈的攻击欲望，不易被人控制，也难以保定。生产与临床中，在对肉狗进行检查和治疗时,为防止肉狗受伤及人员受伤,常采取一定的保定方法。经过驯养的肉狗在抓取时一般无须使用器械,徒手就能抓到。接近肉狗前应让肉狗适当休息以消除恐惧。同时,要注意观察肉狗的眼神、头颈的姿态及耳、尾、四肢的活动状态。接近时要大胆、沉着、态度温和,站在肉狗的体侧,用手轻轻拍打肉狗的头、颈部,若无抗拒表现则可顺利抓取。对比较凶恶而不驯顺的狗,抓取时要用特制的钳式长柄狗夹。

1. 徒手保定法

保定者用右手抓住肉狗的下颌部,左手于肉狗的耳下方固定头部,可以防止肉狗的头左右摇摆或回头伤人;另一人握住肉狗两后肢,倒立提起后躯,并用腿夹住肉狗颈部。亦可保定者两手握住肉狗的两耳,并骑在肉狗背上,用两腿夹住肉狗的胸部进行保定。此法适用于幼年和性情温顺的成年肉狗。

2. 站立保定法

站立保定法即令肉狗站立而限制其自由运动的简便方法,适用于一般检查。多对一些温顺的肉狗采用此法。实施方法是保定人员站在肉狗的左侧,面向肉狗的头部,用友善的态度、温和的声调、稳妥的举动消除肉狗的惊恐而接近肉狗。接近肉狗后,可用手轻拍肉狗的颈部和胸部下方或挠痒,取得肉狗的好感。然后用牵引带套住肉狗嘴,予以适当固定即可(见图7-1)。

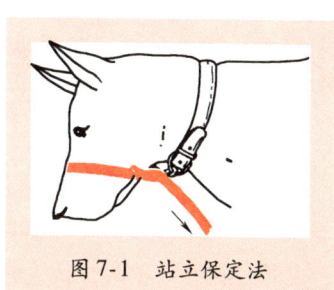

图7-1 站立保定法

图7-2 口笼保定法

3. 口笼保定法

口笼保定法即选择大小合适的口笼套在肉狗口鼻部,防止其咬人的保定方法。如无口笼,也可用一条1m左右长的绷带,在其中间打一个活结圈套,将上下颌用绷带固定好,绷带头系于颈部即可(见图7-2)。

4. 手术台保定法

手术台保定法多用于肉狗的静脉注射或局部外伤的处理等。方法是先将肉狗侧卧在手术台上,并用细绳或绷带将两前肢和两后肢分别绑在一起,然后用细绳将前、后肢固定在手术台上,助手按住肉狗头部,防止其骚动。保定妥当后即可进行诊疗工作。

5. 颈钳保定法

此法主要用于凶猛肉狗或处于兴奋状态的病狗。颈钳系由铁杆制成,包括钳柄和钳嘴两部分。通常钳柄长90~100cm,钳嘴为长20~25cm的半圆结构,钳嘴合拢时呈圆形(见图7-3)。保定时,保定人员手持颈钳,张开钳嘴将肉狗的颈部套入,合拢钳嘴后手持钳柄即可将肉狗牢固地予以保定。注意不要夹伤其他部位,使头部向上,颈部拉直。为减少肉狗的挣扎,可用颈钳将肉狗夹提取倒挂,时间不应超过1min。

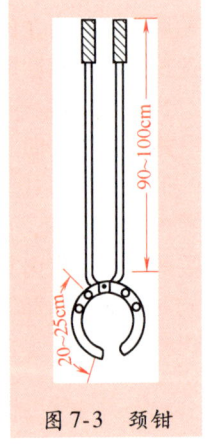

图7-3 颈钳

6. 拴系倒提保定法

对比较凶猛、注射药物困难的大肉狗,可用牵引带将肉狗拴在树木、水管或其他比较牢固的地方,助手快速抓住肉狗的后肢向后上方悬空提起,注射人员立即注射药物。注意肉狗颈部与保定物的距离尽可能短,并防止肉狗窒息。

六 刷拭与修剪趾甲

1. 刷拭与洗浴

肉狗一年四季都有毛生长和脱落,尤其是在春、秋两季换毛时,便会有大量的被毛脱落。脱落的被毛被肉狗舔食后在胃肠内形成毛球,影响肉狗的消化。此外,脱落的被毛常附着在室内各种物体上、人身上，引起人不舒服和对狗的反感。梳毛的目的是清除被毛上的污垢和灰尘，增加被毛光泽，促进皮肤的血液循环、增强新陈代谢，借以消除疲劳，提高皮肤的抵抗力，及时发现和防止外寄生虫的侵害，预防皮肤病的发生，保证肉狗健康。通过多次梳刷，也可促进人狗亲和，从而有利于管理、培养和使用肉狗。给肉狗梳刷的工具有各种尼龙制的、猪鬃制的毛刷和不锈钢制的、塑料制的梳子及梳刷。梳刷的基本原则是从前到后、从上到下，顺着毛的方向进行或按先顺后逆、再顺的方式进行。梳刷的顺序为：首先梳刷头部，再依次梳刷颈部、前胸、肩部、前肢、背部、腹侧部、腹下部、臀部、尾部、股部和后肢。一般先顺着被毛的方向清除表面的灰尘，再逆着被毛的方向除去毛根部的油垢，最后再仔细顺着毛的方向梳理整齐。然后用毛巾、软皮革等软物进行擦拭，使毛光亮，增加其魅力。梳完后将毛集中起来，扔到垃圾箱或焚烧掉，以防止狗舔食及皮肤寄生虫的传播。此外，肉狗自身腺体的分泌物具有油脂的特性，如果在皮肤和被毛上积聚多了，黏在狗毛、皮肤上，会招致尘埃和皮屑等的蓄积。这就为细菌和寄生虫的繁殖提供了条件，易导致肉狗患皮肤病。这种分泌物还散发出一种难闻的气味，俗称"狗臭"。因此，必须给狗洗澡，保持皮肤的清洁卫生。

> ⚠️ 【注意】 如果肉狗没有养成梳理被毛的习惯，在梳理时可以一边轻轻抚摸，一边梳理，让它在放松状态下适应梳毛。每只肉狗均应有一套梳刷工具，禁止混合使用。

2. 修剪趾甲

过长的趾甲会给肉狗带来烦恼或使其产生不适感。如果长期不给肉狗修剪趾甲，长长的趾甲会弯曲而刺伤皮肉，导致肉狗的脚跟向两侧移开，形成不良姿势，甚至影响种狗的配种。修剪趾甲的方法是：幼狗的趾甲过长时可用人的指甲剪直接剪除，也可用温水泡软或洗澡后及时进行修剪。成年狗趾甲较硬，可用锐利的趾甲锉将之锉钝（见图7-4）。注意修剪肉狗趾甲时不可将之剪得过短，防止损伤爪的知觉部而造成出血，更不能伤及爪部的血管。如果不小心剪断血管时，应在患处涂布碘酊消毒，并用手指加压狗爪的前端促

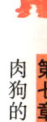

进止血,防止继续出血。

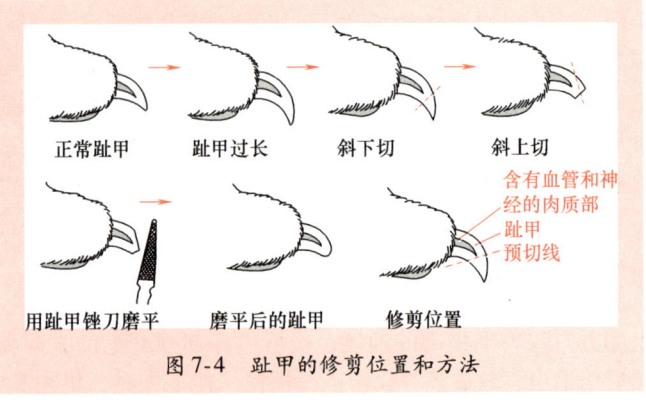

图 7-4 趾甲的修剪位置和方法

七 去势与消声

1. 去势

实践证明,去势后的肉狗不仅性情变得温顺,便于饲养和调教,而且生长迅速,肉质细嫩。肉狗的去势年龄以出生后 40～45 天时最为适宜,此时狗龄较小,手术后引起的组织损伤轻微,极易恢复。手术前禁食 12h,称体重,并量体温以确定肉狗术前健康。肌内注射全身麻醉药,如速眠新(每千克体重 0.06～0.1mL)、氯胺酮(每千克体重 0.06～0.1mL)。将阴囊上被毛剪掉,常规消毒,在阴囊最低点切开皮肤,再依次切开固有鞘膜和总鞘膜,将睾丸挤出(结扎输精管及精索),剪断后用 2% 的碘酊消毒。切口局部涂抹抗生素软膏,并注射抗生素抗感染。

【提示】 采用阉割法去势时,在整个操作过程中要严格消毒,术后细心护理、饲养,以防伤口感染。

2. 消声

集约化饲养肉狗,常常因为"一狗吠,百狗随"而对周围环境造成严重的噪声污染,同时长时间的吠叫也消耗肉狗的体力和造成不必要的能量消耗。对肉狗施行消声后可以提高增重。肉狗消声手术方法有声带直接切除术和声带直接烧烙术。

（1）声带直接切除术 术前将肉狗禁食、停水12h，术前10～20min应肌内注射阿托品（每千克体重0.05mL），使肉狗仰卧或俯卧保定（务必将其头部充分伸仰）。保定后，肌内注射速眠新（每千克体重0.1～0.5mg）或静松灵（每千克体重0.15～1.5mg）。保定麻醉后，在其口腔装上开口器，将口打开，术者右手拇指和中指持纱布将舌头拉出口外固定，用钳伸入口腔轻轻夹住会厌软管的尖端并向外牵引喉部，喉基部呈"V"字形的即为声带。用少量2%的普鲁卡因药液对声带表面进行麻醉，然后用长柄钳夹住声带黏膜，向外牵引时用长柄剪将声带全部切除。如创口出血，可用蘸有肾上腺素药液的棉球压迫止血，创面涂碘甘油即可。然后以同样的方法切除另一侧的声带。术后未苏醒的肉狗，应令其保持低头姿势，以利于喉室内的分泌物和血液咯出。必要时可注射苏醒药物。

> **【提示】** 手术后的肉狗应饲养在安静的环境下。减少外界刺激，防止咳嗽对创伤的影响，可给予止咳药和镇静药。手术后2～5天应连续肌内注射抗生素，以防感染。

（2）声带直接烧烙术 用上述保定麻醉法保定麻醉后，用小型高频电刀单极对左右两侧声带进行适度烧烙。采用此法去除声带不出血，术后反应轻，是一种操作简便、快速、安全、有效的手术。

八 驯化

肉狗具有非常发达的高级神经系统和嗅、听、视等感觉器官，因此，其记忆力、判断力和模仿力等均较强，能比较容易地适应和接受各种培养和训练。驯化是指依据肉狗的生物学特性，对肉狗施以影响，使其形成良好的行为习惯和服从性，从而达到人狗亲和、便于饲养管理的过程。肉狗的驯化主要是在其发育的早期阶段，为了全面提高肉狗生产性能而采取的各种驯化手段。其主要内容包括：

1. 适应环境

肉狗饲养在我国虽有悠久的历史，但真正开始大规模、高密度饲养仅是近二三十年才开始。集约化饲养的人工环境是肉狗生活条

件的综合体，也是人工信号群，要驯化肉狗逐步、逐代提高对集约化环境的适应性，促进生产力的提高。

2. 转变食性

肉狗的食性是在长期的系统发育过程中形成的，虽经几千年的人工驯养，仍保留着其祖先肉食性的特征。从营养学角度看，提供的食物既要满足肉狗的营养需要又要有适口性，这必须在食物中搭配一定数量的无机盐、维生素等添加剂，并训练肉狗向杂食性乃至广食性、耐粗饲、采食人工配合饲料的方向转变。

3. 服从性训练

服从性的培养主要是通过饲养员与幼狗建立密切的依恋关系之后，在日常管理中注意严格要求和进行必要的专门训练来实现。驯化是在肉狗先天的本能行为基础上（无条件反射）而建立起来的人工条件反射，不能把肉狗驯化看成是一劳永逸的，人工建立的优良条件反射需要不断地巩固和强化，才能保持真正良好的生产性能。

(1) 使幼狗习惯戴项圈　幼狗分居单养后即可进行该项训练。训练时，先选一个轻而柔软的项圈。在幼狗喂食或散放前，先抚摸幼狗的前胸及头部，趁幼狗注意力分散时，将项圈套上，然后喂食或带出去散放。

(2) 习惯牵引　当幼狗习惯带项圈后，开始让幼狗习惯用牵引带牵引外出散放运动。先是在散放前，把幼狗逗引至跟前，轻轻地拉住项圈，把牵引带扣上，然后逗引一下幼狗再一同慢跑出去散放。此时，有些幼狗可能极不服从，应事先准备一些食物不断逗引幼狗或略带一点强迫，切忌强拉硬扯。

(3) 控制幼狗打架或乱咬人　发现喜欢打架的幼狗后，在群体运动时采用牵引控制，让它攻击不到别的幼狗，并用禁止口令"非"来制止，如此经过几次制止后就会控制其打架现象。对攻击性强的幼狗，在陌生人出现时要牵引好，发现攻击行为时及时发出"非"口令予以制止，同时给予稍强的拉牵引带刺激，绝不能让狗咬到人后才制止。

(4) 固定地点排泄　训练时，在一定地点放一便盆，内放旧报纸，上面铺些沙土或炉灰渣，在一定的时间内（如喂食后，早晨起床后，晚上睡觉前）带领肉狗到放有便盆的地方，如果肉狗能在便盆内大小便，训练者应给肉狗爱抚的表示或食物奖励。训练时要注意，便盆不能挪动地方，而且要留一些上次便后的沙土，以便肉狗能通过气味找到大小便的地方。

> 【提示】 幼狗具有可塑性大的特点，能更好地接受人工环境与饲养管理。生产实践证明，幼狗驯化效果明显好于成年狗。

九、标记

肉狗的标记即肉狗的编号。标记的方法有多种：

(1) 挂牌 挂牌即将肉狗的标记打在一种铝制或不锈钢的小牌上，然后将此牌挂在狗的脖圈上。

(2) 剪毛 剪毛即在肉狗的不同部位剪毛以代表不同的序号，这种方法清楚、可靠，便于观察，但保留的时间短，只能作为暂时标记，适于幼狗。

(3) 打耳号 打耳号即将肉狗的编号用耳号机打在狗的耳朵上，所编号码应有代表肉狗品种、世代数的代号。在打印号码时应选择血管少的地方，不要过多拨弄耳朵，以免耳朵充血影响打印的效果。

(4) 项圈烙印 项圈烙印即将肉狗的编号或标记烙在肉狗的项圈上。

第二节 各类肉狗的饲养管理

一、种公狗的饲养管理

饲养种狗尤其是种公狗，对保持肉狗群整体繁殖水平，提高生产能力和经济效益都是极其重要的。饲养种公狗的目的，在于使种公狗体格健壮、性欲旺盛、产生大量品质优良的精液、延长使用年限，并且能将其优良性状稳定地传给后代。种公狗饲养管理的要求是：保证种公狗常年保持中上等膘情，既不能过肥，也不能过瘦，健壮、活泼，体力充沛，配种能力强。只有这样，才能完成配种繁殖任务。

1. 种公狗的营养需要特点

要提高种公狗的配种效果,必须保证营养、运动、配种利用三者之间的平衡。营养是种公狗健康的保证。肉狗是季节性发情的动物,种公狗的饲养应分休产期与配种期两个阶段。一般休产期较长,配种期较短。休产期应降低营养标准,每千克配合饲料中应含消化能 12MJ、粗蛋白质 13%~14%。在配种期,种公狗代谢旺盛,活动量较大,需要较多的能量。应在配种期前 10~15 天逐渐将饲粮营养水平提高到配种期的水平(消化能 14MJ/kg,粗蛋白质 16%~18%),饲喂量则根据其体重大小和配种任务而定。配种期种公狗的能量需要约是其维持期的 1.2 倍,每千克体重应获得 5.7g 蛋白质。饲粮中钙占干物质的 1.1%,磷为 0.9%,钙、磷的比例以 1.2:1 较适宜;锰对繁殖的影响很大,一般每天每千克体重的种公狗约需 0.11mg 锰,锰缺乏时可引起睾丸的生殖上皮退化、精子生成减少、活力减弱或产生畸形精子;维生素 A 与种公狗的性成熟和配种能力有密切关系,通常每天每千克体重需要维生素 A 110 国际单位;种公狗对维生素 E 的需求量为每千克体重 50 国际单位。

2. 种公狗的饲喂

种公狗必须供给营养丰富的全价饲料,由于种公狗蛋白质消耗较多,饲料中动物性饲料所占比例应高于其他用途的狗饲料。种公狗饲料要求多样搭配,以相互弥补营养成分的不足,增加饲料的适口性。饲料中适当加入肉、蛋、奶、动物肝脏等动物性饲料,能明显提高种公狗的射精量、精子密度及活力。对种公狗可采用生理酸性日粮,以提高精液品质,从而增强受精作用,提高繁殖力和仔狗的生活力。另外,饲喂种公狗时,通常每顿不要喂得太饱,每次喂 8~9 成饱即可;种公狗日粮容积不宜过大,以免造成垂腹,影响配种利用。对配种任务较重的种公狗采用"一贯加强"的饲养方式,对配种任务较轻的种公狗采用"配种时加强"的饲养方式。对个别性欲不高的种公狗,除加强营养外,还可在饲料中添加一些壮阳补肾的药物,如维生素 E、酒淬阳起石等。若饲料过于单一,含碳水化合物的饲料过多,含蛋白质、矿物质和维生素的饲料不足,再加上运动不足,会引起种公狗过肥或过瘦。种公狗过肥时,应及时减少碳水化合物多的饲料，增加蛋白质饲料和青绿多汁饲料，并加强运动。如果种公狗太瘦，则说明营养不足或使用过度，需及时调整饲料，加强营养，减少交配次数。饲喂时要定人、定时、定量，在配种季节每天饲喂2~3次，根据食欲情况中间多加餐1~2次。

> 【提示】 在种公狗饲料中要有一定比例的动物性饲料，一般动、植物性饲料的比例为1:(2~3)。

3. 单独饲养

为避免种公狗之间打斗，减少外界干扰，使其有安静的环境，保障其食欲正常，性欲旺盛，种公狗必须单圈饲养。母狗的气味和声音会引起种公狗的性冲动。经常产生性冲动而得不到交配，会导致种公狗产生异常性行为及食欲减退，因此种公狗圈舍应远离母狗圈舍。

4. 建立良好的生活制度

种公狗的饲喂、采精或配种、运动、刷拭等各项作业，都应在大体固定的时间内进行，利用条件反射养成规律的生活习惯，以便于管理操作。

5. 充分运动

肉狗是跑走型动物，充分的运动是保证种公狗食欲良好、体质健壮、精液品质优良和性欲旺盛的重要环节。运动量不足会使种公狗体质下降、四肢无力、性欲降低，配种时常会因无力支撑身体，使爬跨中途停止。种公狗每天至少运动2次，每次不少于30min，每天最好运动2h左右。运动的时间可根据具体的气候条件而定。如夏天应在早晨和傍晚；冬天最好在中午。天气炎热或特别寒冷时，则应减少运动。配种前、后，为使种公狗保持活力和恢复体力，一般不予运动。

> 【注意】 拴系喂养的种公狗，更应该加强运动，以防止因运动不足而影响配种能力。

6. 定期称重

一般对于生长期的种公狗，要求其体重逐渐增加，但不宜过肥。成年种公狗的体重应保持在一定范围内，上下浮动不能超过5%。为掌握种公狗的营养状态，及时调整饲料或饲喂的方式等，应定期称量其体重。体重过高或过低都应立即采取相应措施，把体重调整到标准体重。

7. 保持环境安静

种公狗在配种期间，性情和生活规律会发生某些改变，如食欲降低，甚至短时间的绝食，还有的种公狗在配种期会出现攻击人或其他狗的现象。因此，在配种期间要保持环境安静，避免生人或其他狗与种公狗接触。

8. 合理使用

种公狗过度使用，会使其体质下降，精液品质降低进而影响配种效果。种公狗的最初配种年龄以满2岁、性器官完全发育成熟时为佳。配种次数一般控制在每周配1只狗，每天配1次，年配种20次以内最佳，最多不超过40次。要注意种公狗生殖器官的保健护理，经常保持清洁卫生，以防感染疾病。每次交配后均用温水或热毛巾擦拭，防止交配时损伤和感染。

9. 定期进行精液品质检查

种公狗必须定期进行精液品质检查，发现异常，及时采取有效措施。

二 母狗的饲养管理

1. 妊娠母狗的饲养管理

母狗在妊娠期间，由于胎盘和胚胎产生各种影响，引起体内发生一系列生理变化。为了满足母体和胎儿的生理需要，就必须对妊娠母狗给予细心的照料，做好饲养管理工作。妊娠母狗饲养管理的主要任务是保证胎儿在母体内正常发育，防止流产，生产出身大、体壮、生命力强的仔狗。

（1）**妊娠母狗的营养需要特点** 肉狗的胚胎发育先慢后快。根据胎儿在母体内的发育规律，妊娠母狗后期的营养水平高于前期，才能保证胎儿正常生长发育的营养需要。母狗妊娠前5周，采用略高于维持时期的代谢能即可,到了第 6、7、8 周需要量要在维持的基础上分别增加 10%、20% 和 30%,妊娠后期代谢能达到约 188kcal/$W^{0.75}$(W 为体重,$W^{0.75}$ 为代谢体重)。胎儿生长发育需要母体供给大量的蛋白质,妊娠期母狗的蛋白质需要高于维持期但低于哺乳期,妊娠后期每千克体重需要可代谢蛋白质 5~7g。在配制饲料时,除要注意提高日粮蛋白质的含量外,还要求日粮中必需氨基酸齐全,且比例平衡,并提供足够的碳水化合物以防止蛋白质饲料的不足和浪费。妊娠期间,矿物质元素可以从母体转到胎儿,母狗对矿物质元素的需要随着胎儿增大以及骨骼生长发育骨化加深而增加。妊娠的胎儿数量越多,母体对矿物质需要越迫切。妊娠期母狗对矿物质和维生素缺乏特别敏感,此时缺乏对妊娠危害很大,而且随着胎儿的长大需要量也有所增加,因此对于妊娠母狗应注意供给矿物质元素和多种维生素添加剂。妊娠母狗对蛋白质、维生素、矿物质的需要量参见表 7-1 和表 7-2。

> 【提示】 在正常情况下妊娠母狗利用蛋白质效率高于空怀母狗,对蛋白质的需要在最后 1/3 时期急剧增长,要求提供足够的碳水化合物作为能源利用,防止蛋白质的不足和浪费。

表 7-1 妊娠母狗日粮中蛋白质需要量

妊娠母狗体重/kg	妊娠 1~5 周		妊娠 6~7 周		妊娠 8~9 周	
	每天投入饲料量/g	其中动物蛋白质/g	每天投入饲料量/g	其中动物蛋白质/g	每天投入饲料量/g	其中动物蛋白质/g
2	16	>5.3	18	>6.0	23	>7.6
5	20.8	>10.3	37	>12.3	46	>15.0
10	51	>17.0	62	>20.6	78	>26.0
15	70	>23.3	83	>27.6	105	>35.0
25	87	>29.0	104	>34.7	130	>43.3
30	103	>34.3	123	>41	154	>51.3
35	117	>39.0	141	>47	176	>58.6
40	132	>44.0	158	>52.6	197	>65.6
45	146	>48.7	174	>58.0	219	>73.0

第七章 肉狗的饲养管理

表7-2 妊娠母狗维生素、矿物质日需要量（每天每只体重5～20kg的母狗）

种　类	妊娠1～5周	妊娠6～7周	妊娠8～9周
维生素A/国际单位	10800～30400	12800～36400	16000～45600
维生素D/国际单位	54～152	64～182	80～228
维生素E/mg	10.53～29.64	12.48～35.49	15.60～44.46
维生素B_1/mg	1.81～5.09	2.14～6.10	2.68～7.64
维生素B_2/mg	1.57～5.09	2.14～6.10	2.68～7.64
维生素B_3/mg	5.72～16.11	6.78～19.29	8.48～24.17
维生素B_6/mg	0.41～1.41	0.48～1.37	0.60～1.71
维生素B_5/mg	2.21～6.23	2.62～7.64	3.28～6.35
维生素B_{12}/μg	18.90～53.20	22.40～63.70	27～79.80
维生素B_4/mg	232.20～653.60	275.20～782.60	344～980.40
钙/g	1.22～3.42	1.44～4.10	1.80～5.13
磷/g	1.08～3.04	1.28～3.64	1.60～4.56

　　（2）**妊娠母狗的饲喂**　妊娠母狗饲料中的营养成分，直接影响胚胎的生长发育、仔狗初生重量和生长的成活率等，并对母狗产仔后的泌乳量有明显的影响。母狗在妊娠期间的各个阶段，机体的代谢强度不一样，妊娠初期胚胎发育很慢，需要营养较少，妊娠初期日粮中营养物质过度丰富会导致胚胎早期死亡数增加，空怀率增高，同时也会导致妊娠母狗肥胖。因此，在妊娠前期（约35天内）应控制饲喂量，可仍按原饲养方法饲养，但一定要保证饲料的卫生质量，不得喂发霉、腐败、变质、带有毒性和强烈刺激性的饲料，以免引起流产。当母狗妊娠35～45天时，母狗新陈代谢水平提高，对营养的需求增大，饲料中可适当增加肉类、鱼粉、骨粉、蛋和蔬菜等，每天饲喂3次。当妊娠至46～60天时，由于母狗需要大量营养，但母狗胃肠容积有限，所以要提高饲料浓度和增加饲喂次数，每天可饲喂4次。临产前，饲料体积要减小，尽量多喂些易消化的动物性饲料和少量植物性饲料，但要保证清洁的饮水。母狗分娩前几天的饲养，主要是根据其身体状况和乳房发育情况而定。一般来说，体况较好的母狗，为防止产后初期乳量过多、乳汁过稠，引起母狗发

生乳腺炎和仔狗食后发生下痢,故在产前 5~7 天内应按日饲量 10%~20% 减少饲料;但对体质较弱的母狗,不仅不应减少日饲量,还应相对增加一些含营养成分全、适口性好的动物性饲料,如瘦肉、肝脏、鸡蛋等,目的是增强肉狗的体质以利于分娩,并促进乳汁的分泌。

【小经验】>>>>

以配种初期母狗初始体重为基础,如果每天体重的相对增长量达到 1%~1.5%,说明饲粮营养水平与饲喂量均达到要求;体重相对增长超过 1.5% 或低于 1.0%,都会对妊娠母狗产生不良影响。

(3) **确保妊娠母狗适当运动** 据统计,母狗难产有 90% 是由于运动不足引起的。进行适当运动,既可促进妊娠母狗血液循环、增加食欲、利于胎儿发育,又能增强母狗体质,减少难产。妊娠初期,母狗每天活动不少于 4 次,每次以 30min 左右为宜。当母狗妊娠 30 天后,应让其适当进行散放运动,每天 2 次,每次 30min 左右。

⚠【注意】 在运动过程中,要保证周围环境安静,不因惊吓而引起母狗快跑、跳跃等剧烈活动,以免发生流产、胎儿死亡或早产。运动应于早、中、晚穿插进行,运动后要休息 1h 再进食,或在运动前 1h 喂食物。

(4) **防止流产** 母狗妊娠期的工作主要是做好保胎工作,防止因疾病和管理不当引起流产。妊娠母狗,特别是妊娠后期必须单圈饲养,专人管理,以免相互咬斗造成流产。母狗舍应通风良好,防止母狗腹部受凉和挤压,避免冷风侵袭。妊娠初期要加强饲养,保证饲料质量,防止流产。避免高温热应激。妊娠期间特别是妊娠最初几天,若处于高温条件下,会增加早期胚胎死亡率,降低产仔数。妊娠中后期要禁止母狗剧烈运动。对习惯性流产的母狗每天要注射黄体酮保胎至 60 天为止,以免发生流产。当发现母狗有流产征兆时,必须立即稍加剂量再注射黄体酮进行保胎。对母狗要温和、爱护,使其精神状态保持良好,这样会对胚胎的形成起到积极作用。

在这期间,要禁止与外狗接触,以免发生撕咬,造成流产。

(5) 搞好卫生,预防疾病 母狗的健康直接影响胎儿的健康,妊娠期的卫生比平时更重要。要经常给妊娠母狗梳刷身体,在妊娠前期的30天内可以给母狗洗澡,以后则改为用毛巾擦洗。妊娠期要特别注意保护母狗的乳房,防止发生外伤和炎症。分娩前1个月,可每隔几天用温水和肥皂洗涤母狗乳房1次,然后用毛巾擦干,借以促进乳房的发育,有利于产后泌乳。母狗舍应宽敞、明亮,窝内垫干净、柔软干草,切忌让母狗卧在冰冷坚硬的地面。母狗生病时,要科学用药,防止药物对胎儿产生不利影响。妊娠后20~30天时,必要时可驱蛔虫1次。

> ⚠ 【注意】 泻药、利尿药和刺激性药物使用不当可引起流产;四环素、卡那霉素等影响胎儿(以及新生仔狗)的发育甚至导致胎儿畸形。

(6) 做好产前准备工作 在母狗产前1周左右,应做产前检查。产房应光线充足,清洁干燥,空气流通。室内铺上木床,冬季要有褥草,以便使狗保持安静,充分休息。在产前2~3天,将母狗转入严格消毒的产房。并准备好接产工具与药品。

2. 哺乳母狗的饲养管理

(1) 哺乳母狗的营养需要特点 哺乳期母狗的能量需要量明显增加,且与窝产仔数有密切关系。窝产仔数越多的母狗,哺乳期所需的营养越多,常可达维持所需营养的3倍或更高。哺乳期,母狗第1周代谢能需要量约为维持时的1.5倍,即增加50%;在第2周时增加100%;第3周时达到高峰,代谢能需要量是维持状态的3倍。配制饲料时,每天应供给哺乳母狗17.72kJ以上的能量,每天每千克体重蛋白质需要量为12.4g。矿物质和维生素等营养物质的需要量是维持时期需要量的2~3倍,每千克体重的摄入量等于或超过生长狗的摄入量。肉狗胃的容积有限,仅靠普通配料来增加饲喂量达不到如此高的营养需要。因此,必须通过提高饲料的质量、增加饲料营养的浓度来解决。下面介绍5~20kg体重哺乳母狗的蛋白质、脂肪、钙、磷的投入量以供参考(见表7-3)。

表7-3　哺乳母狗饲料中蛋白质、脂肪、钙、磷等的含量

（每天每只体重5~20kg的母狗）

营养成分	哺乳期 1~2周	哺乳期 3~4周	哺乳期 5~6周
蛋白质/g	61.56~173.28	92.34~259.92	61.56~173.28
脂肪/g	41.04~115.52	61.56~173.28	41.04~115.52
钙/g	2.43~6.84	3.65~10.26	2.43~6.84
磷/g	2.16~6.08	3.24~9.12	2.16~6.08

（2）**哺乳母狗的饲喂**　饲养哺乳母狗的主要任务是保证仔狗正常发育，为仔狗的育成打好基础。由于哺乳母狗不仅要进行自我组织器官的新陈代谢，而且要分泌大量乳汁以养育幼狗，所以应饲喂其全价平衡、适口性好、易消化的日粮。在母狗的泌乳盛期（分娩后3~20天）所需的营养和食量最高，能量的消耗几乎达到正常维持量的3倍，采食量也达到平时的2~3倍。为了满足母狗自身恢复和泌乳的需要，应在妊娠时所供给饲料的基础上相应提高脂肪、蛋白质和钙、磷等成分的比例，供给量亦要增加。除了按日粮标准供给外，应酌情增加新鲜的瘦肉、蛋、乳、鸡、蔬菜、鱼肝油及钙、磷和骨粉等。产后母狗的体质较弱，消化力不强，常常为了泌乳需要而贪食，如不增加饲喂次数，致使其1次吃得太多，易引起消化不良，使泌乳量降低，乳汁变差。因此，适当增加饲喂次数，以每天3~4次为宜。一般来说，产后3~5天内的母狗，应以动物性饲料为主，掺杂些谷物和蔬菜等植物性饲料来饲喂，此后，可逐渐过渡到用正常的日粮标准饲喂。切忌突然改变饲料，以免引起母狗的消化不良或胃肠炎。母狗在饲喂过程中要定时、定量，切忌突然改变，以免引起消化道疾病，每天应供给足够量的清洁饮水。仔狗断乳前3~5天，应逐渐减少饲喂量，以防发生乳腺炎。

（3）**保证饮水**　在管理上一定要供给母狗充足、清洁饮水。母狗在分娩4~6h后，就应喂给清洁适温的饮水。可在水中加入少许食盐和葡萄糖或红糖，后者还可以促进母狗血液循环、排出子宫内瘀血。母狗产后口干，可适当使其多饮水，以促进体内生理功能的调整。饮水后的母狗多即出窝排粪便，此时，饲养人员应抓住时机给母狗肌内注射青霉素，每天2次，每次80万单位，以防母狗产后发生感染。

> 【提示】 水温过凉会刺激母狗肠胃过敏，引起痉挛或腹痛。

（4）**做好哺乳情况检查** 产后要注意观察哺乳情况，当仔狗叫声频繁时，要注意检查母狗是否拒哺、缺乳或仔狗是否被压，以便发现问题采取相应措施。有的母狗，尤其是初产母狗常出现泌乳不足或无乳，仔狗会因吃不饱而嗷叫不安，甚至会因饥饿死亡。此时，可用红糖水喂母狗，或将亚麻仁放入饲料中煮熟喂母狗，借以催奶，增强乳汁分泌；也可注射具有催乳作用的催产素催乳（每次2~10单位）。为保护好母狗乳房，最好用消毒药水浸过的棉球，每天擦乳房1次。在仔狗断乳前3~5天，应逐渐减少喂量，经常检查乳房的膨胀情况，以防发生乳腺炎。

【小经验】>>>>

> 如发现仔狗鸣叫，四处乱爬，寻找母乳头，说明仔狗肚子饥饿。用手指按压母狗乳房，只能挤出少量乳汁，甚至挤不出乳汁，说明母狗泌乳不足。

（5）**保证环境安静** 刚刚分娩完的母狗一般任其自行休息。尽量避免干扰，至少在产后4~6h，一定要保持周边环境安静。要禁止大声叫喊和生人观看，创造安静的环境，以免激怒母狗，造成踩死或吞食仔狗的现象发生，并保证产后母狗得到充分休息。

⚠ 【注意】 母狗产仔后，注意不要惊扰母狗，以免引起母狗"回奶"，饿死仔狗，或发生其他意外。

（6）**创造卫生环境** 分娩造成窝内垫草浸湿，对新生仔狗和母狗都极为不利，应力求保证产窝干燥卫生。注意保持母狗全身清洁卫生，每天应梳刷周身。每天清扫产房，搞好卫生，垫草要勤翻动，勤更换，产床每周晒1次，每月消毒1次。另外，还应做好防暑、保温等工作。

（7）**适当运动** 为了使母狗尽快恢复体质，产后1周，若天气暖和，光照条件好，可让母狗到室外进行适当的户外运动，但要避免剧烈运动。

3. 空怀母狗的饲养管理

带仔母狗断乳后至下一胎妊娠前的这段时间称为空怀期，处于这一时期的母狗称为空怀母狗。空怀母狗虽不像妊娠母狗或哺乳母狗那样直接对后代产生影响，但对其饲养管理的好坏直接决定了年产仔数，从而影响母狗的年繁殖配种率。空怀期母狗饲养管理要点是控制营养，保持种用体况，缩短空怀期，促使母狗尽快发情排卵并参加配种，使之怀胎。空怀期过长，说明饲养管理不当。

（1）**空怀母狗的饲养** 空怀期母狗处于上次生产后的恢复和下次生产的准备阶段，其营养可保持维持状态的水平。母狗排卵数的多少，虽与遗传有关，但也取决于饲养管理的好坏。在一般情况下，成年母狗在一个发情期内约排20粒卵，而实际产仔仅10只以下，如能切实加强饲养管理，还有相当大的潜力。因此，在营养供给上要全面、丰富，给以足够数量和优质的蛋白质，并充分重视补给无机盐，如钙、磷、钠及维生素A、维生素D、维生素E等，使其保持适度的体况。俗话说："空怀母狗八成膘，容易怀胎产仔高。"母狗大肥或太瘦，都会引起不发情，排卵少，卵子活力弱，易出现空怀情况。对那些体况较弱和产仔少的母狗，在配种前应加强营养，逐渐过渡到妊娠母狗的营养水平，这样可促进多排卵。但对那些营养好而过肥的母狗，其营养应低于维持水平。在生产中，那些母性好、哺乳期体内储备营养损失较多，体况较差或体质较弱的母狗，一定作为重点，给予精心护理与饲养。这些母狗都十分瘦弱，消化能力差、消化道蠕动弱，使其几乎丧失食欲，加速母狗体况的恶化。因此，在开始时应尽量少给油腻、坚硬饲料，如动植物油、畜骨等，而应喂给易消化、营养丰富的饲料，如牛奶、豆浆、生鸡蛋、青菜（煮）和少许食盐。饲料应新鲜、食温适宜，坚持少给勤添，每天饲

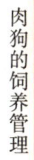

第七章 肉狗的饲养管理

喂3~4次。1周后,待母狗体况有所恢复时,将饲喂次数保持在每天3次,饲料中逐渐添加面食和米饭等碳水化合物含量较高的种类,以增强母狗体力和消化能力。一般经过精心护理,10~15天内即可得到恢复。

(2) 日常管理 阳光、新鲜的空气和运动对促进发情和排卵有重要意义。应为母狗提供一个干燥、清洁、温湿度适宜、空气新鲜的环境。一般要求母狗圈舍坐北朝南,舍内空气新鲜。应让母狗多接触阳光,应有充足的运动、适宜的阳光和新鲜的空气,以保证匀称结实的体型,防止过肥,增强体质和性活动能力。寒冷的冬季和炎热的夏季对肉狗的健康都有不利影响,甚至影响其发情配种。因此,防寒防暑也是不可忽视的工作。为防止母狗体弱生病,可在断乳后的最初1周,每天给母狗肌内注射青霉素2次,每次80万单位。

> **【提示】** 空怀母狗如果得不到良好的饲养管理,将影响其发情排卵和配种受胎。

(3) 促进发情 在管理上,这类母狗发情滴血后,要细心观察,注意发情进展和行为变化,以便适时配种。必要时,可用公狗诱情(公、母狗关在一起),或皮下注射孕马血清、绒毛膜促性腺激素等催情,也可收到一定效果。

三 哺乳仔狗的饲养管理

1. 初生仔狗的护理

初生仔狗软弱无力,各部分生理机能还不完善,有的母狗又不能很好地照顾仔狗,很容易使仔狗由于吃不到初乳、受挤压等原因造成死亡。因此,对初生仔狗的管理要求特别高,主要做好以下工作:

(1) 防止窒息 初生仔狗刚产出时,口、鼻周围常有大量黏液和羊水等,应迅速将之清除,防止黏液随吸气吸入而阻塞气道,使仔狗窒息而死。当仔狗发生窒息时,应及时吸出和清理口腔及鼻腔中的黏液等异物,立即进行人工呼吸。

(2)注意保暖 初生仔狗，体温调节中枢尚未发育完全，皮肤调温机能也差，而外界温度又比母体内低很多，若不做好保温极易受凉、感冒或冻死，特别是在冬季、早春和秋末季节更应注意保温。初生仔狗对环境温度要求是：第1周为29~32℃，第2周为26~29℃，第3周为23~26℃，第4周为23℃。保温可用火炉、火炕、红外线灯或其他保温设备。

(3)及时安排仔狗吃乳 初生仔狗体内不能产生抗体，而产后3天内母狗分泌的初乳中含有丰富的抗体，是仔狗获得后天免疫的关键，这对于抗病机制尚不完善的初生仔狗有着重要意义，初生仔狗若得不到此抗体很难成活。因此，初生仔狗要在产出后24h内尽快吃上初乳，对不能主动吃乳的仔狗应及时让其吃上初乳，必要时可挤出初乳喂初生仔狗。刚生下的仔狗，头左右摆动，向热源的方向前进，并靠触觉寻找乳头。一般情况下，多数仔狗在出生后不久便可自行固定乳头，但体弱的仔狗，行动不灵活，往往不能及时找到乳头或易被挤掉，而吃不上母乳。为了让弱小的仔狗能够摄取足够的乳汁，可人为地将其固定在靠母狗后腿的两对乳汁充足的乳头上吃乳；而让健壮者先吃前面分泌乳汁较少的乳头，其后再补吃后面的乳头，这样可使一窝狗生长得均匀一致，不出现强弱悬殊，甚至弱者死亡的现象。

> 【提示】 仔狗过好初生关的关键是使仔狗均能吃足初乳，吃饱常乳。

(4)断脐 新生仔狗的脐带断端，一般在24h后即干燥，1周左右脱落。初生仔狗脐带断后，仔狗间互相舐吮可导致感染，所以尤其要注意脐带部感染或发病。另外，当发现脐血管闭锁不全，有血液渗出，或脐尿管闭锁不全，有尿液流出时，应及时进行结扎，或找兽医治疗。

(5)防踩防压 初生仔狗，又小又弱，行动不灵活。加之母狗在分娩后十分疲劳，感觉迟钝，母狗极易不自主地压住仔狗，导致仔狗窒息死亡。另外，产后的母狗发现陌生人时，为护仔而常发怒，狂吠而乱动，很易踩伤仔狗。保护仔狗的措施可使用产仔箱和护仔

栏等,均可取得良好的效果。

(6) 预防疾病 初生仔狗可因先天性异常和分娩期的损害及管理方面的因素而发生脱水、体温过低、腹泻、毒乳综合征、产后皮炎和产后眼炎等疾病,应积极采取预防措施,并针对发病特征及时进行抢救。

2. 哺乳期仔狗的饲养管理

(1) 掌握仔狗的发育情况 细致观察和全面掌握仔狗的发育情况,注意哺乳和补饲的质量、方式和次数等对仔狗的影响,发现问题后及时纠正,是保障仔狗的正常发育、使每个仔狗都能健壮生长发育的关键。每天要对仔狗逐个称重(时间要固定),做好记录,以便从仔狗体重的变化来了解母狗泌乳的能力、质量,决定是否需要补饲。在母狗泌乳正常的情况下,且母狗产仔不超过6只,仔狗生后5天内,每天平均增重不少于50g;在6~10天内,每天平均增重70g左右;从第11天起,由于母乳不足,仔狗每天平均增重量开始下降。此时如果能迅速采取合理补乳措施,仔狗的体重会保持直线上升;在仔狗断乳前5天内,平均日增重可达115g左右;到断乳时,发育好的仔狗,体重比出生时可增加8倍以上。

(2) 固定乳头 仔狗吃乳要有固定乳头,否则会强夺弱食,仔狗发育不均,死亡率高。出生后绝大多数仔狗可自行固定乳头,对吃不上母乳的仔狗,特别是瘦弱的仔狗,要用人工辅助固定,帮助它们找到乳量较多的乳头吸吮。在仔狗吃乳的过程中,母狗会舔舐仔狗的会阴区以刺激仔狗排出大小便,这也有利于建立母子感情和激发仔狗的活动力。

(3) 寄养 寄养又称为过哺或保姆狗哺乳,是指母狗产后无乳、母狗死亡或产仔数过多,使仔狗吃不到足够乳汁,而用其他母狗来哺育的方法。有时为了繁育更多的优良种狗,也可采用寄养方法。寄养时,对仔狗的正常发育有利,同时也减轻了主人的许多麻烦。保姆狗应选择性情温顺、母性好、泌乳能力强、分娩时间比较接近的母狗。同时,保姆狗的仔狗和原来母狗的仔狗应大小基本一致。寄养的方法是:寄养前,先把保姆狗牵走,远离狗舍,然后把寄养的仔狗与原窝仔狗合并,使两窝仔狗混在一起,并用事先准备好的保姆狗的乳汁或尿液涂在仔狗身上,再用窝内褥草擦抹,使寄养的仔狗身上带有保姆狗的气味,之后,将保姆狗牵回。因为母狗靠气味鉴别仔狗是否是"亲生"的,保姆狗就会将这些仔狗当成是自己的仔狗而进行哺育。有个别母狗对寄养的仔狗产生怀疑而咬它们,这时,可在开始的2天给保姆狗带上口笼强行寄养,待其将寄养的仔狗看成是自己所生的仔狗,并很自然地允许寄养的仔狗吃乳时,即可摘掉口笼。

> 【提示】 寄养方法不当可能导致保姆狗伤害,甚至吃掉寄养仔狗。

(4)人工哺乳 母狗的乳头只有4~5对,其中产乳较多的只有后面3对,母狗供养仔狗的数目有限。一般情况下,母狗哺育的仔狗数目最好不超过6只。在母狗产仔数超过8只以上、母狗无乳或母狗产后死亡等情况下,需进行人工哺乳。人工哺乳一般多在仔狗吃到母狗初乳后进行,以保证仔狗从初乳中获得后天被动免疫。人工哺乳的仔狗离开母狗后应放在另一处相同条件的狗舍内,仔狗箱内铺以褥草或旧毛毯,以保持适当温度。人工哺乳最常用的是鲜牛乳,用奶瓶或注射器喂给(见图7-5)。有条件者可选用仔狗的代乳品进行人工哺乳。较好的仔狗代乳品可用61%的牛奶、21%的乳油(含12%的脂肪)、1个鸡蛋黄、6g骨粉,2000国际单位维生素A、500国际单位维生素D混合而成。混合好后加热到40℃,再加入4g柠檬酸以凝固酪蛋白。人工哺乳时要注意以下四点:一是在每次哺乳时应用消毒棉球擦拭仔狗的臀部或清洁腹部和会阴部,借以诱导仔狗排出粪尿,直到仔狗睁眼后能自行排出大小便为止(大约15天);二是注意观察仔狗的食量与粪便,乳量不得过少或过多,乳量不定易引起消化机能紊乱,特别是饲喂过多时,常引起仔狗下痢;三是饲喂仔狗所用的奶瓶,奶头的孔径大小应适中;四是加强人工哺乳器械的消毒。

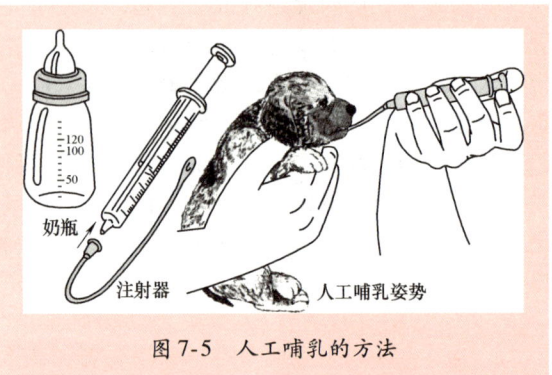

图 7-5 人工哺乳的方法

⚠ 【注意】 牛奶、奶粉与狗乳成分相差较大,给予高乳糖的牛奶或人用奶粉会导致一些仔狗消化道内异常发酵而引起腹泻,且蛋白质的量也远远满足不了仔狗生长发育的需要。

(5) **合理补饲** 仔狗生长发育速度快,物质代谢旺盛,对营养物质的需要不论是数量和质量都要求很高,对食物中的营养不全价反应敏感。随着仔狗胃、肠等消化器官和消化腺的不断发育,功能的不断完善,逐渐过渡到可消化其他动物性饲料和植物性饲料。母狗泌乳量随着仔狗需要量逐渐增高,通常产后 21 天左右达到高峰,以后逐渐减少,大多数母狗产后 15 天(有的早些)后,母乳就不能满足仔狗的需要了。当仔狗出现哺乳后不能安静休息和睡觉,到处乱爬,茫然寻找乳头而母狗又不愿意继续授乳,说明母狗乳汁已不足,饲养人员这时就要训练仔狗开食补饲。及时补饲除了能为仔狗提供生长发育所需的营养物质,保障仔狗正常发育外,还可锻炼仔狗消化器官及其功能,促进胃肠协调发育,消除仔狗牙床发痒,缩短过渡到成年狗食的适应期,为安全断乳奠定基础。给仔狗补饲,添加营养物质的顺序一般是:铁——水——乳——鸡蛋——豆浆——肉类。补铁,一般在生后 2~3 天进行,可饲喂也可注射铁剂,如铁铜合剂、铁钴合剂等。补水在 8~10 日龄进行,可稍加甜味。根据母狗的泌乳量,补乳通常于 10~16 日龄开始,在补水的基础上进行,逐渐增加补乳量,10~15 日龄,每只仔狗补乳 50g,到 15 日龄时可增至100g，20日龄时增至200g，每天分3～4次补给。开始补乳时可用奶瓶，25日龄后可逐渐过渡到使用盘、盆或食槽。补鸡蛋，在补乳的基础上从少量开始，逐渐增多。补豆浆或稀米粥可在25日龄后逐渐进行。补肉类，从35日龄开始，用牛奶、鸡蛋、碎肉、稀粥等加在一起制成半流状混合物，再添加一些鱼肝油和骨粉等，每天分4～5次饲喂，并逐渐向断乳过渡。到40日龄左右，母乳基本停止分泌，同时母狗也开始躲避仔狗的接近，不让仔狗吸乳，甚至对吸乳的仔狗进行威胁和咬它们。这证明断乳期已经到来，即应逐渐减少仔狗与母狗的接触时间，并可在母狗的乳头上涂点樟脑油，防止仔狗吃乳。这不仅有利于断乳，而且可防止母狗发生乳腺炎。

> 【提示】 对仔狗补饲，进行开食，方法要灵活，饲料品质要优良，数量要适宜，因势利导，逐步过渡，切忌急于求成。

（6）日光浴　阳光中的紫外线不仅可以杀死皮肤上的细菌，减少仔狗感染机会，而且能促进其骨骼发育，防止佝偻病的发生。当仔狗出生3～4天后，在风和日暖的气候条件下，即可将之抱到室外与母狗一起晒太阳，每天进行2次，每次20min左右。日光浴时间不宜太长，且避免夏日阳光，否则易患热射病（中暑），尤其是刚睁眼的仔狗，容易伤及眼睛。在冬季，也需将仔狗放在靠近阳光的玻璃下，让阳光直接照射在仔狗身上。

（7）适当运动　当仔狗睁开眼睛并能站稳后，就可让其在室内走动，随之，可令其到室外活动、游戏等。最初运动时间要短些，以后逐渐增加。当仔狗出生25天后，即可让其随母狗到室外、运动场一起活动，晚间令其回到狗舍。运动场一定要干净卫生，不让其他狗在场，特别是病狗。

> 【提示】 仔狗出生后，最早的在第9天，最迟的在第12～13天才开始自行睁开眼睛。在仔狗睁眼时要避免强光刺激，以免损伤眼睛，同时护理人员也不要给仔狗扒眼，以免造成不良后果。

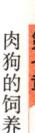

(8)修剪趾甲 当仔狗生后20天左右,其前爪往往生长过长。为防止仔狗吃乳时抓伤母狗乳房或伤及其他仔狗,应及时用指甲剪或剪刀将其趾甲剪短并用锉将趾甲的断端锉钝。

(9)擦拭与洗澡 擦拭与洗澡是日常管理的重要内容之一。初生仔狗身体上的污物,母狗能及时将之舐除,但随着仔狗的生长,母狗则不愿舐了。为了保持仔狗的身体清洁、预防皮肤病、除去狗的不良气味、防止跳蚤和虱子等的寄生,应每天用软的布片、卫生纸擦拭污物,而且应定期给仔狗洗澡。

(10)防病驱虫 仔狗自20日龄开始驱虫。驱虫药可以选用左旋咪唑(每千克体重每次10mg),每天早晨空腹投喂,连用3天。或者选用丙硫苯咪唑(每千克体重每次25mg),用法同左旋咪唑。仔狗40日龄时,应进行犬瘟热、犬传染性肝炎、犬细小病毒病、狂犬病等危害较大的传染病的接种预防。

四 断乳幼狗的饲养管理

1. 幼狗的生长发育特点

幼狗的生长发育是一个很复杂的过程,掌握幼狗生长发育的基本规律(见表7-4),就可在其生长发育的不同阶段控制饲料类型和营养水平,改变其生长曲线的形式,加速或抑制狗体某些部位、器官和组织的生长或相对发育程序,以改变狗体的外形结构和工作性能,使之趋向于所希望的方向生长发育,从而达到育种目标。幼狗生长发育具有以下特点:一是机体组织发育有一定的顺序,机体各组织器官生长发育的基本顺序为:神经组织──→骨骼──→肌肉──→脂肪。二是体重增长迅速,体重的绝对值可随年龄的增长而增加,但其相对值则随年龄的增长而降低,到成年时稳定在一定水平上。例如,德国牧羊犬,在2~3月龄,平均每天增重200g以上,至8月龄时,体重可达成年体重的80%以上。三是机体不同部位的增长与年龄有关,幼狗生后前3个月主要增长躯体及增加体重,此时幼狗发育的主要特点是骨骼与肌肉一起生长,以第2个月增长最快;在4~6个月期间主要增加体长,但体重的增加也比前3个月快些;第7个月后,幼狗主要增加体高。

表 7-4　几种品种的幼狗（体重）发育标准表

品　　种	出生时/g	1月龄/kg	2月龄/kg	3月龄/kg
拳师犬	350	2.7	5.6	10.6
狼犬	380	3.0	7.6	11.0
秋田犬	370	3.0	6.0	9.0
牧羊犬	350	2.5	6.0	10.0
大丹狗	400	3.0	7.2	13.6
圣伯纳犬	450	4.5	9.0	18.0
苏俄牧羊犬	775	5.5	15.0	25.0

2. 幼狗的营养需要

生长期狗的能量需要多是同种成年狗单位体重所需能量的2倍。之后，应随着狗的不断成长而应逐渐降低饲养标准。当幼狗的体重达成年体重的40%时，应将饲料的营养水平降至维持期所需营养的1.6倍；当幼狗达到成年狗体重的80%时则应降至1.2倍。给幼狗提供的能量既不能过多，也不能过少。过少则幼狗生长发育受阻，身体瘦弱；过多则可导致幼狗肥胖。幼狗每千克体重每天约需蛋白质9.6g。幼狗最适宜的蛋能比：在断乳后3周，蛋能比为11.8%，3~4周为9.6%，至生长中期为7.6%。生长期幼狗正常生长每千克体重约需要钙484mg，钙磷之比为1.2:1。生长狗每天每千克体重220单位的维生素A即可得到最大的增重，且在肝脏中略有储存。生长狗维生素D的需要量一般为每天每千克体重22单位。

3. 断乳

母狗产仔40天后，其泌乳量不仅很少，而且乳汁稀薄，营养价值明显降低，为了保障仔狗从饲料中获得发育所需的营养物质，使其能健康生长，应在仔狗生后40~45天时及时断乳。

大量的实验表明，仔狗在45日龄前后断乳较为科学。断乳有一次性断乳、分批断乳和逐渐断乳三种方法。

1）一次性断乳法也称为果断断乳法。适用于母狗泌乳量已显著减少，无患乳腺炎危险的母狗。当仔狗达到预定断乳日期时，即将母狗隔离，仔狗留原圈饲养。一次性断乳法简便，但母、仔均感不安,仔狗可能因食物和环境突变引起消化不良,泌乳旺盛的母狗可能因控制不好易发生乳腺炎。

2)分批断乳法适用于泌乳量旺盛的母狗。预定断乳前1周,先将准备育肥的、体格较大的仔狗隔出去,让准备留作种用和发育较差的仔狗继续哺乳,到预定断乳期时再把母狗转入预配母狗舍。分批断乳做到了区别对待仔狗,逐渐断乳使母、仔都有一段适应过程。但由于断乳时间延长,会给管理上带来麻烦。

3)逐渐断乳法适用于泌乳量旺盛的母狗。在断乳前4～6天起控制哺乳次数。第1天哺乳4～5次,以后逐渐减少哺乳次数。这样使母、仔有一个适应过程,最后到预定断乳日期再把母狗隔离出去。具体采取哪种方法断乳,各个肉狗场可根据本场的实际情况决定。

4. 刚断乳幼狗的饲养

幼狗断乳后,在1～3周内,通常由于生活条件突然改变而烦躁不安,食欲不振,增重缓慢,甚至体重减轻,或发生疾病。这在哺乳期开食晚、吃补饲料较少的幼狗中表现得尤为明显。为了过好断乳关,要做到饲料、饲养制度及环境的"两维持"和"三过渡"。即维持在原圈培育并维持原来的饲料,做到饲料、饲养制度和环境条件的逐渐过渡。断乳幼狗饲料的营养水平、饲料配合、调制和饲喂方法,都应与断乳前相同,继续饲喂1～2周,再逐渐改喂育成狗饲粮,使幼狗有个适应过程。断乳后的幼狗由母乳加饲料改为独立吃饲料生活,胃肠不适应,很容易消化不良。所以,对断乳幼狗要精心饲养。若从外地引进幼狗,有条件时最好带部分原来饲喂幼狗的饲料,以利于断乳幼狗的过渡。断乳第1天幼狗采食少,但第2天又会猛吃饲料,很容易发生消化不良。因此,断乳后头4～5天要适当控制幼狗的采食量,防止其消化不良而下痢。断乳幼狗一昼夜宜喂6～8次,以后逐渐减少饲喂次数,3月龄时改为每天喂4次。断乳幼狗的料型也要与哺乳期保持一致,并设水槽,保证饮水充足清洁。如需调圈分群,应在断乳半个月后幼狗食欲及粪便正常的情况下进行。为了避免并圈分群后的不安和互相打斗,最好在分群前3～5天令幼狗同槽进食或一起运动,使彼此熟悉,然后根据幼狗的性别、品种、个体大小、吃食快慢进行分群。每群数量通常视肉狗舍面积大小及管理情况而定，以 4~6 只或 10~12 只 1 舍为宜。此外，断乳幼狗应有充分的运动和日光浴，肉狗舍内应保持干燥清洁，冬季温暖，勤换、勤晒垫草，并加强定点排泄的调教，使幼狗逐渐习惯新的生活秩序和环境。

5. 幼狗的饲喂

幼狗刚刚断乳离开母狗，对饲料的适应能力较弱，而且消化道机能尚未发育完全，必须饲喂适口性好、营养全价、消化率高的新鲜饲料。饲喂制度应坚持少食多餐的原则，每天饲喂 3~5 次。开始喂幼狗的饲料一定要熟烂，切忌过早地喂骨头等坚硬的饲料，以免使幼狗的牙齿发育受阻或引起消化不良而影响幼狗的发育。夹生的饲料易发酵，吃后易引起消化不良或腹泻，影响幼狗的健康。烧煳的饲料口味不好，幼狗不爱吃。每只幼狗的食盆要固定，不要交叉使用。食盆要求口径小、肚深，这样可以防止食物洒出。如果发现幼狗进食时站在食盆里，或将前爪放在食盆里，要及时纠正。泼洒于地面的食物要及时清理，防止幼狗在地面上舔食。不要将食物抛在地面上喂狗。在几只幼狗同盆喂食时，要防止少数幼狗霸食和暴食，造成其他幼狗吃不饱、吃不着的现象。2~3 月龄的幼狗应增喂适量的脂肪性饲料（动物的内脏、豆饼、油渣等），以利于催肥。3 月龄以上的肉狗饲料配比中应以植物性饲料为主。7~8 月龄的肉狗一般都进入初情期，除适当增加一些蛋白质和维生素外，可按成年狗的日粮标准饲喂。

⚠ **【注意】** 幼狗在这一时期食欲旺盛，常因过食饲料而发生消化道疾病。在喂食时，应尽量做到 1 只狗 1 个食盆，如果数只狗用 1 个食盆，要按争食强弱将狗分开饲喂；每 1 组狗的只数也不要太多。对那些争食特别凶和特别弱的狗要单独喂养。

6. 断乳幼狗的管理

科学管理幼狗，不仅能保证幼狗正常、良好发育，而且对幼狗神经系统的发展也有直接的影响。管理的好坏是影响幼狗生长发育的重要因素。

（1）**训练** 幼狗在转群之后首先进行两个定点训练：一是训

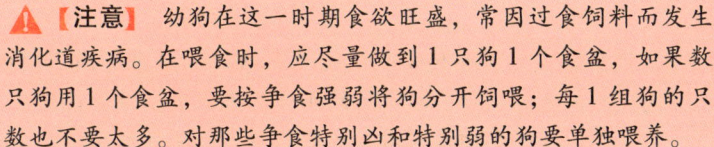

练定点睡觉,二是定点大小便。幼狗来到新环境后,就习惯性认为第一次睡过的地方最安全,以后每次休息或睡觉都会到这个地方来。因此在转群的第一天晚上,就要将幼狗关在狗舍或室内指定睡觉的地方,数天后就能定下来。训练幼狗到舍内指定角落处大小便,在指定处撒放沙土或煤灰、污物,若发现乱拉、乱尿,应对幼狗进行训斥以利改正。每次清除时,稍留些尿灰,以便其下次仍在指定处大小便。有条件的可按时牵放到舍外指定处大小便,从而保证狗舍及环境的卫生,为幼狗提供一个良好的生活环境。

【小经验】>>>>

> 训练幼狗在固定地点大小便,最好从幼龄狗开始,因为幼狗在3~4月龄以前,自己控制排便能力较差,膀胱充满尿液后或者遇到刺激和干扰就会随地小便。

(2) **搞好卫生** 搞好幼狗身体卫生对促进其皮肤的血液循环和新陈代谢,防止皮肤病的发生,对机体的功能和代谢调节均大有益处。保持幼狗身体卫生,至少每天擦拭1次。由于幼狗的皮肤薄,较敏感,要轻刷轻拭,使幼狗有舒适感。切忌粗暴或用力过猛。狗舍及狗床要经常打扫,及时清除粪便及污物,定期消毒。褥草要经常日晒,并及时更换。狗舍要经常保持干燥和空气流通,做到防暑防寒。尽量不要在狗舍旁放狗,以免养成幼狗出舍就大小便的坏习惯。

(3) **防疫驱虫** 预防传染病的唯一有效途径是进行预防接种。由于体内母源抗体的消耗,断乳后幼狗体内残留的抗体不能提供有效的保护作用。因此必须及时进行免疫接种,尽快使幼狗建立主动免疫。幼狗容易感染蛔虫、钩虫或其他寄生虫,这对幼狗的生长发育很不利,轻则腹泻便血,重则贫血,甚至死亡。因此,幼狗应从断乳后,就投给适当的驱虫药,以后每隔2个月左右重复给药,直到6月龄为止。

> 【提示】 因幼狗体质弱、肠腔窄，寄生虫严重寄生时，幼狗会发生寄生虫性肠炎，俗称"翻肠子"。表现为腹泻与便秘交替，而后幼狗的粪便稀，便中带黏液，有的有血丝或呈酱油色，伴发呕吐、不食、精神差，黏膜苍白，消瘦，贫血。

（4）**及时去势** 对不留种的幼狗应及时去势，以促进其生长，加速脂肪的沉积，提高育肥效果。

五 育肥肉狗的饲养管理

1. 育肥肉狗的饲养方式

（1）**圈养法** 圈养法就是在狗舍内分设成若干个圈，每圈面积 20m^2 可饲养 5～8 只 8 月龄以下的肉狗，每圈面积 100m^2 可饲养 20～50 只 8 月龄以下的肉狗，圈舍要求冬暖夏凉，圈舍周围要有高度在 175cm 以上的砖墙或铁栅栏、铁丝网；地面要为水泥地板，以便于冲刷和消毒；圈舍内要有供水设备，以及供肉狗排便的沙（土）坑。要求公、母分养，圈养至 7～8 月龄即可出栏，公狗在 40～45 日龄去势，母狗不必去势。但是在建立狗群时应做好肉狗的免疫接种和驱虫工作。每群的只数不能太多，个体间的大、小差异不能太大；性情凶狠、争强好斗和性格懦弱的肉狗也应挑出另行喂养；圈舍内喂养的密度不能太大，否则不利于饲养管理和肉狗的生长发育。圈养肉狗的运动量减少，能量消耗低，吃饱就睡，有利于长肉增重育肥。通常从断乳到出栏屠宰需 2～4 个月，比散养增重提高 40%～60%，且省时、省工、省饲料，易于保持卫生及有利控制疫情。

（2）**拴养法** 每只狗占地 2m^2，相距 1.5m 立一个桩，桩高 60cm，每只 1 桩，桩排双列式；两列中间设有深 12～13cm、底宽 18cm 的排出沟，沟两侧呈 30°倾斜。用尼龙绳拴狗脖圈，拴绳长 1.5m。每只狗各 1 套饮水器皿。

（3）**笼养法** 适用于常年气温较高地区，冬季严寒地区尽量不用。笼养就是在一定大的敞棚下面成列排放狗笼，把狗装入笼中饲养。狗笼的空间以狗能在笼中自由转身为度，不能过大或过小，笼底铺木板条（竹排），离地面 10~20cm，既可以漏下粪便，又不致使肉狗踏空。一般是 1 笼养 2 只狗或 1 笼养 1 只狗。根据饲养规模确定排列狗笼数量和列数，各列之间设人行道，人行道宽不小于 1.5m，以便料车通过。此法优点是造价低、空气新鲜、光照充足、操作方便、便于观察。

2. 饲养

目前各地养肉狗，大都以 6~7 月龄作为育肥期，随着肉狗养殖技术水平的提高，已有提前的趋势。要求提供营养较全面的配合饲料，才能满足肉狗生长发育的营养需要，从而最大限度地发挥肉狗的生长潜力，达到快速育肥的目的。随着肉狗生长日龄的增加，能量与蛋白质需要量的水平总的趋势是能量水平逐渐增加，蛋白质水平逐渐降低。在日粮配合上，应采取饲料多样化，充分利用当地的自然资源，合理地进行饲喂。育肥肉狗的饲养标准是：粗蛋白质含量在 24% 左右，碳水化合物含量在 65% 左右，脂肪在 6% 左右，粗纤维在 5% 左右。比较好的饲料配方：粗肉类（羊、猪、牛下水及碎肉）100~150g，玉米、小麦等 200~300g，蔬菜 350~500g，食盐 5g。加工调制后饲喂，效果良好。育肥肉狗一般每天喂 3 次，采食量可按每千克体重 20~30g 计算，体重在 7.5kg 以下的幼狗每千克体重 30g，7.5~15kg 的每千克体重 25g，15kg 以上每千克体重 20g。每天采食 200~500g。另外，每天还需补充少量的熟肉、肉汤和骨粉、煮过的蔬菜等。喂料前需将饲料浸湿，料水比为 1:(2~3)。日粮也可按配方做成粥、窝头或蒸糕饲喂。出栏前 30 天，饲料中可适当增加脂肪成分，如猪牛内脏、牛油、饭店的剩菜等，这样可增加饲料中的脂肪成分，利于催肥。为防止强夺弱食，在育肥肉狗新合群或调入新圈时，要建立新的群居秩序，为使肉狗都能充分采食，要备有足够的饲槽和水槽。

3. 合理分群

饲养密度过高，会使圈舍内局部气温升高，肉狗的食欲减退，采食量减少，同时狗与狗之间冲突增加，群居环境变劣，降低肉狗的增重和饲料利用率。群养时要依据性别、体重大小、体质强弱等进行，尽量使同一性别、体重、体质相差不大的狗组成一群，每群以8～10只为宜。组群后，要经过一段时间，才能建立起比较安定的群居秩序。所以在整个育肥期，要尽量避免中途并群调圈。平时饲喂时，将食槽放得分散一些。

> 【提示】 7～8月龄的肉狗一般都进入初情期，应及时将公、母狗分开喂养，在未达到初配年龄时，不允许育成狗之间滥交配。单养（散养）状态下的肉狗之间未能形成优势序列，没有等级之分，因此当同性别的肉狗互相接触时很容易发生争斗。这些情况在饲养管理中要特别注意。

4. 卫生及防疫

应本着"以防为主，治疗为辅"的原则，注意加强肉狗的饲养管理；搞好肉狗舍卫生；严格执行消毒制度。首先应通过驯化使肉狗采食、睡卧、排便地点固定，保持圈舍干燥和清洁卫生。

每天定时清扫圈舍，保持清洁干燥。每半个月对肉狗舍进行一次药物消毒。消毒药物用2%的氢氧化钠溶液、0.5%的过氧乙酸、石灰乳等喷洒均可。对60日龄以下的幼狗要注射五联苗（狂犬病、细小病毒病、传染性肝炎、犬瘟热、犬副流感）3次，前2次间隔15～20天注射，第3次间隔30天注射。61～90日龄肉狗可注射五联苗2次，或注射三联苗（犬瘟热、细小病毒病、狂犬病）1次。肉狗体内和体表可寄生多种寄生虫，不仅消耗肉狗的营养，影响肉狗的健康及生长发育，有的还直接危害人的健康。对1～3月龄的仔狗各驱虫1次。对粪便及驱下的虫体及毛屑等物要及时收集、堆积发酵以杀灭虫卵和虫体，防止肉狗吃后再感染和扩散。

5. 断尾、去势

缺少尾巴，肉狗的活动耗能会降低，而且狗尾消耗营养已不存在，对肉狗来说，尾巴经济价值不大。实践证明，采用此法可加快增长。断尾最好在出生后1周内进行。因为此时仔狗尾的知觉不敏感，骨叉很软，容易切断，断尾后出血量少，且可得到母狗的舐抚，痊愈极快，长大不留伤痕。同时，仔狗多不会因断尾而受刺激，影响其心理和智力的发展。断尾的方法为：术部剪毛消毒，在术部上方3～4cm处用止血带结扎止血，助手将仔狗尾固定，保持水平位置，

术者用外科刀环形切开皮肤，然后向上推移1~2cm在尾关节处，用剪刀直接剪断后，结扎血管，充分止血后，用碘酊消毒，撒布消炎粉，将皮肤缝合即可。手术完毕后，解除止血带。

公狗生长发育到一定阶段后，性器官逐渐发育，活动量加大，消耗能量增多。因此，在40~45日龄时要及时去势，减少活动量，提高育肥速度，也能较好解决公狗之间打架撕咬问题。这样肉狗增重快，疾病少，可降低饲养成本。母狗没有必要去势，因为母狗的发情次数极少，间情期长（7个月），并且很少因发情影响育肥。

6. 保持适宜温度，减少运动

适宜的环境温度，是保证肉狗正常生长的重要条件。育肥肉狗舍内适宜温度冬季为10~15℃，夏季为15~20℃。限制育肥肉狗的活动，可减少能量消耗，使采食的营养物质最大限度地用于生长、育肥，以利于增重。

7. 提高仔狗初生重和断乳重

实践证明，仔狗初生重的大小和断乳重的高低，对育肥狗以后的增重和饲料利用率有很大的影响。一般来说，初生重大的仔狗，生命力强，适应外界环境较快，生长速度快，断乳体重大；而断乳体重大的幼狗育肥期增重快，饲料利用率高。应从母狗妊娠期开始加强饲养管理，保证仔狗在胚胎期能得到良好的发育。仔狗代谢旺盛、生长发育快，就需要从母狗和外界环境中获得数量充足、质量优良的各种营养物质。但是母狗的泌乳量不是随仔狗日龄增加而增加，泌乳量达到一定高峰后会逐渐下降。所以科学饲养母狗，保持母狗健康、泌乳正常，训练仔狗早采食，以弥补母狗营养物质的不足，是提高仔狗断乳重的重要措施。

8. 利用杂种优势提高育肥效果

杂交后代生命力强，生长发育快，日增重高，饲料利用率高。如能引入大型良种狗来改良我国土种狗，其后代的增重速度、饲料利用率的优势将会提高。实践证明，杂种优势已在肉狗培育中取得明显效果。因此，利用杂种优势，是提高肉狗育肥效果的有效措施之一。

> ⚠️ 【注意】 我国肉狗养殖业刚刚兴起,采用哪种杂交组合最为合适,尚待研究。

六 肉狗的适宜屠宰期

肉狗什么时候屠宰,是饲养肉狗值得研究的一个问题。鉴于国内一定规模的肉狗饲养场刚刚兴起,目前尚无专门的肉狗品种及某些基础数据,要提出一个具体的肉狗适宜屠宰期是比较困难的。但以下几点可作为确定适宜屠宰期时的参考。

1. 考虑肉狗的生长发育规律

肉狗养殖生产是为满足各类市场需要的商品生产,消费者对肉狗的要求集中在胴体瘦肉率和肉品质上。肉狗在生长前、中期,骨骼、肌肉的生长、发育是主要的,从胴体的成分中可看到,蛋白质和水分的含量较高,脂肪含量较低。随着年龄和体重的增长,水分减少,而脂肪含量逐渐增加,越到后期脂肪沉积越多,瘦肉率越低。随着肉狗体重的增长,屠宰率随之提高,膘厚也增加,而瘦肉率下降。从胴体的品质来说,肉狗达到成熟时就应屠宰,这样既经济又能获得良好的胴体品质。但目前消费者对狗肉品质的要求还是以瘦肉为主。因此,如果从提高瘦肉率的角度考虑,可以适当提前屠宰。

2. 考虑经济效益

生产者的经济效益与肉狗的出栏体重密切相关,因为出栏体重直接影响育肥平均日增重、饲料利用率,生产者还必须考虑不同品质肉的市场售价,全面权衡经济效益而确定适宜的出栏体重。养肉狗的经济效益高低受到肉狗品种质量、生产成本和产品市场价格的影响。在一定的饲养管理条件下,肉狗长到一定体重时,就会达到增重高峰,如果再继续饲养会影响饲料的转化率。育肥出栏体重越大,胴体越肥,瘦肉率越低,销售价格低,生产成本随之增高。出栏体重越小、单位增重耗料越少、饲养成本越低,但其他成本的分摊额度越高,且售价等级也越低,很不经济。市场狗肉供求状况也影响出栏体重,供不应求时,可适当提高出栏体重,增加产肉量。供过于求时,常导致出栏体重降低。因此,饲养者必须综合诸因素,

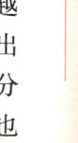

根据具体情况灵活确定适宜的出栏体重和出栏时间。我国饲养的肉狗，都以当地的地方品种为主，体型大小不一，品种繁多，究竟以多大体重屠宰为宜，不能一概而论。一般来说，早熟品种宜适当提早，晚熟品种宜适当推迟。

由此可见，肉狗的适当屠宰期，既取决于消费者对狗肉品质的要求，又要符合经济原则；应在产肉量高、胴体质量好（瘦肉多、脂肪少），饲养成本最经济的体重阶段出栏。

七 狗宝的生产技术

狗宝，亦称为狗结石，是狗的胃、胆、膀胱、肾脏的结石，是名贵中药材，自古与牛黄、马宝并誉为"三宝"。主要成分有：碳酸钙、碳酸镁、磷酸镁等。具有降逆风、开郁结、解毒之功能，主治胸肋胀满、噎膈、反胃、痈疽等。近年来用于治疗食道癌、胃癌等多种顽疾有一定效果，也是制造多种珍贵药品不可缺少的原料。目前，国内外市场中天然狗宝十分稀缺，加之经济价值高，开发人工培植狗宝前景辉煌。

1. 培植狗的选择

用来培植狗宝的狗，品种不拘，公母均可，以 6~10 月龄较为适宜。选择培植狗宝的狗在手术前应进行心脏、呼吸活动状态的检查，对病狗和妊娠母狗不可施术。手术前 12h 应停止喂食饮水。

2. 培植方法

(1) 喂食培植法 取马尾或人发一撮，捏成一团，用肉块、馒头包裹着喂狗。每天早晚各喂 1 次，连喂 3 天。喂后注意检查其大便是否将毛发排出，若排出必须再喂，直至 1 周没有排出。也可用人发、猪毛和羊毛各 200g、分解醇（伯异戊醇）150g、水 300g，充分混合后放入铁锅中加温，使之溶解后喂狗，每天早晚各喂 1 次。每次喂 50g，连喂 2 周。若出现上被毛杂乱如草，无光泽且发焦，甚至逐渐脱光；体质衰弱，枯瘦如柴，行动无力，体温较高，似病非病，精神烦躁不安，时有哀叫，卧不安宁；垂头丧气，喜饮水，挑食，采食量少，眼睛无神，结膜发红，长久不褪等症状时，有可能是狗宝正在形成。

（2）手术法

1）手术部位：狗的胆囊一般是在狗体右侧肝脏下缘腹壁直下，即肩胛骨1/3处，往后看一平行线与右侧倒数第2、3肋骨中间的交会点。

2）保定：将狗向左侧压倒在地，四肢捆在一起，保定好。

3）消毒：手术部位在施术前剃毛，再用肥皂水冲洗，然后用70%的酒精冲洗。手术用的器具也要消毒处理。

4）麻醉：1%的普鲁卡因溶液在手术部位做浸注麻醉，以便达到安全手术目的；也可肌内注射静松灵2~4mL进行麻醉。

5）手术：手术切口沿肋骨间走向切开皮肤和肌肉，切口约5cm，然后按肌肉纤维走向分离肌层。在接近腹膜时，用镊子取出腹膜，剪开约2cm小孔露出胆囊。在胆囊壁上部血管较少处用刀割开约2cm小口，让胆汁流出来1/3，后将事先消过毒的"异物"放进胆囊内。"异物"可用海浮石（海浮石是一种中药，各地中医院销售）制成。可直接用绿豆粒大的狗宝作为异物簇入胆囊内。异物植入胆囊后用注射器向胆内注入大肠杆菌培养液1mL。最后缝合刀口。施术时必须无菌操作，动作准确迅速。术后忌雨淋及污染伤口，还要防止狗咬架或摩擦伤口。7~10天后拆除缝合线。

3. 培植狗的饲养

在培养狗宝期间，饲料营养要全面，多喂动物性饲料如屠宰下脚料等，尤其喂给富含胆固醇的肝脏、肺脏或其他内脏更好，同时要多喂富含磷酸盐及钙质高的麦粉和骨粉等。

4. 辨别取宝

一般情况下，术后一年或一年半后，80%以上的狗都能长出宝。狗体长出狗宝便会出现如下特征：毛发干燥无光，体温高，体质瘦弱，眼睛发红，行走无力，卧不安宁，喜喝水但不爱吃食等。发现有以上症状，可杀狗取出狗宝。取出后去掉附着的肉膜等异物，用丝线或绒线扎好，挂在阴凉处干燥，切忌风吹日晒，以免干裂，影响质量。待其自然阴干后，不需进行再加工，即可出售。

5. 狗宝的质量鉴定

狗宝略呈圆球形，直径为1.5~3cm，表面呈灰白色或黑灰色，

略有光泽，质地坚实而细腻，切开断面有同心环状层纹，中心较疏松，以指甲划之可留痕迹。狗宝气微腥，味微苦，嚼之有粉性而无沙性感觉。以个体大，质地坚实、细腻、白色，断面层纹清晰者为佳品。一般每只狗可产狗宝2～7g，平均4.5g左右。

> 【提示】 人工培植狗宝是提高肉狗养殖经济效益的技术措施之一。在大量人工培植前，为保证顺利销售，应与有关单位取得联系，签订合同。

第三节 不同季节肉狗的管理要点

随着季节的转换，肉狗的生理状态也会发生一定的改变，以适应各种环境和气候。当前我国利用现代化设施、集约化生产的肉狗场很少，大部分农村仍沿用开放式的方法养肉狗。因此，在管理上不同的季节要有所差别，特别要注意季节性的多发病。

一 春季

春季气温渐暖，空气干燥，阳光充足，是肉狗繁殖的最佳季节。但由于春季的气候多变，给肉狗养殖带来一些不利因素。

1. 抓好春繁

春季是狗发情、交配、繁殖和换毛的季节。应利用这一有利时机争取早配多繁。在多数农村家庭肉狗场，特别是在较寒冷地区，由于冬季停止冬繁，公狗因多时不配种，精子的活力较低，畸形率较高，影响受胎率和产仔数，最初配种的几胎受胎率较低。为此，应采取复配或双重配（商品肉狗生产时采用），并及时进行妊娠诊断，减少空怀情况。肉狗在发情期间，其生理功能和行为常会发生一些特殊的改变。发情母狗会到处乱走，要看管好，不可任其外出自由交配，尤其是优良的纯种狗，以防品种退化。公狗常为争夺配偶而争斗，易受伤，发现伤情要及时处理。

2. 注意气温变化

从总体来说，春季的气温是逐渐升高的。但是气候多变，且变化无常。在华北及以北地区，尤其是在3月，倒春寒相当严重，寒流、小雪、小雨不时袭来，很容易诱发肉狗患病。特别是刚刚断乳的幼狗，抗病力较差，容易发病死亡，应精心管理。

3. 搞好狗舍卫生

春季因雨量大、湿度大，对病菌的繁殖极为有利，所以一定要搞好狗舍、笼的清洁卫生。做到勤打扫、勤清理、勤洗刷、勤消毒。地面湿度较大时可撒上草木灰或生石灰进行消毒、杀菌和防潮。

4. 梳理被毛，预防皮肤病

春季厚实的冬季毛将要脱落，如不经常、及时地梳理，皮肤不洁，就会引起瘙痒。肉狗为消除痒感会抓挠和摩擦身体，有时会将皮肤弄破，易引起细菌感染。不洁的被毛易缠结，为体外寄生虫和真菌的繁殖提供有利场所，引起皮肤病。因此，春季应注意被毛的梳理和清洁，预防皮肤病。

5. 加强检查工作，预防疾病

春季万物复苏，各种病原微生物活动猖獗，是肉狗多种传染病的多发季节。所以，搞好卫生，抓好春防工作。春季早晚温差大，除注意保温和狗舍通风外，还要做好幼狗感冒、肺炎等疾病的预防工作。

6. 防暑准备

在华北地区，似乎春季特别短，4~5月气温刚刚正常，高温季节马上来临。做好夏季防暑的一些准备工作，也是春季管理的工作内容之一。可在肉狗舍前面栽种藤蔓植物，如丝瓜、吊瓜、苦瓜、眉豆、葡萄、爬山虎等，使之在高温期遮挡肉狗舍，减少阳光的直接照射。

二 夏季

夏季气候炎热，容易出现闷热天气。肉狗汗腺不发达，又有被毛覆盖全身，对热的耐受力较差，常因炎热而食欲减退，抗病力下降，尤其对仔狗、幼狗的威胁很大。因此，在饲养管理上注意防暑降温和精心饲养。

1. 防暑降温

根据各地条件，因地制宜采用多种措施，做好防暑降温工作。肉狗舍应有必要的降温设施如水管、窗帘、风扇等，有条件的还可以配备空调；肉狗舍向阳墙表面刷成白色，以利于反光，减少吸热；肉狗舍周围种植藤蔓植物，可以防止阳光直射；室温超过30℃时，可以在肉狗舍的地面喷洒凉水，也可以在肉狗舍内喷雾，以降低舍内空气的温度。长毛肉狗在炎热季节到来之前一定要剪毛1次，以利于防暑降温。肉狗在气温高、湿度大的环境中，由于体热散放困难，极易发生中暑。因此，应避免在烈日下活动，肉狗舍应移至阴凉处，炎热天气应经常给肉狗进行冷水浴。发现肉狗出现呼吸困难、皮温升高、心跳加速等症状时，应赶快用湿冷毛巾冷敷其头部，并将其移到阴凉通风处，立即请兽医治疗。为防止潮湿，要勤换、勤晒垫褥等铺垫物。用水冲洗肉狗舍后，一定要待彻底晾干后方能进肉狗。被雨水淋湿后的肉狗要及时用毛巾擦干。

2. 精心饲养

夏季的高温可以使肉狗减少活动量、采食时间和次数，要保证肉狗的良好状态，按一般饲料的营养和喂量是不够的。应增加饲料的营养浓度，增加肉狗营养的摄入量。同时适当供给优质的青绿多汁饲料，保证充足的清洁饮水。喂肉狗的饲料最好是经加热处理后放凉的新鲜食物，喂给量要适当，不应有剩余。每天喂料一定要做到早餐早喂、晚餐迟喂，同时要供给充足的清洁饮水，夏季饮水以供应低温水为好，如在饮水中加适量食盐，则既可补充体内盐分的消耗，又有利于解渴防暑。夏季空气潮湿、气候炎热，阴雨天空气的湿度大，饲料如果水分含量超标，容易发热发霉，食槽中的剩余饲料如果有水分误入或漏入也可以发霉。所以，应经常检查储存的饲料和食槽的剩料是否变质并经常清理料槽，少喂勤添，尽量少剩或不剩饲料。对已发酵变质的食物要坚决倒掉。每次喂食后不久，若发现狗有呕吐、腹泻、全身衰弱等症状时，应迅速请兽医诊疗。

3. 停止繁殖

夏季，公狗精液品质下降，有个别的公狗精液中几乎没有合格的精子，即使配种繁殖成活率也很低。所以，在自然条件下高温期间应停止配种繁殖。对种公狗要采取保护措施，防止高温对其睾丸组织的破坏，尽可能把种公狗养在阴凉处，有条件可在种公狗舍内安装空调降温。

4. 搞好卫生

夏季蚊、蝇滋生，鼠类活动猖獗，所以要搞好卫生，消灭蚊、蝇，堵塞墙洞，消灭老鼠，经常消毒笼舍，减少疾病发生。

三 秋季

秋季天高气爽，气候干燥，饲料充足，营养丰富，是饲养肉狗的最好季节。在饲养管理上应抓好繁殖和换毛期的饲养。

1. 加强饲养

早秋由于经过炎热的夏季，公狗睾丸机能受到很大的破坏，进行配种繁殖，受胎率也很低，就是所谓的"秋季不孕"。同时母狗的发情也往往不规律，不明显。因此，入秋后应加强种狗的饲养管理，除了保证饲料品质、多样化，应适当提高饲粮中的蛋白水平，以保证换毛和繁殖的营养需要。秋季食物丰盛，给食量要增加，质量要提高，为肉狗过冬打好基础。

2. 抓好秋繁

秋季是繁殖肉狗的大好季节，一般表现为配种受胎率高。产仔数多，仔狗发育良好，体质健壮，成活率高，应抓紧繁殖。研究表明，加喂抗热应激制剂，可以缩短暑热后期公狗精液品质的恢复期，为秋季的提前繁殖创造条件。暑热后期的配种宜采用复配和双重配种。秋季光照时间缩短，可以适当补充光照。

3. 细心管理

秋季早晚与午间的温差大，有时可达 10~15℃，幼狗容易发生感冒、肺炎、肠炎等疾病，严重的会造成死亡，因此，必须做好晚间肉狗舍的保温工作，防止其感冒。群养肉狗每天傍晚应将其赶回室内，每逢大风或降雨不宜让其露天活动。秋季，夏毛开始脱落，秋毛开始长出，要注意梳理被毛，以促进冬毛的生长。

四 冬季

1. 防寒保温

防寒保温是冬季饲养管理的中心，为维持肉狗正常的生理和生产活动，冬季肉狗舍温度应保持在10℃以上。要求温度相对稳定，切忌忽冷忽热，否则，易引起肉狗感冒。室内养肉狗要关闭门窗，防止贼风侵袭,室外养肉狗笼门上应挂好草帘,防止寒风侵入。有条件的肉狗场可以在肉狗舍内安装暖气、生炉火。但生火时必须设置烟筒和通气孔,防止肉狗煤气中毒和火灾的发生。

2. 合理饲喂

冬季气温低,肉狗消耗的能量较高,在饲粮配方不变的情况下,肉狗会增加采食量,可以根据肉狗采食量的增加比例适当降低日粮蛋白质的比例,保证进食营养的均衡。冬季昼短夜长,应注意夜间的饲喂。

> ⚠ 【注意】 切忌饲喂肉狗冰冻饲料。

3. 尽量做好冬繁

实践证明,在保温良好的情况下,进行冬繁是可能的。冬繁的方法主要有:塑料大棚法、母仔分离保温间法、火墙增温法、暖气增温法等。由于冬季气候寒冷,产仔箱内的垫草要厚。遇到产在箱外的仔狗及时放回,以防冻死。农村条件下,如果产仔数不多,可将仔狗移至火炕或炉火旁,待哺乳时间再将母狗捉入屋内,哺乳完毕后将母狗放回原舍。

4. 预防呼吸道疾病

由于气温低,机体受寒冷空气袭击,或因管理不当,不注意防寒保温,运动后被雨淋风吹及狗舍潮湿等,都会引起感冒,严重的会继发气管炎、皮肤炎等呼吸道疾病。预防感冒的有效措施就是防寒保温,防止贼风,加厚垫草并及时更换,保持干燥。在天晴日暖的时候,加强户外运动,以增强体质,提高抗病能力。晒太阳不仅可取暖,阳光中的紫外线还有消毒的功能,并能促进肉狗对钙质的吸收,有利于其骨骼的生长发育,防止仔狗发生佝偻病。

第八章
肉狗产品的加工

第一节 肉狗的屠宰

一 屠宰时间的选择

肉狗的屠宰时间可根据人们食肉的习惯、狗肉的销量及狗皮成熟程度而定。若利用狗肉的药用价值,应选1岁以内肥嫩的童仔狗,吊死或打死不放血。如不考虑毛皮的利用价值,可根据肉狗的生长规律一般在肉狗7月龄左右,体重达15~25kg时屠宰。如要充分利用肉狗的毛皮,一般以防寒绒毛成熟的11~12月屠宰为宜。冬季天冷,人们对狗肉的需求逐渐增多,尤其是冬至前后,所以在冬至前后屠宰,既可充分利用肉狗的毛皮,又符合人们的饮食习惯。

二 宰前准备

1. 宰前检查

对符合食品卫生法要求的准备用来屠宰的肉狗称为候宰狗。对候宰狗总的要求是:来自非疫区的健康无病狗。特别是患有烈性传染病的狗不能作为候宰狗,此外,对候宰狗的体貌有一定的要求:肩宽,背平,臀部丰满,被毛光滑、洁净。对活狗的重量要求可根据宰后狗肉的用途做初步分级。宰前对上述诸方面进行认真检查,是保证宰后狗肉质量及其所加工的产品质量和减少二次污染的必要措施。另外,对于候宰狗的抓取和保定应该小心,不要鞭打和受伤,以免皮下出血,影响胴体和狗皮的质量。

2. 宰前饲养

对候宰狗宰前的饲养要求主要是：

（1）宰前休息 宰前应做短期休息，特别是从远处运购的商品活狗，由于远距离运输，肉狗处于应激状态，肌肉紧张，身体疲劳。如果马上屠宰，则肉质质量差，所以应在临时饲养场地放养24~36h，使肉狗身体放松，恢复其自然状态，也便于观察其健康状况。

（2）卫生检疫 在宰前休息的基础上进一步进行检查，剔除病狗，以免病原微生物通过污染的产品危害人体健康。

（3）宰前断食 在宰前12h应停止供食，因为肉狗胃内容物即使狗体处于饥饿状态，也不会完全排空，如果不停止供食，则使肉狗整个消化道充满食物或粪便，这样屠宰后剖腹时易划破消化道使胃肠内容物溢入腹腔，污染胴体，造成不必要的二次污染。

（4）定量供给充足的饮水 充足的饮水可使肉狗后段消化道尽可能排空，同时，也有利于促进其血液循环，利于宰后放血，改善肉质，延长狗肉保存时间。

三 屠宰方法

（1）击昏 为保证屠宰安全，放血充分，需宰前击昏。击昏有机械击昏、电击、枪击和二氧化碳击昏4种。机械击昏是将肉狗保定后，用斧头或铁锤猛击肉狗的后脑和眉间使之昏迷，然后放血。其他击昏方法需要特殊的用具及设备。

（2）放血 击昏后应立即放血，放血采用吊挂放血较好，这样放血充分，还可缩短放血时间。如果肉狗胴体内滞留血液过多，会使肌肉变得乌红，加热烹制后，不仅会影响成菜的色泽，而且口感也不爽滑，同时土腥味也较浓重。

> ⚠ **【注意】** 无论采用什么方法放血，都必须将狗体内血液排除干净。

（3）煺毛或剥皮 肉狗屠宰后，除老狗需要剥皮外，多数都带

皮食用。燂毛有以下几种方法：

1）肉狗屠宰后，全身糊一层 7~10cm 厚的黄泥浆，用中火烘烤，当泥巴成硬壳时，再将泥巴一块块地揭下来。

2）肉狗屠宰后，放入大盆或大缸内，加入 80~85℃ 的热水，浸泡约 4min，取出后先燂大毛，后燂小毛，然后再用手或利刀除净余毛。

3）屠宰乳狗，不用热水燂毛，可直接用稻草燎烤，去净毛，然后刮净狗身皮面，冲洗干净，这样加工的狗体不伤皮面，而且狗皮色浅黄，味香醇。如无稻草，使用麦秆也可以，但质量和风味稍逊于稻草。燎烤应注意掌握好火候，火太大易将皮燎烤爆裂，有损外观形状，且存留较重的烟熏味；火候过小，毛茬、绒毛燎不净，色泽不黄亮，皮层绵软少香。燎烤时应以适宜的火候将狗胴体皮面烤至呈金黄色为佳。

肉狗屠杀后，如要利用毛皮，应立即剥皮，趁尸体尚有一定温度时剥皮比较容易，尸冷尸僵后剥皮困难。剥皮应保持皮张的完整、干净，注意不可有刀伤、污染。皮内不要残留脂肪和肌肉。剥皮后，要清洗胴体。

(4) 开膛和摘除内脏　剥皮后，如不及时开膛摘除内脏，内脏中的细菌会继续繁殖，使肉变质，影响肉的品质，所以，在屠宰后 30min 内及时开膛，将内脏摘除干净。开膛和摘除内脏用的刀具应洗净、消毒。摘除内脏时不要划破胃肠壁，以免污染腹腔。

> ⚠ **【注意】**　剥皮后如不及时开膛和摘除内脏，内脏中的细菌会继续繁殖，使肉变质，影响肉的品质。

(5) 胴体修整　肉狗屠宰后，除去头、四肢下段（腕关节和飞节以下）、内脏（保留板油和肾脏）、尾、皮后所得屠体即为胴体。经屠宰后的胴体必须修整，使外观整洁以求得高的商品价值。首先将胴体悬挂起来，割去有害的腺体（如甲状腺、淋巴）及残毛、污垢、血肉等，最后用冷水冲洗干净。

> ➡【提示】 我国卫生部颁发的《中国食品公司对经营狗肉的规定》中指出"犬只宰前必须进行狂犬病检验,凡狂犬病患犬或可疑犬只不得屠宰,应扑杀后销毁之。凡被狂犬病或疑似狂犬病患畜咬伤的犬只,在隔离被咬时间未超过8天,且未发现狂犬病症状者,准予屠宰,但其肉尸和内脏应经高温处理后出场,超过8天者不准屠宰,并应扑杀销毁之。"

四 卫生检验

卫生检验包括宰前检验、内脏检验、胴体检验。

1. 宰前检验

主要是检查活肉狗体表有无脓疱,是否患有疥螨病、脱毛癣、霉菌病等,对患有这些病的活肉狗要逐一剔除,主要是避免病原微生物污染狗肉,从而影响加工产品的质量,对上述之外的传染病,如果是来自疫区的,还要进一步做实验室检验,以保证候宰狗的质量。

2. 内脏检验

内脏检验是在屠宰后,对肉狗的胃、肠、肺脏、肾脏、心脏、脾脏、肝脏等内脏及是否有腹水等方面进行的检验。一是这些内脏的颜色、大小要正常,结构要完整。二是无异常变化,如患狂犬病时,可见血液凝固不良;患伪狂犬病时,可见心包中积有大量的浆液性和纤维素性渗出物,心内膜有明显的条状出血;患钩端螺旋体病时,可见心肌变性、脆软,往往有点状出血;患焦虫病时,表现为心肌暗红,心内膜和心外膜可见条状出血,心内室血凝不良。三是观察内脏有无炎症、充血、出血等异常症状。四是检查是否摘除了甲状腺、肾上腺及病变的淋巴结,如未摘除,应予摘除。

3. 胴体检验

胴体检验是观察胴体表面的颜色要正常,表面无黏性,切面湿润,呈玫瑰红色或浅红色,肉质紧密有弹性,用手指压后,压痕立即复原,有狗肉的自然香味,腱与关节紧密有弹性,关节表面平滑有光泽,不符合上述要求的胴体说明存放过久,严重的甚至变质,不可食用。

> 【提示】 肉狗是旋毛虫常见宿主。检查方法和处理标准与猪肉的旋毛虫检查和处理相同,应重点检查四肢肌肉,特别是后肢肌肉,因其检出率高于其他部位的检出率。

五 狗肉的储藏

暂时不加工的狗肉或大批屠宰的狗肉,需进行冷藏保存。短期保存的狗肉,可使胴体温度尽快降至 0~4℃,而又不呈冻结状态。在吊挂无污染的情况下,可保存 15~25 天(0~4℃),此阶段还可以完成肉的成熟,使肉质更好。如果要长时期保存,须进行冷冻保存。冷冻保存须用冷冻设备将狗肉速冻,置低温保存。可在 -30℃ 条件下速冻,然后转入 -20℃ 进行保存。

六 狗肉的成熟

屠宰以后,狗体血液流尽,肌肉组织内得不到氧气,此时肉体内部发生一系列的变化,即宰后胴体由冷却→僵直→解僵→成熟。成熟后的肉变得柔嫩多汁,富于香味,口感好,品质有很大改善。成熟所需时间与温度有关。一般采用4℃,10~15 天即可成熟。快速成熟可采用 20~22℃,24h 可成熟,但必须注意卫生条件。否则温度提高也可能由于操作过程卫生条件不佳,造成肉的腐败。

七 鲜狗肉的感官鉴别

狗肉因狗的年龄及饲养方法的差异,以及屠宰方式等不同,鲜肉所呈现的外观也有所不同。所谓"感官鉴别"就是利用人的视觉、嗅觉、味觉、触觉,从狗肉的外观、结构、气味、肌肉、颜色、脂肪、骨髓等来判别狗肉的质量和新鲜程度。新鲜的狗肉表面有一层微干的表皮,并且具有畜肉的特有光泽,其切割略湿润,而无黏性,肉汁透明;不新鲜的狗肉,表面风干,色泽灰暗,湿润而有黏性。新鲜的狗肉剖面紧密,肉质结实,而有弹性,指压凹陷处,能迅速复原,结构柔软,纤维细嫩,其间杂有少量脂肪;不新鲜的狗肉,肉质松软,弹性小,指压后,不能迅速复原,骨关节处干燥,或带有黏性分泌物。新鲜的狗肉气味正常,具有狗肉所固有的特征气味;

不新鲜的狗肉表面有腐臭气味或酸味。新鲜的狗肉肌肉呈暗红色；不新鲜的狗肉呈黑褐色，无光泽。新鲜的狗肉脂肪色白或灰白，柔软滑润，有光泽，无异味；不新鲜的狗肉脂肪无光泽，容易黏手，并有轻微的哈喇味。新鲜的狗肉骨髓充满，质硬色白，骨的折断处有光泽；不新鲜的狗肉骨髓与骨腔壁微有分离，骨髓较软，色暗，呈灰白色，骨折处无光泽。

第二节　狗肉的加工与利用

一　狗肉的食用

狗肉因瘦肉多、脂肪少、肌肉纤维细嫩，受到人们的喜爱。狗肉历来被医家、养生家、美食家视为不可多得的滋补佳品。

1. 食用狗肉的季节

我国地域辽阔，地理温差较大，人口众多，各民族饮食风俗习惯不尽相同。因此，什么季节食狗肉最适宜，存有较大差异。传统中医食疗学认为狗肉辛温大热，具有较强的御寒滋补功能。在东北民间认为，以秋、冬季食用为最宜，因为北方的秋、冬季节，气候比较寒冷，空气干燥，特别容易伤人之肾，故在饮食上，应多吃一些温补肾阳的食品。而狗肉正适宜，它可温补肾阳，大补虚劳，暖胃祛寒，使人体元气充沛，抵御寒冷，增强人体的抵抗力和免疫力。因此在秋冬之际食用狗肉为最佳季节。在南方有"六月六吃狗肉"之说，原因是农历六月天气正热，当地人认为，外面热，人体内正虚，吃狗肉有升发内火，抗瘴气，治疟疾的作用，所以越热越要吃狗肉。而湖北民间则有农历三月三吃狗肉之习俗等。总之，全国各地、各民族对何时食狗肉最适宜不尽相同，不可能统一，可按各自饮食风俗习惯而行之。

2. 不宜食用狗肉的人群

幼儿的脾胃脏腑非常娇嫩、牙齿脆软，其咀嚼、消化吸收能力较弱，不及成人。狗肉偏性较重，温热性燥，肥浓质硬，热量高，幼儿食用后，容易发热上火。另外，狗肉饱腹作用强，不易消化，滋补性强，幼儿也不需要特殊的滋补，所以狗肉不宜列入幼儿每日食谱，以免引起消化不良等对幼儿身体健康带来不利影响。另外，患阴虚内热、感冒的人忌食狗肉。

3. 食用狗肉的禁忌

（1）**吃狗肉后忌立即喝茶**　在狗肉中含有丰富的蛋白质，而茶叶中含有比较多的鞣酸，如果吃完狗肉后马上喝茶，会使茶叶中的鞣酸与狗肉中的蛋白质结合，生成一种叫鞣酸蛋白质的物质。这种物质具有一定的收敛作用，可使肠蠕动减弱、大便干燥。大便中的有毒物质和致癌物质，会在肠内停留时间变长而易被人体吸收。所以，吃完狗肉后不宜立即喝茶。

（2）**狗肉与葱不宜同食**　中医认为葱性味辛温，气辛香，功能通阳行滞；有解热、利尿、健胃、祛痰等作用。狗肉性热，助阳动火，民间也有"吃了狗肉暖烘烘，不用棉被可过冬""喝了狗肉汤，冬天能把棉被当"的说法。但由于葱性同样辛温发散，利窍通阳，如果二者配食，益增火热，易使人上火，尤其是有鼻衄（鼻出血）症状的人。所以中医主张葱与狗肉不可同食。

（3）**狗肉与大蒜不宜同食**　中医认为，大蒜辛温有小毒，湿内、下气、杀菌、消谷。新鲜大蒜中，有一种物质经大蒜酶分解产生大蒜辣素，有杀菌作用，并能刺激肠胃黏膜，引起胃液增加，蠕动增强。狗肉性热，大蒜辛温有刺激性，狗肉温补，大蒜熏烈，同食助火，容易损人，火热阳盛体质之人尤当忌之。

（4）**狗肉与鲤鱼不宜同食**　鲤鱼是人们经常食用的鱼类，中医认为鲤鱼气味甘平，利水下气，除含蛋白质、脂肪、钙、磷、铁外，还有十几种氨基酸及组织蛋白酶，营养很丰富。但是鲤鱼与狗肉不宜同食。在许多中医食疗书籍中就有不宜共食的记载，《金匮要略》和《饮膳正要》在这方面更是列举详细，在制作时更不宜同烹。

（5）**吃狗肉后不宜立即食用绿豆食品**　绿豆有促使狗肉涨发的作用。吃狗肉后立即吃绿豆食品，如绿豆沙、绿豆糕、绿豆粉、绿豆饮料等，会使人腹胀，肠胃不舒服。如果狗肉吃得过多，又食用了绿豆食品，顿感肚腹膨胀，使人难以忍受，对人体健康极为不利。因此，吃狗肉一定要适量，不要吃得过饱，并且不宜立即食用绿豆食品。如一时贪食较多的狗肉，感到腹胀不适，可立即喝些米汤或杏仁汤，可立解之。

（6）狗肉与黄鳝不宜合烹共食　据元代贾铭《饮食须知》载："狗肉勿同鱼（鳝鱼）食，令人多病。"明代李时珍《本草纲目》中也载有："鳝鱼不可合犬肉、犬血食之。"近世亦无此合烹共食范例，古人从二者合食中，必有教训，为避免出现对人体不利情况，不合烹共食为宜。

（7）与中药材的配伍禁忌　元代《饮膳正要》、明代李时珍《本草纲目》中均明确记载："有商陆，勿食犬肉。"古药典《本草备要》中载："狗肉，畏杏仁，恶蒜。"

4. 狗肉食用方法举例

（1）狗肉炖红薯

【用料】狗肉250g，红薯250g，料酒1匙，盐少许。

【做法】红薯削皮切块，狗肉切小块，放入锅内，加入料酒、清水、少许盐，置火上煮沸，撇去浮沫，炖1h后，薯块同肉至熟烂离火。1天食完，连食5~7天。

（2）参归炖狗肉

【用料】黄狗肉500g，党参30g，当归20g，冬笋30g，冬菇30g，香菜250g，猪油、黄酒、盐、味精、鸡汤、葱、生姜、桂皮、胡椒粉、大蒜及干辣椒各适量。

【做法】党参、当归洗净，冬笋切成薄片，冬菇发开，去蒂，切成块；香菜摘洗净。狗肉用温水浸泡刮洗干净，下冷水锅煮过捞出，用清水洗2遍。将狗肉放砂锅内，加生姜、葱、桂皮、辣椒、黄酒和水。焖煮至熟，取出，用刀切成4.5cm长、2cm宽的条。旺火起油锅，将狗肉爆出香味，倒入黄酒及狗肉原汤，放党参、当归、鸡汤和盐，并加水适量，烧开后倒入砂锅内，用小火炖至狗肉熟烂。去葱、生姜、辣椒、桂皮、党参、当归，加冬笋片、冬菇、盐，烧开后放入胡椒粉、大蒜、味精，连同火炉上桌。香菜另用盘装。食用时烫一下即可。

（3）山药枸杞炖狗肉

【用料】山药100g，枸杞10g，狗肉100g，熟猪油、葱、姜、鸡汤、盐、味精、料酒各适量。

【做法】烧热铁锅,倒入熟猪油,投入洗净切好的狗肉块和葱段、姜片,煸炒片刻。烹适量料酒,一同倒入砂锅,放入洗净的山药(切块)、枸杞及鸡汤,用小火煮2h左右,以狗肉烂熟为度,加盐、味精,调和均匀即成。佐餐或当菜、当点心食用,当天吃完。

(4) 红烧狗肉

【用料】狗肉500g,八角5g,小茴香5g,陈皮5g,葱、姜、花椒水、料酒、盐、味精、菜油、酱油、淀粉各适量。

【做法】将狗肉洗净切块,置铁锅于火上,放菜油,烧热后,将狗肉与葱、姜下锅内炸片刻,再放酱油、花椒水、盐、料酒,加水适量,然后将装入纱布袋内的八角、小茴香、陈皮扎住口,放入锅内,置文火上煨炖,至肉煨烂时,移至武火上,勾芡粉,撒上味精即可。作为佐餐食之。

(5) 狗肉小麦仁粥

【用料】狗肉500g,小麦仁(即小麦去皮)100g。

【做法】将狗肉切成小块,同小麦仁共煮粥。空腔适量服食。

(6) 狗脊狗肉汤

【用料】狗脊(为中药材,不是动物狗的脊骨)、金樱子、枸杞各15g,瘦狗肉200g。

【做法】狗脊、金樱子、枸杞与瘦狗肉同炖。食肉饮汤。

(7) 沛公狗肉

【用料】净狗肉1250g,乌龟1只(约重500g),酱油、白糖各100g,绍酒、朴硝、红曲汁各50g,盐15g,味精1g,葱、姜25g,8种香料(以公丁香为主,大料、小茴香、桂皮、白芷、草果、花椒、良姜)计20g。

【做法】将狗肉切成3.5cm长的方块;龟肉切成3.3cm长的方块;葱段拍松,姜切片。狗肉放盆内,加入盐10g,绍酒25g,姜葱10g,硝水,拌匀后腌2h,再用清水泡1h,入沸水锅内焯透,捞出洗净。龟肉放沸水锅中略焯,捞出用冷水洗净。取砂锅1只,放入竹垫;再放入狗肉块、龟肉块,加绍酒25g,酱油、盐5g,白糖、葱姜15g,红曲汁、八大味香料包,加清水(以淹没狗肉为度),上旺火烧沸，撇净浮沫，加盖，移至侵火，炖2h左右，至狗肉、龟肉酥烂，拣去葱姜与香料包，加入味精。盛入中号宜兴紫砂锅。将砂锅垫托盘或置于炭炉、酒精炉上入席。如用托盘垫上菜，可用食雕花卉、青鲜蔬菜等适当点缀、陪衬。

（8）狗肉酥饺

【用料】富强粉450g，狗肉300g，冻猪油150g，榨菜75g，酱油15g，盐、姜末、香油、料酒各10g，胡椒粉1g，水淀粉、葱、花生油各50g，鸡蛋2枚。

【做法】将富强粉250g放入盆内，与冻猪油50g及适量清水混合，揉匀揉透，成为水油皮，待用。将富强粉200g放入盆内加入冻猪油100g，揉匀揉透，成为酥心。将狗肉剁碎成末，榨菜切末。锅内加入花生油，热后下入狗肉末、葱花、姜末煸炒几下，加入料酒、酱油、盐、白糖、胡椒粉，再放榨菜一起炒熟，勾芡，淋入香油出锅，晾凉即成馅。将水油皮面放在案上，按成中间较厚的圆片，包入酥心面成大团球形，放在案上，轻轻按扁，擀成长方形片，折成3层，再擀成长方形，再折3层，最后擀成薄片，戳成花边圆片，刷上鸡蛋液，中间放入狗肉馅，捏成饺子，码放在烤盘里，入炉用180~200℃炉温烤约15min，饺身稍硬即熟。

（9）狗肉黑豆汤

【用料】净狗肉500g，黑豆100g，植物油100g，盐4g，酱油10g，胡椒粉2g，辣椒面少许，麻油5g，葱丝15g，姜末10g，味精少许。

【做法】将黑豆去净杂质，泡几小时使用。将狗肉浸在凉水中泡2h，捞出剁成大块，用水洗净，捞出放入锅中，下黑豆。用适量的水煮熟狗肉、黑豆，去尽浮油，加入各种调料，再煮片刻，最后加麻油、味精即可。

（10）壮阳狗肉汤

【用料】狗肉250g，附片15g，菟丝子10g，盐、味精、葱、姜、料酒各适量。

【做法】将狗肉洗净，整块放入开水锅内煮透，捞入凉水内洗净血沫，切成3.3cm长的方块；姜、葱切好备用。将狗肉放入锅内，同姜片煸炒，加入料酒，然后将狗肉、姜片一起倒入砂锅内；同时将菟丝子、附片用纱布袋装好扎紧，与盐、葱一起放入砂锅内，加清汤适量，用武火烧沸，文火煨炖，待肉熟烂后即成。服用时，拣去药包不用，加入味精，吃肉喝汤。每天2次，佐餐食。

二 狗肉罐头的制作

肉类罐头是指将肉类密封在容器中，经高温杀菌处理，把绝大部分微生物消灭掉，同时防止外界微生物再次入侵，借以获得在室温下长期储藏的一类食品。它的生产过程是由预处理、预煮（油炒）、调味或直接装罐，再经排气、密封、杀菌和冷却等工序组成。下面以红烧狗肉为例，简要介绍一下狗肉罐头的制作过程。

1. 狗肉的预处理

狗肉的预处理包括选料、洗涤、去骨、和切块。将经兽医卫生检疫合格的新鲜狗肉去皮、去内脏后，用清水洗涤，洗净表面污物后，踢去头和脚爪，剔去腿骨和其他大骨（保留脊椎骨、肋骨和颈骨），挖去淋巴及切除不宜加工的部分。然后切成 3~4cm 长的方块，再逐块检查，将残留的毛、淋巴及杂质清除干净。

2. 油炒

狗肉 100kg，酱油 5kg，猪油 3kg，料酒 1kg，砂糖 2.5kg，盐 2kg，陈皮丝 0.3kg，红辣椒 0.5kg。先将猪油倒入夹层锅内加热，然后投入陈皮和切块的狗肉不断炒拌至表面收缩时，加入约 1/3 的料酒，然后加入盐、糖、酱油及其他配料，边加料边炒拌至半生半熟时取出。

3. 调味

用大葱、生姜各 300g，八角、桂皮各 100g，花椒、草果各 50g，味精 80g，香包适量，骨头汤 70kg。清洗后将生姜、大葱捶碎，桂皮掰碎，八角、花椒、草果用纱布包扎后投入盛骨头汤的夹层锅内熬煮 30min 以上，过滤，最后加入香包和味精拌匀后备用。

每 100kg 经炒拌的狗肉加入 35kg 香料水，加盖焖煮至肉块熟透，脱水率约为 30%，然后按每 100kg 狗肉（油炒前）2kg 的比例倒入料酒，炒拌均匀即可出锅。用不锈钢小孔网筛过滤。把肉和汤分开放置，汤汁控制在 60kg 左右为宜。

4. 装罐

选用卷封式玻璃瓶罐，装罐前应清洗干净并经沸水消毒，倒罐沥水或烘干。新玻璃罐可放在漂白粉水溶液中用毛刷刷洗。漂白粉水溶液含有有效氯成分，有氧化细菌细胞原生质的作用，使细菌死亡。使用时用 1 份漂白粉加 2 份水，充分搅拌成浓浆，再加 5~6 份水搅拌，静止 24h，取上面透明的绿色溶液，依所需浓度配成水溶液。一般刷洗 1000 罐消耗漂白粉 160~170g。在使用回收的旧玻璃瓶时，因存在较多污垢及病菌，必须彻底清洗杀菌。先把旧玻璃瓶浸入 10~20g/L 的氢氧化钠溶液中，温度保持在 40~50℃，浸泡 5~10min；也可用纯碱（Na_2CO_3）溶液消毒；或放在沸水中烫洗。用碱液消毒者，还要放在热水中用毛刷洗涤，取出再用清水漂洗，除去残留的碱液，以免影响内容物风味。

每瓶装肉块 310g、汤汁 230g，净重 540g。装罐时，要保证规定的重量和块数。因此种罐头为带骨制品，必须注意固形物的搭配。装罐前食品须经过定量后再装罐，定量必须准确，同时还必须留有适当的顶隙。装罐时还要保持内容物和罐口的清洁，并注意排列上的整齐美观。

5. 排气

将肉装罐后在密封之前需要排气。排气是把罐内顶隙的、装罐时带入的和原料组织细胞内的空气尽可能从罐内排除的技术措施，从而使密封后罐头顶隙内形成真空的过程。罐头在排气前先将罐盖松松的与罐身卷合在一起，称为预封。预封可使罐盖不会脱落，而罐内空气仍可从缝隙之间逸出，上面凝结水珠不会滴入罐内。红烧狗肉罐头可采用热力排气法，其原理是利用空气、水蒸气和食品受热膨胀的原理，将罐内空气排除掉。常见方法有两种：一种是热装罐，即将食品加热至 70~75℃ 以上，趁热立即装罐密封，或者预先将汤汁加热到预期温度后，趁热加入装有食品的罐内，立即密封；另一种是装罐后加热排气，即把装罐后经预封或不经预封而覆有罐盖的罐头放入用蒸汽或热水加热的排气箱内，在预定的排气温度（90℃左右）经一定时间的热处理，使罐内中心温度达到 70~90℃，并使食品内空气有足够时间外逸的情况下，立即密封。

6. 密封

排气之后应立即密封。密封就是利用封罐机将罐盖与罐身紧密封闭，使罐内食品与罐外环境隔绝，不再受外界空气及微生物的污染而引起腐败。封罐机的类型很多，最常见的封罐机有半自动封罐机、自动封罐机和真空封罐机等。密封时，先在铁盖内垫上固体橡胶圈，上盖之后，用封罐机封口，使罐盖的钩边紧压在罐颈凸缘，成密闭状态。

7. 杀菌和冷却

杀菌（热力排气）：温度118℃，压力0.1MPa，15~60min。冷却应分段进行，一般为100℃、80℃、60℃、40℃，当温度降至45℃以下即可出锅揩瓶，涂上防锈油，入库保温。

8. 检验与储藏

将被检罐送入55℃的保温库中进行保温检查，时间约7天。如果杀菌不充分或其他原因有细菌残留在罐内时，一遇适当的温度，就会繁殖起来，使罐头变质。在保温终了，全部罐头进行一次敲音检查，将正常罐与不良罐分开处理。罐头经检验合格后，在出厂前，一般还要涂接，粘贴商标和装箱。罐头储藏的适宜温度为0~10℃，不能高于30℃，也不要低于0℃。储藏间相对湿度应在75%左右，并避免与吸湿的或易腐败的物质放在一起，防止罐头生锈。

第三节　肉狗副产品的开发利用

一　狗皮

1. 取皮季节与年龄

肉狗的屠宰一年四季均可进行，在不同季节，肉狗的被毛色泽、密度、粗细度、长度及所取皮板的厚度、强度等都有明显的差异。如要充分利用肉狗的毛皮，应在狗毛皮成熟之后屠宰。肉狗毛皮的生长规律是每年换毛2次，随着昼的延长，皮毛开始脱落，盛夏旧毛脱完，新的毛层又长出一部分。肉狗的毛皮一般在11~12月成熟。要获取优质狗皮，取皮季节在冬季气温0℃以下为好。肉狗在"小雪"至"大雪"期间取皮，此时的皮为冬皮，毛绒丰富，色泽

光润，品质最佳；春皮次之；4月以后毛绒开始脱落，无制裘价值，但可以制革。适时掌握取皮时间，屠宰前应进行毛皮成熟鉴定。毛皮成熟标准是毛绒丰满，针毛直立，被毛有光泽，尾毛蓬松，当吹开被毛时见粉红色或白色皮肤。一般1~2岁龄的狗皮绒细柔，色泽光润，皮板细韧。年龄过小，板质薄弱；年龄较大的皮针毛枯燥，有弯曲，底绒黏结不清。

2. 剥制

一般大多采用片状剥皮法。首先，将宰杀的肉狗尸放在干净的剥皮台上或倒挂起来，用剥皮刀从后肢跗关节和前肢腕关节处开口挑开一环行切线，沿四肢内侧各挑开一条切线，前肢挑至胸骨，后肢挑至腹中线，再沿腹中线切开，切口要直，不要呈锯齿状。然后，小心地用刀将皮剥开，不划破皮，也尽量不要留肉于皮上。腰部、胸部可采用钝性分离，前肢用刀小心分离。剥取头皮要小心地用力从耳基部将耳分离开，再剥离两眼和鼻，切断唇与齿连接部，使胴体与皮毛完全分离。公狗的外生殖器官一定要割去。

> **【提示】** 对短期内不能加工或无加工条件者，应在冷却1~2h后及时降温冷冻，或将鲜皮用盐进行腌制，也可利用防腐剂、消毒剂或化学药品等处理。

3. 狗皮的初步加工

狗屠宰后剥下的鲜皮，大部分不能直接送往制革厂进行加工，需要保存一段时间。为了避免发生腐烂，同时便于储藏和运输，必须加以初步加工。初步加工的方法很多，主要有清理和防腐两个过程。

(1) 清理 清理的目的就是除去皮上的污泥、粪便、残肉、脂肪、耳朵、蹄、尾、骨、嘴唇等，因为这些东西的存在，容易引起皮张的腐败。

(2) 防腐 鲜皮中含有大量的水分和蛋白质，很容易造成自溶和腐败，因此鲜皮如果不能直接进行加工制革时，必须在清理以后进行防腐储藏。防腐的基本原则为：降低温度、除去水分、利用防腐物质限制细菌和酶的作用。根据这些原则，在生产实际中应用的防腐贮藏方法有干燥法、盐腌法等。

1)干燥法。自然干燥时,把鲜皮肉面向外挂在通风的地区,避免在强烈的阳光下暴晒。干燥室内干燥时,可将皮张放在室内晾皮架上,皮面向内,用暖气、火炉、火墙等对室内进行加温,使温度保持在25~30℃,并保证通风良好。经2天时间,皮张基本干燥。然后将皮张放进15℃左右的房内,继续通风干燥4天左右,即可取下保存。干燥法虽然简单,但也有不少缺点,如皮张僵硬易断,不易复水,容易发生"烫伤"等,故在处理过程中应特别注意。

⚠️【注意】 干燥时,切忌高温和暴晒,以防损坏皮质。

2)盐腌法。生狗皮用食盐防腐,是最普遍的防腐方法。食盐防腐法有撒盐法、盐水腌法两种。撒盐法又称为干腌法、直接加盐法。撒盐法是将清理并经沥水后的生狗皮,毛面向下,平铺于中心较高的垫板上,在整个肉面均匀地撒布食盐,然后在该皮上再铺上另一张生狗皮,进行同样处理,这样层层堆集,叠成高达1~1.5m的皮堆。当铺开生狗皮时,必须把所有皱褶和弯曲部分拉平,食盐应均匀地撒在皮上,厚的地方多撒。盐腌期间为6天左右,盐量约为皮重的25%。盐水腌法即将生狗皮先在盐水中浸泡,再在堆置时撒上干盐,其方法如下:将经初步加工并沥干水分的鲜皮,称重并按重量分类,然后将皮浸入盛有盐水(食盐含量不低于25%)的水泥池中,经一昼夜后取出,沥水2h以后,进行堆积,堆积时再撒布重25%的干盐。浸盐水时,为了保证质量,温度应保持在15℃左右。为了防止盐斑可在食盐中加入盐重4%的碳酸钠。

4. 生狗皮的储藏

鲜皮经初步加工后,即应送入仓库中储藏。储藏时仓库的条件、皮的堆叠方法和管理等必须严格遵守操作规程,以保证生狗皮的质量。

(1)仓库的条件 仓库应能隔热、防潮,最好用防潮水泥地面。室内通气良好,室内温度不应超过25℃,相对湿度最好保持在65%~70%,这样生狗皮的含水量就能保持在12%~20%之间,可防止腐烂。库内应保留一定的空余面积,不应过多堆叠皮张,便于翻

堆倒垛及进行仓库检查等。库内光线要充足,以便检查及翻垛,应避免日光直接照射皮张,以防变质。

> 【提示】 仓库的管理对生狗皮的保存极为重要,如仓库管理不当,往往会使很好的原料皮变成废品,造成很大的损失。因此,仓库必须设有专人负责管理,保证库内合适的温度和湿度。

(2) **生狗皮的入库及堆垛** 经初步加工而且没有生虫的皮张即可入库储藏。生狗皮在库内堆放时可将整张生狗皮完全铺开,使上面一张皮的毛面紧贴下一张皮的肉面,层层堆叠。为了减少皮堆与空气接触,在堆好一堆以后,上面再覆盖一张生狗皮,并在上面撒上一层食盐。库中堆皮时,首先应该堆在木制的垫板上,堆与堆之间应有40cm的距离,行与行之间的距离不应少于2m,每5堆中间应留有供翻堆用的空地。

(3) **药物处理** 生狗皮如需长期存放时,为了避免虫害,在进库时应进行防虫处理,常用的处理方法如下:用萘(俗名洋樟脑)处理,在进库堆叠前,将皮平铺于木板上,撒布一层萘粉,然后再进行堆叠。由于萘易挥发而产生特殊的气味,从而达到防虫的目的。

5. 狗皮的鞣制

生狗皮只有经适当的鞣质加工,才能使皮质柔软,蛋白质固定,坚固耐用,适于制造各种制品。狗皮鞣制的目的:就是使皮质柔软、蛋白质固定、不致吸潮和腐烂、坚固耐用、使其适于制造各种生活用品。狗皮的鞣制方法很多,主要有:铬鞣、明矾鞣、油鞣、福尔马林鞣和混合鞣等。

二 狗骨

开发利用狗骨可生产骨胶、明胶、骨油、食用蛋白质、肥料和工业用的各种磷酸盐等产品,能取得较大的经济效益。骨粉、骨油和骨胶在化工、机械、医疗、畜禽饲养等方面都有广泛的用途。传统中医认为狗骨味甘,性平,无毒。烧灰可治下痢,可生肌,各种疮瘘及乳痈肿;狗骨泡酒,具有祛风除湿,活血止痛的功效,可治风湿性关节炎、风湿痛、腰腿无力和四肢麻木等症;狗头骨烧灰服之可治久痢,疯疽,恶疮等症。

1. 骨油的提取

骨中含有大量的油脂,其含量随家畜种类和营养状况而异,大体上占骨重的5%~15%,平均10%左右。在加工中由于提取方法不同,其出油率也不相同。

(1)水煮法 将新鲜的骨用清水洗净并浸出血液后,将其砸成2cm大小的骨块(骨块越小出油率越高)。然后,将骨块装入竹筐中投入沸水中,加热温度保持在70~80℃,加热3~4h后去除水分即为骨油。用这种方法提取骨油时,为了避免骨胶溶出,不宜长时间加热。

> ⚠️【注意】 加工要及时,最好是当天生产的骨,在当天水煮完毕。

(2)蒸汽法 将洗净粉碎后的骨,放入密封罐中,通入水蒸气加热,使温度达到105~110℃。加热30~60min后,大部分油脂和胶均已溶入水蒸气冷凝水中。此时从密封罐中将油水放出,罐内再通以水蒸气,使残存的油和胶溶出,如此反复数次(约10h),绝大部分的油和胶都可溶出。然后将全部油和胶液汇集在一起,加热静置后,使油分离,或者趁热时用牛乳分离机进行分油,则效果好而且速度快,且不致使胶液损失。

(3)抽提法 将干燥后的碎骨,置于密闭罐中,加入溶剂(如轻质汽油)后加热,使油脂溶解在溶剂中,然后使溶剂挥发再回到碎骨中,如此循环抽提而使油脂分离。

2. 骨粉

骨粉根据骨上所带油脂和有机成分的含量可分为粗制骨粉、蒸制骨粉和脱胶骨粉。粗制骨粉是狗骨经过简单蒸煮,除去部分脂肪,再经粉碎后得到的产品,其含氮量为2%~6%。蒸制骨粉指将脱脂以后的狗骨磨成的骨粉,其含氮量为1.5%~5.0%。脱胶骨粉为骨经脱脂和脱胶后磨细而成的骨粉,其含氮量为0.5%~1.0%。粗制骨粉小规模加工仅需粉碎机即可,可将狗骨在大锅中蒸煮以熬出骨

油,然后将狗骨置于阳光下晒干,最后用粉碎机粉碎即可。蒸制骨粉是用前述蒸汽法提取骨油后的残渣为原料,除去油脂和胶液后的骨渣干燥粉碎后即为蒸制骨粉。蒸制骨粉的蛋白质含量比粗制骨粉少,但色泽洁白而易于消化,也没有特殊的气味。根据用途又可分为饲料用骨粉、肥料用骨粉和食用骨粉。

另外,还可利用狗骨生产开发骨胶、骨泥酱、狗骨汤等。

三 脏器的利用

(1)加工食用产品 利用狗肝经卤煮可加工成卤狗肝,营养极为丰富。狗胃和狗肾都是火锅的上等原料,或烹制成爆炒腰花,或加工成卤制品。狗肠可加工成肠衣或直接食用。狗心脏既可卤制成卤制品直接食用,也可与肝一起烹制成菜肴,实为待客之上品。

(2)为生产脏器制剂提供原料 所谓脏器制剂,即将动物机体的脏器、腺体、体液和分泌物等加工制成生化药品和工业用制品的总称。脏器生化药品是正在发展的新兴医药工业中的一类重要药品,也是防治疾病的重要药源之一。脏器生化药品具有针对性强、副作用小、容易为人体吸收等特点,例如,胰岛素可在短时间内恢复糖尿病人血糖水平。目前已成为三大类药品(化学药品、中草药、生化药品)中,重要的一类,在医药方面起到了重要作用。肉狗场可采集肉狗脏器,为有关制药厂提供脏器原料。正确采集与保存各种脏器与分泌腺,是制作脏器制剂中特别重要的一环,也是畜牧工作者必须重视的工作。因为不论加工技术如何细致,配方如何准确,技术设备如何精密,如果忽视了原料的采集与保存,都不会得到良好的效果。故肉狗屠宰后应迅速取出脏器,随即进行加工与保存。

第九章
肉狗的疾病防治

第一节 肉狗疫病的基本知识

一 肉狗疫病发生的原因

肉狗有一系列抵御疾病的机制,机体内具有免疫系统,能杀灭进入体内的各类病菌。但是,肉狗的抗病能力是有限度的,当环境条件恶化导致机体衰弱、受伤、抗病力减弱时,肉狗就可能感染各种疾病。诱发肉狗发病的原因主要有两个方面:一是内因,即机体。主要表现在机体营养不良,抗病能力差,对环境适应能力不强;二是外因,即环境和病原体。环境较差,病原体滋生,在机体抵抗能力比较差的情况下病原体会侵入机体内,诱发疾病。因此提高机体免疫力是疾病防治的前提,改善环境、切断病原传播途径是疾病防治的基础。

1. 机体

肉狗的体质、年龄都和疾病的发生密切相关,主要表现在机体营养不良,抗病能力差,对环境适应能力不强。一般刚出生的幼狗和老龄狗发病率较高,而青年狗和壮年狗发病率较低。肉狗本身的生理遗传或代谢的缺陷,如遗传性肿瘤、不育基因的突变、内分泌失调等也会导致肉狗产生一系列的疾病。

2. 环境

肉狗一生中不仅有身体的生长发育、行为的改变,还有生活环境的改变,这么多的环节难免会遇到不测。环境条件的不适宜或突然改变,如缺少食物而饥饿、高温酷暑、冰雪霜冻;或受到农药等化学物质的毒害都可使肉狗发生疾病。肉狗生活环境要求相对较高的温度，这种环境比较适于各种病原体生长繁殖，因此，饲养场地的定期消毒、定期清理工作就显得非常重要，特别要保持肉狗生活环境的清洁卫生，不受各种污染物的污染。在建场前要对周围环境进行调查，谨防工业粉尘、噪声、农药对动物的危害。

3. 病原体

病原体侵染会使肉狗感染疾病，诱发动物发病的病原体主要有病毒、细菌、真菌和寄生虫等。吃带菌食物易感染细菌病、环境过湿易感染真菌病。环境阴湿、闷热、不卫生，寄生虫则易寄生于机体上，引起疾病。恶劣环境有利于病原体繁殖，不利于肉狗的生存，使机体抵抗力下降，这时更容易发病。具体地讲，养殖密度过大、环境恶劣或受污染、环境温度过高或过低、投饵不科学，肉狗抵抗力差时易发病，饮水未经消毒、被污染的食物被肉狗饮食后，都可引发疾病。

二 肉狗疫病的分类和发病的基本规律

肉狗与其他动物一样，易受到各种致病因素作用而发生疾病。

1. 传染病

凡是由致病性细菌、病毒、霉形体、真菌等病原微生物侵袭药用动物机体引起的，具有一定的潜伏期和临诊表现，且具有传染性的疾病称为传染病。传染病的发生传播，必须具备三个相互连接的基本环节：传染源、传播途径和易感动物群。

（1）传染源 传染源（传染来源）是指某种传染病的病原体在其中寄居、生长、繁殖，并能排出体外的动物机体。具体来说传染源就是受感染的动物，包括患病（传染病）狗和携带病原的狗。携带病原的狗排出病原体的数量一般不及患病狗，但因缺乏症状不易被发现，有时可成为十分重要的传染源，如果检疫不严，还可以随狗的运输散播到其他地区，造成新的疫病暴发或流行。

（2）传播途径 病原体由传染源排出后，经一定的方式再侵入其他易感动物所经的途径称为传播途径。直接接触传播是在没有任何外界因素的参与下，病原体通过被感染的动物（传染源）与易感动物直接接触（交配、咬斗等）而引起的传播方式。仅能以直接接触而传播的传染病,其流行特点是一个接一个地发生,形成明显的链锁状。必须在外界环境因素的参与下,病原体通过传播媒介使易感动物发生传染的方式,称为间接接触传播。间接传播主要有经空气(飞沫、飞沫核、尘埃)传播、污染的饲料和水传播、污染的土壤传播和活的媒介物传播。非本种动物和人类也可能作为传播媒介进行传播。从母体到其后代两代之间的传播称为垂直传播。

(3) **易感动物群** 肉狗对某一病原微生物没有免疫力(亦即没有抵抗力)称为有易感性。病原微生物只有侵入有易感性的机体才能引起感染过程。该地区狗群中易感个体所占的百分率和易感性的高低,直接影响到传染病是否能造成流行以及疫病的严重程度。

> 【提示】 传染源、传播途径、易感动物群这三个环节只有同时存在并相互联系时,才会造成传染病的发生和蔓延,其中缺少一个环节,传染病都不能流行和传播。

2. 寄生虫病

在两种生物之间,一种生物以另一种生物体为居住条件,夺取其营养,并造成其不同程度的危害的现象,称为寄生生活,过着这种寄生生活的动物,称为寄生虫。由寄生虫所引起的疾病,称为寄生虫病。寄生虫病的种类很多,分布很广,常以隐蔽的方式危害药用动物的健康,不仅影响幼狗的生长发育,降低生产性能和产品质量,而且还可造成大批肉狗死亡,给肉狗养殖业的发展带来严重危害。肉狗寄生虫的传播和流行,必须具备传染源(包括患病者、带虫者、保虫宿主、延续宿主等,在其体内有成虫、幼虫或虫卵,并要有一定的毒力和数量)、传播途径(经口感染、经皮肤感染和接触感染)和易感动物群三个方面的条件。寄生虫都在一定的外界环境中生存,各种环境因素必然对其产生不同的影响。有些环境条件可能适宜于某种寄生虫的生存,而另一些环境条件则可能抑制其生命活动,甚至能将其杀灭。外界环境条件及饲养管理情况,对肉狗的生理机能和抗病能力也有很大影响,如不合理的饲养,缺乏运动,圈舍通风换气不良,过于潮湿和拥挤,粪尿不经常清除,缺乏阳光照射等,都会降低肉狗的抵抗力,而有利于寄生虫的生存和传播。

因此,加强饲养管理,改善环境卫生条件,对控制和消灭肉狗寄生虫病是十分必要的。

3. 营养代谢病

营养物质的绝对和相对缺乏或过多,以及机体受内外环境因素的影响,都可引起营养物质的平衡失调,出现新陈代谢和营养障碍,导致机体生长发育迟滞,生产力、繁殖能力和抗病能力降低,出现病理症状和病理变化,甚至危及生命,此类性质疾病统称为营养代谢病。随着规模化、集约化和舍内饲养,肉狗的生产性能大幅度提高,营养代谢病的发生越来越频繁,营养代谢病已成为重要的群发病。营养代谢病发生缓慢,从病因作用到临床症状一般都需数周、数月,有的可能长期不出现临床症状而成为隐性型。肉狗营养主要是从植物性饲料及部分从动物性饲料中所获得的,植物性饲料中微量元素的含量,与其所生长的土壤和水源中的含量有一定关系,因此微量元素缺乏症或过多症的发生,往往与某些特定地区的土壤和水源中含量特别少或特别多有密切关系,常称这类疾病为生物化学性疾病,或称为地方病。营养物质的补充可以预防或治疗营养代谢病,缺乏症时补充某一营养物质或元素,过多症时减少某一物质的供给,能预防或治疗该病。通过对饲料或土壤或水源检验和分析,一般可查明病因。

> 【提示】 营养代谢病一般体温变化不大,除个别情况及有继发或并发病的病例外,这类疾病体温多在正常范围或偏低,患病动物之间不发生接触性传染,这是营养代谢病与传染病的明显区别。

4. 中毒症

某种物质进入机体后,侵害机体的组织和器官,并能在组织和器官内发生化学或物理学的作用,破坏机体的正常生理功能,引起机体发生机能性或器官性的病理过程,这种物质被称为毒物,由毒物引起的疾病称为中毒症。中毒症通常在采食后成群暴发,如在采食了喷洒农药、腐败、发霉、有毒等不良饲料或药物后发生。中毒症无接触传染病史,患病动物之间不发生接触性传染,这是中毒症与传染病的明显区别。中毒症多是群体发生，且出现相似症状，这类疾病体温多在正常范围内。

三 临床检查的基本方法

肉狗临床检查的基本方法包括：问诊、视诊、触诊、叩诊、听诊和嗅诊。

1. 问诊

问诊是指兽医人员以询问的方式听取饲养员有关病狗发病情况和经过的介绍。问诊主要包括以下内容：

（1）**基本情况调查** 包括肉狗的年龄、体重、性别，是否注射过疫苗，是否驱过虫，有无与病狗接触史，生活环境与饲养方式、饲喂管理制度等。

（2）**病史调查** 何时发病，病初情况，病狗过去是否发生过同样的疾病，病情发展情况，是个案病例还是群发，有无传染性。发病后的主要表现，如采食、饮水、排便、咳嗽、腹痛、出汗、呼吸和姿势以及是否让人触摸等情况。

（3）**治疗情况** 病狗是否治疗过，用过什么药物，效果如何，用药方式与药量，用药后效果如何。

2. 视诊

视诊是用肉眼或借助器械观察病狗全身或局部所呈现的各种异常现象的方法。视诊时一般不需要保定，除非不能站立、站立加重病情、疼痛或为检查的特别需要，否则应在狗自然站立状态下视诊。视诊时要站在离病狗适当的位置，由前向后，由整体到局部，由左向右，由静态到动态进行观察，发现异常，可稍近一些进一步仔细观察。必要时，牵遛病狗观察其步态。视诊主要包括以下内容：

（1）**整体状况** 包括体格大小、发育程度、营养状况、体质强弱、站立姿势、躯体及四肢的对称性和均匀性等。

（2）**精神状态** 肉狗的精神状态包括精神正常、精神沉郁、精神兴奋3个方面。异常情况表现为沉郁或兴奋。

（3）**姿势与步态** 姿势是指肉狗站立时的状态，步态是指行走时的体态。肉狗站立时异常情况有交替负重、四肢集于腹下、悬肢、曲颈、僵直等。步态异常有共济失调、盲目运动、骚动不安、跛

行等。

（4）表被状态 如被毛状态，皮肤及黏膜的颜色及特征，体表有无伤斑痕迹等。

（5）天然腔道 如口腔、鼻腔、咽喉、肛门、阴道等处的颜色与完整性，排泄物与分泌物（性质、数量和气味）等。

（6）生理活动 如饮食欲、呼吸动作、咀嚼、吞咽、饮水、呕吐、排粪、排尿等。

3. 触诊

触诊是一种用手指、手掌、手背或借助器械对被检的组织或器官进行触压和感觉，用以判定病变位置、大小、形状、硬度和温度等的检查方法。触诊时，应将病狗保定好，以防意外。触诊的基本原则是范围由大到小；用力先轻后重；顺序从浅入深；敏感部位由周边到中央。触诊分为直接触诊和间接触诊。直接触诊即用手直接触摸，直接触诊又包括浅部触诊、深部触诊及冲击触诊。浅部触诊使用手掌平贴体表面不加按压，用于检查体表温度、湿度、敏感性和心搏跳动等。深部触诊使用不同的力量对患部进行触压，以判断病变的部位、性状、大小等，常用于检查肿胀等。冲击触诊是手贴皮肤用力进行短而急的触压，常用以检查胃内容物的性状、腹水的波动性等。间接触诊是借助一定的器械进行探诊，常用于一些特殊情况，如食道探诊、尿道探诊等。由触诊可感觉到的病变性质主要有以下5种：

（1）捏粉样 感觉稍柔软，指压留痕，如发面团样，除去压迫后缓慢恢复。见于组织间发生浆液浸润时，如皮下水肿。

（2）坚实 感觉坚实致密而有弹性，像触摸肝脏一样，见于组织间发生细胞浸润时或结缔组织增生时，如蜂窝组织炎。

（3）硬固 感觉组织的硬度似骨，如骨瘤。

（4）波动感 柔软有弹性，指压不留痕，间歇压迫时有波动感。主要是由于组织间液潴留且周围组织弹性减退所致，如血肿、脓肿、淋巴外渗等。

（5）气肿性 感觉柔软稍有弹性及气体向邻近组织窜动的感觉，同时可听到捻发音。多为组织间气体聚积所引起，见于皮下气肿和恶性水肿病等。

4. 叩诊

叩诊是根据击打肉狗机体组织或器官所产生的音响性质来判断被叩组织和器官有无病理改变的一种方法，多用于检查肉狗的鼻旁窦、胸部和腹部。肉狗常用的叩诊方法是指叩诊法，即检查者以左（右）手中指紧贴狗的被叩击部位，另以弯曲右（左）手的中指进行叩击。叩诊音是被叩组织、器官在叩打时发生振动所产生的声音，其性质主要决定于被叩组织的致密度、含气量和含液体量的多少。叩诊的基本音响有以下5种：

（1）**浊音** 浊音又称为实音，是厚实的肌肉和不含气体的实质器官如心、肝脏、脾等与体壁直接接触部位在叩诊时发出的叩诊音，其声音性质是强度弱、持续时间短、声音高、不带有鼓音性质。

（2）**清音** 清音是正常肺区的叩诊音，其音响强、持续时间长、音调低、非鼓性。

（3）**鼓音** 鼓音是含有气囊组织器官的叩诊音，对狗来说主要是胃肠气囊或气胀时腹部相应部位发生的叩诊音，其音响性质为音响强、持续时间长、音调高或低、鼓性。

（4）**过清音** 过清音是介于鼓音和清音之间的一种叩诊音，如肺气肿、气胸时肺区的叩诊音。

（5）**半浊音** 半浊音是介于清音和浊音之间的一种叩诊音，如肺炎、肺不张、胸腔积液等病理情况下的叩诊音。正常肺区边缘亦表现为半浊音。

给肉狗叩诊时应注意：叩诊应在安静环境中进行；要选好叩诊部位，不可盲目；被扣指应该平放在被叩部位，紧密连接但不可用力按压，更不能枕于骨骼之上或之间；叩诊时，要利用腕力用叩诊指垂直打击被扣部位，之后，叩诊指要自然弹起，连续叩击2~3下；叩诊的力量适中，须视病变部的深浅和叩诊的目的而定。

5. 听诊

听诊是直接或间接听取肉狗深部器官发出音响的一种检查方法。听诊不仅可以辨别声音的性质，而且还可确定声音产生的部位，甚至估计病变范围的大小。当肉狗的心脏、肺脏及胃肠等器官有病变时，通常用听诊的方法进行诊断。听诊可分为直接听诊和间接听诊。

直接听诊简便、易行、结果准确。通过听病狗的咳嗽音及特征，可借以判断病性。检查咳嗽时，应着重检查咳嗽的性质、次数、强弱、持续时间和有无疼痛反应。肉狗常见的病理性咳嗽有干咳、湿咳、痛咳和痉挛性咳嗽4种。干咳主要发生于慢性气管疾病和急性炎症的初期，当肉狗发生胸膜炎时，常反射地引起干咳。湿咳多见于咽喉炎、支气管炎和支气管肺炎等。痛咳多见于急性喉炎、喉水肿和胸膜炎等。痉挛性咳嗽常由喉炎或异物进入上呼吸道而引起。

间接听诊是利用听诊器进行的听诊。由于听诊器具有放大音响的功能，使用方便、卫生，故此较为常用。听诊时要注意：使狗安定后在安静的环境中接受听诊；听诊器要密贴狗的体表，防止摩擦，须将狗保定好，以免其来回走动而影响听诊效果；间接听诊时需先检查听诊器，看其有无松动、破损或堵塞，以免影响对听诊音的辨别，听诊时注意辨认音响的性质，注意区分被毛摩擦音和肌肉的震颤音；听诊时要有针对性，在问诊之后有目的地进行。对心脏血管系统听诊主要听取心脏及大血管的声音，特别是心音，判定心音的频率、强度、性质、节律及是否有附加的心杂音，并判定检查心包的摩擦及击水音等。对消化系统听取胃肠蠕动音，判定其频率、强度、性质及腹腔的振荡音。

6. 嗅诊

嗅诊是借检查者的嗅觉，嗅闻病狗的口腔、呼出气体、皮肤和分泌物、排泄物的气味，来提示或诊断某些疾病。口臭提示口腔或胃有病，呼出气体恶臭提示肺部有病。皮肤和呼出气体散发尿臭提示有尿毒症的可能，阴道分泌物有腐败臭味提示子宫积脓，出现体臭见于齿槽脓肿、肛门脓肿、胃肠病、外耳炎、全身性皮炎等，特别是全身性脓疱性毛囊虫症、湿疹时，散发出难闻的气味。

在肉狗的食物中常掺杂有一定量的肉类或脂肪，故狗粪具有特殊的臭味，甚至发生难闻的酸臭气味。但当未饲喂肉狗肉类食物时，其粪便散发出酸臭或腐败臭味时，则是消化不良及胃肠炎所致。

健康肉狗尿液有较强烈的臭味。在一些疾病过程中，尿液的气味常发生明显改变。如当膀胱炎和尿道阻塞等引起尿潴留时，由于细菌可使尿液中的尿素分解，生成氨类成分，故尿液发生氨臭。当膀胱、尿道有溃疡、坏死或化脓性炎症时，常可因大量蛋白分解而产生腐败臭味。

四 临床诊断技术

临床诊断主要是对肉狗的容态、被毛和皮肤、可视黏膜、体温、体表淋巴结等的检查。

1. 容态检查

主要通过视诊和触诊，对肉狗全身情况进行检查。重点检查营养状况、精神状态和有无异常姿势。营养状况检查，主要是用于触摸背部，如脊柱椎骨突出，表明肉狗很瘦，营养不良或疾病所致。精神状态上的异常表现为精神兴奋和精神沉郁两种。精神兴奋常见的疾病有肉狗的食盐中毒、日射病及脑膜炎等；精神沉郁见于多种传染病、某些中毒症、胃肠炎、产后瘫痪、脑积液、酮尿病等。肉狗无论在散步时，还是在奔跑中，都显得矫健有力，动作、节奏统一，协调自如；肉狗关节屈伸自如，运动灵巧。常见的动作姿态异常多与以下情况有关：腰伤多数与发生骨缺钙引发腰椎间盘突出有一定的关系，造成双后肢无力，甚至拖拽而行；髋关节脱位，多因外伤造成，并常呈习惯性脱臼，以一侧为主；膝中直韧带断裂或膝盖骨脱位，与先天性结构缺陷有关；爪伤，多因被尖锐物体损伤或趾甲过长引起，肢不敢着地负重；发生骨损伤时，主要表现为不正常的肢活动和关节病痛，如外伤，则表现为肢伸长或缩短，疼痛状。

2. 体表及被毛检查

健康肉狗的被毛整洁，有光泽。被毛蓬乱而无光泽或大面积脱毛常是营养不良的标志，可见于内寄生虫病、结核病等慢性消耗性疾病，以及营养物质不足、长期消化紊乱。局部性脱毛处应注意皮肤病或外寄生虫病。表现为脱毛症的常见疾病有：疥螨病、虱病、蚤病、皮肤真菌病等。激素紊乱引起的皮肤病呈对称性脱毛，圆形脱毛为真菌性皮肤病。

健康肉狗皮肤柔软，在颈侧或肩侧等皮下组织发达处可捏成皱褶，松手则立即恢复原位。如恢复缓慢则是皮肤弹力减低的标志，见于营养不良、大失血、脱水和慢性皮炎等疾病。老龄狗的皮肤弹

性降低,是自然现象。皮肤颜色呈灰色或黑色,是色素沉着所引起,见于内分泌性的皮肤障碍、毛囊虫病、慢性皮炎、黑色棘细胞症及雄狗雌性化等。皮肤发红是充血的结果或发热的表现,如犬瘟热。皮肤的红色斑点常由皮肤出血引起,如为出血点则指压时不褪色。犬瘟热后期,可见下腹部和股内侧、颈侧等部位出现米粒大小红点、水肿和化脓性丘疹。如脚底皮肤受损时,就可见脚底肿胀、化脓、行走不便等。皮肤发绀可见于多种中毒症,尤以亚硝酸盐中毒最为明显。耳、脚部皮肤结痂,常见于疥癣。肉狗的汗腺不发达,正常情况下很少出汗,但鼻镜处常较湿润(睡觉时鼻端干燥)。鼻镜发干可见于发热病及重度消化障碍与全身病;严重时发生龟裂,提示犬瘟热等。

3. 可视黏膜检查

肉狗的可视黏膜包括眼结膜、鼻腔黏膜、口腔黏膜和阴道黏膜。重点要检查的是眼结膜。健康肉狗的眼结膜为浅红色。眼结膜苍白主要见于各种贫血(营养不良性、出血性、溶血性的)。双眼结膜潮红常见于脑膜炎、发热性疾病的初期等;一侧眼结膜潮红常伴有肿胀和分泌物的症状,常见于眼炎、急性传染病等。黏膜黄染常见于各种肝病、败血症、溶血症、寄生虫病等。黏膜发绀常见于心力衰竭、中毒性疾病等。

4. 体温、呼吸数、脉搏

(1) 体温检测 肉狗的体温检测目前多用直肠内测温。测温前对肉狗进行适当的保定。肉狗体温测定的方法:先将体温计的水银柱甩至35℃以下,涂少许润滑剂,将体温计稍加旋转缓慢地经肛门插入直肠内,并把体温计的夹子夹在尾根或臀部被毛上,过3~5min后取出。健康幼龄狗的体温为38.2~39.5℃;成龄狗的体温为37.5~38.5℃。健康肉狗的体温一般均为上午偏低,下午偏高,上、下午体温相差在0.2~0.55℃。

> ⚠ 【注意】 肉狗在运动、兴奋、紧张或暴晒后,可使体温一时性升高;而大量饮用冷水,受凉等又能使体温一时性下降。因此,对有上述情况的肉狗应在休息半小时后再检测体温。

（2）**呼吸数测定** 检查呼吸数的方法：观察胸腹部的变化，肉狗胸腹壁的一起一伏，是 1 次呼吸；将手背放在肉狗鼻孔前适当的位置，感觉呼出的气流，呼出 1 次气流是 1 次呼吸；冬季通过观察呼出的气流，来测定呼吸的次数。计算呼吸次数，通常是以 1min 为佳。健康肉狗呼吸数与品种、年龄、性别、营养、运动以及外界环境的温度、湿度、海拔高度等因素有关，所以肉狗呼吸次数有一定差别。一般健康肉狗在安静状态下呼吸次数：成年狗每分钟 10~30 次；幼狗每分钟 14~32 次。

⚠【注意】 检查呼吸次数时，必须在肉狗安静状态下或适当休息后再进行，否则呼吸数偏多。

（3）**脉搏测定** 切诊脉搏时，必须使肉狗处于安静状态下进行，否则脉搏数偏多。肉狗脉搏次数测定方法：通常是选后肢股部内侧的股动脉处。检查者站在肉狗的侧后方，一手握后肢，另一手伸入股内侧，以手指肚轻压动脉检查。检查脉搏时要注意脉数、脉性和节律。健康肉狗的脉搏数：成年狗每分钟 60~80 次；幼狗每分钟 80~120 次。

⚠【注意】 对于幼狗，体温、脉搏数、呼吸数极易变动，主要原因是由于幼狗各系统发育尚不完全，临床检查时一定要注意，排除各种非疾病因素，以免误诊。

5. 采食、饮水动作与口腔检查

健康肉狗食欲旺盛。食欲减退多见于消化不良、胃肠炎、热性病及肝病；食欲废绝多见于胃扩张及各种重症疾病；异常摄食，喜吃粪、石片、布片等，多见于维生素、矿物质缺乏症。饮欲增加，多见于热性病、代谢病和腹泻等。饮水减少见于消化不良、腹痛、胃肠卡他等。当肉狗出现采食、咀嚼、吞咽等动作异常时，应对口腔、咽头进行细致的检查。口腔检查主要用视诊、嗅诊等方法，注意口腔的颜色、湿润度、气味、舌苔，有无外伤、流涎、溃疡，审视牙齿状态有无异常。咽头检查主要靠视诊和触诊，可用开口器或

徒手打开口腔,病变可看得较清楚。患传染性水疱性口炎时,嘴唇、舌、口腔黏膜出现大量水疱、溃疡并流涎。

6. 胃肠道及粪便检查

腹部胃肠道检查可用视诊、听诊、触诊等方法进行。

腹部视诊主要是观察腹围的大小及有无局限性肿胀。病理性腹围变化常见的是增大和缩小两种。病理性腹围增大可由积气和积液所引起。肠管内积有大量气体时,腹部上方显著膨大;䐐窝展平,甚至凸出,见于肠鼓胀等。腹腔内蓄积大量液体时,腹部下方膨出,见于弥漫性腹膜炎和腹水等。腹部局限性膨大,多为腹壁疝或腹部皮下水肿所致。腹围缩小常见于急剧腹泻(如急性胃肠炎等)、长期食欲减退或长期腹泻(如慢性消化不良等)和慢性消耗性疾病(如寄生性贫血等)。

腹部触诊方法是检查人站在被检肉狗的后方,以双手拇指置于腰部做支点,其余4指伸直置于腹壁两侧,缓缓用力压迫,直至两手指端相互接触,以感觉腹壁及可触知的腹腔脏器状态。也可用双手置于两侧肋弓的后方,由前逐渐向后上方移动,让内脏滑过各个指端。若将肉狗的前后躯轮流举高,几乎可触知全部腹腔的脏器。触诊时应由浅表触诊逐步过渡到深部触诊,并避免腹部紧张,使其充分放松,对疼痛的腹部适当触诊,要避免粗暴和突然的触压。通过触诊,可以确定胃肠的充满程度和腹部的一些病变。左肋下区紧张并坚硬,见于胃食滞。胃区按压疼痛并有呕吐,见于胃炎。肠区有坚硬物且按压时疼痛,见于肠便秘、肠套叠及肠癌等。当肠管积气时,可感到腹壁的弹性增强。当腹腔积液时,可感知波动感。当肉狗患有腹膜炎时,触压腹壁疼痛反应明显,腹壁紧张度增高。

> ⚠️ **【注意】** 腹部触诊时,要注意不要将正常组织器官误认为异常。

正常时由于肉狗胃的位置深,一般听不到其蠕动音。但肉狗发生胃扩张时,则可听到短促而高亢的沙沙声、流水声或金属声。肠音是由于肠管蠕动时,肠内容物移动而产生的。健康肉狗的肠音清晰易听,如流水声、含漱声。病理性肠音主要有肠音增强、肠音减弱、肠音消失、肠音不整、金属性肠音等。

肉狗自采食到粪便完全排出体外需16~20h，每天排粪1~3次，排粪量为0.4~0.5kg。当肉狗排粪次数减少，粪量也少时，称为排粪迟滞或便秘。便秘时粪便干硬、色暗，常被覆多量黏液，这是便秘初期和热性病的症状。当肠管完全阻塞时，则排粪停止。顽固而持续性腹泻多见于重剧肠炎。在慢性消化不良过程中经常出现便秘、腹泻交替发生的现象。健康肉狗粪便一般呈黄褐色，呈圆柱状，覆有极薄的黏液层，稍有硬固感。粪便稀软，甚至呈水样，常见于肠炎等。粪便硬固、干小，见于肠便秘的初期。若粪便呈暗褐色甚至黑色，为肠道内陈旧性出血，如胃、十二指肠出血等；若粪便表面附有鲜红色血液，见于后段肠管出血。粪便黏液量增多，常表示肠管有炎症或排粪迟滞；粪便混有脓汁，多见于化脓性肠卡他或直肠内脓肿的破溃；粪便表面覆厚层纤维蛋白膜，见于纤维素性肠炎。当肉狗患有寄生虫病时，有时粪便中可检出蛔虫、绦虫体节等。另外，当肉狗患有维生素或微量元素缺乏症而致的异嗜时，常在粪便中混有破布片、被毛、瓦砾等异物。

> 【提示】 肉狗粪便的硬度、颜色常与食物的种类、含水量、脂肪及粗纤维的多少有密切的关系，在诊断时应予以注意。

7. 呼吸系统检查

健康肉狗鼻镜端湿润。当患病时，特别是患热性病时，鼻镜干燥并有热感，严重者开裂，流出水样或稀稠性鼻涕，常见于犬瘟热、犬钩端螺旋体病、传染性肝炎等传染病，以及鼻炎、感冒等。健康肉狗呈胸腹式呼吸，当肉狗出现腹式呼吸即为病态，表明病变多在胸部，如胸膜炎、心包炎。当出现胸式呼吸时，表明病变多在腹部，多见于腹膜炎、急性胃肠炎、胃扭转、胃扩张等。健康肉狗呼吸时呈节律性运动，吸气与呼气在时间上的比为1:1.6。生理条件下，肉狗呼吸节律可因兴奋、运动、恐惧、尖叫、狂吠及嗅闻等而发生暂时性变化。肉狗的病理性呼吸节律主要有断续性呼吸、潮式呼吸、间歇性呼吸和深长呼吸4种。

8. 泌尿生殖器官检查

健康肉狗排尿时，常取一定的姿势，母狗排尿多取下蹲姿势；公狗排尿则先提举一侧后肢，有排尿于其他物体上的习惯。当肾、膀胱、尿道和其他系统有某些疾病时，排尿次数和尿量都可发生改变，常见的变化有多尿、少尿、尿闭、尿潴留、尿频和尿淋漓等。健康肉狗尿澄清透明，无沉淀物。狗尿若变混浊，多是尿中混入黏液、白细胞、上皮细胞、坏死性组织碎片或细菌等的结果，说明肾尿道发生病损；尿中含有大量蛋白时，振荡后产生大量泡沫，但泡沫无色，不易消退；尿中混有血液时，呈混浊红色，见于急慢性肾炎、肾结石、膀胱炎和尿道肿瘤等。

公狗检查包皮、包皮孔和阴囊，暴露阴茎头，检查尿道口，如果怀疑异常，要充分暴露龟头。触摸阴茎口和骨盆外阴茎，定位睾丸，评价睾丸和附睾的大小和质地。进行全面的尿生殖道检查，需要采用手指直肠检查或腹部触诊。健康肉狗的阴囊皮肤薄而皱缩、富有弹性。若发现病狗的阴囊肿大，触之冰冷，指压留痕，可能为犬丝状虫所为；如触之阴囊肿胀，温热疼痛，常见于阴囊炎、睾丸炎等；若见睾丸肿大，触摸坚实并有结节，应考虑结核性睾丸炎或睾丸肿瘤；摸不到睾丸可能为隐睾或先天性睾丸发育不全。阴茎嵌顿时常红肿，病狗疼痛不安。

母狗检查乳房、乳头皮肤的异常，腹股沟淋巴结的大小和坚实性。雌性外阴检查时注意阴唇的伸展性和前庭黏膜的暴露程度，阴蒂的大小，充分评价异常。患李氏杆菌病时可见母狗流产，并从阴道内流出红褐色的分泌物。非哺乳期母狗的乳腺不充盈，泌乳期乳腺发育。当患有乳腺炎时，乳房有红、肿、热、疼的表现。严重时，整个乳房化脓，并伴有全身性症状，如高热、食欲减退、精神不振、卧立不安等。

五 病理学诊断技术

生产中，狗病的诊断主要根据临床表现和病理解剖剖检。不少疾病，通过对病狗或死狗的剖检，根据其特征性的病变，结合流行病学特点和临床表现，即可做出初步诊断，并及早采取措施，为疾病的有效控制赢得时间，减少损失。

1. 剖检器械、物品

常用的剖检器械物品有：解剖刀、组织剪、镊子、量杯、注射器、针头及采集病料时所需的酒精灯、接种棒、棉签、大口瓶和固定病理材料用的福尔马林、酒精等。另外，还需准备一些常用消毒剂，如碘酊等。

2. 剖检地点

剖检病狗，尤其是患传染病的狗，应在有清洗消毒条件的室内进行。若无条件而需要在室外剖检时，应选择离房舍、水源、道路较远的僻静处，预先挖好埋尸坑。

3. 剖检的要求

（1）**正确掌握和运用狗体剖检方法**　若方法不熟练，操作不规范、不按顺序，乱剪乱割，影响观察，易造成误诊，贻误防治时机。

（2）**防止疾病散播**　解剖器械在解剖过程中应随时用水洗涤，剖检结束后将所用的器械经清水洗净，浸入3%的来苏儿或0.1%的新洁尔灭（内含0.5%的亚硝酸钠以防锈）溶液中消毒4~6h，再用水洗擦干放入专用的器械柜内备用。乳胶手套最好一次性使用。纱布手套和工作衣等，用后必须经清水洗净后彻底消毒。

从场（舍）运出病死狗时，应用密闭、不漏水的容器（如塑料袋等）装载，以防病狗的毛、粪尿或天然孔中的分泌物、排泄物沿途散落而污染场地。病狗的血液、病理性渗出物和胃肠道内溶物不要随便倒泼，应收集于适当的容器内，然后消毒处理，以免污染周围环境和土壤。

> 【提示】　剖检后的尸体应深埋或焚化，或用高温处理后做饲料用（必须保证消毒彻底和安全无害）。

（3）**做好自身防护**　剖检时，剖检人员应穿上工作服和长筒靴鞋，戴上胶手套。剖检完毕，立即洗手消毒，更换工作服和靴鞋。在剖检过程中，手部如损伤出血，应立即停止工作，并用清水把手洗净，伤口处涂上碘酊或用0.05%的新洁尔灭冲洗消毒，戴上胶手套后再继续工作。解剖完毕后，对伤口再做清洗消毒并做适当处理。

4. 剖检方法

为了全面而系统地检查病狗尸体内外所呈现的病理变化，尸体剖检必须按一定的方法和顺序进行。一般剖检是先体表再体内，体内检查通常是从腹腔开始，然后是胸腔，再检其他，但剖检方法和顺序也不是一成不变的，应当结合当时的具体情况和检查目的与要求等灵活掌握。

剖检前应检查可视黏膜、外耳、鼻孔、皮肤、肛门等部位的变化。有时为了检查皮下病理变化，利用皮板在剖检之前先剥皮。剥皮过程中应注意检查皮下脂肪的量和性状，皮下有无出血、水肿、黄染、炎性渗出物、化脓、坏死等，注意血液的凝固性状、肌肉的发育状态和颜色，以及皮下淋巴结的大小、形态、颜色、质地、切面性状等。

尸体剖检时一般是将死狗放成躺卧位，用刀先切开、切断两侧肩胛骨内侧和髋关节周围的皮肤和肌肉，使四肢摊开。然后沿腹中线切开皮肤，向前切至颌下，向后切到肛门，掀开皮肤，再切开剑状软骨至耻骨前缘之间的腹壁；沿左右最后肋骨切腹壁至脊柱，使腹腔脏器全部暴露。此时检查腹腔各脏器的位置关系、形态、颜色等是否正常，检查腹腔液体的数量及性状，腹膜是否光滑、有无出血等。然后由膈肌处切断食管，由骨盆腔切断直肠，将肝脏、脾脏、胃、肠取出分别检查。再仔细检查肾脏、膀胱和子宫等。

检查胸腔脏器时先沿季肋部切去膈肌，再用刀或骨剪切断或剪断肋软骨与胸骨连接部，再把刀伸入胸腔划断脊柱两侧肋骨和胸椎连接部的胸膜和肌肉，然后用两手向外按压两侧胸壁肋骨，则肋骨和胸椎连接处的关节脱离或折裂而使胸腔敞开。首先检查胸腔液的量和性状，胸膜的色泽和光滑度，有无出血、炎症或粘连，而后摘取心脏、肺脏等进行检查。

尸体解剖和病理检查应同时进行，边剖边检查，以便观察到新鲜的病理变化。对实质脏器如肝脏、脾脏、肾脏、心脏、肺脏、胰腺、淋巴结等的检查，应先观察器官的大小、形态、颜色、光滑度，感觉其硬度，看有无结节、肿胀、坏死、变性、出血、充血、瘀血等，随后还要切开，观察其切面的病理变化。胃肠一般放在最后检查，先看浆膜的变化，而后切开胃和肠管，观察其黏膜的病变及内容物的变化。气管、膀胱、子宫、胆囊等其他腔体器官的检查方法与胃肠相同。脑和骨只在必要时进行检查。在肉眼观察的同时，根据需要在剖检过程中还应进行各种病料的采集。

> 【提示】 病狗最好在死前人工处死进行剖检，已死亡的病狗应尽早剖检。一般死后超过24h的尸体已腐败变质，从而影响对原有病变的观察，不利于疾病的诊断。

5. 病理组织学检查

一般包括组织的采集、固定、冲洗、脱水、包埋、染色和镜检等一系列过程，通常要在具有一定设备和具有经验的专业人员的实验室内进行。基层单位或饲养场（户）有必要时，可按要求采集有关样品送检。一般来说，不同疾病甚至同一疾病的不同阶段，其各组织器官的组织学变化会有所不同。据此可做出辅助性诊断、假设性诊断或确定性诊断。

第二节 肉狗疫病的综合防治技术

一 自繁自养，全进全出

肉狗场最好能自养种狗，以繁殖仔狗，自己育肥。这样既可避免买狗时带进传染病，也可利用杂交一代的杂种优势，提高肉狗的育肥效果和降低养殖成本。引进种狗时一定要检疫，必须从非疫区购入，经当地兽医部门检疫，并签发检疫证明，再经本场兽医验证、检疫，隔离观察2个月，经检查认为健康的，再全身喷雾消毒，方可入舍混群。在隔离期间还应驱逐体内外寄生虫，没有注射疫苗的应补注各种疫苗。肉狗养殖生产有连续饲养和全进全出两种方式。连续饲养是在一栋肉狗舍饲养几批年龄不同的肉狗群，转群或出售时未能一次全部调出，新肉狗群调入时部分肉狗舍仍留有尚未调走的肉狗群，这样容易造成各种慢性传染病的循环感染，使肉狗的生产性能和健康水平日趋下降，治疗费用增加，经济效益下降。全进全出即同批肉狗同期进一栋肉狗舍（场），同期出一栋肉狗

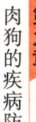

舍（场），肉狗全部调出后，经彻底清扫消毒后空闲一周再进下一批肉狗。有条件的肉狗场可根据生产过程划分为配种期、妊娠期和分娩期、断乳幼狗期和育肥期，将这些处于不同阶段的肉狗放在三个不同的地方饲养；也可采用两点系统，即配种、妊娠和分娩在一个地方，断乳幼狗和育肥肉狗在另一个地方。采用这一方法应在每次搬迁隔离前对肉狗群进行监测，清除病狗和可疑病狗，这样有利于消灭原肉狗群中存在的病原体，防止循环感染。实践表明，采用全进全出饲养方式，结合严格的隔离制度，可以消灭上批肉狗留下的病原体，给新进肉狗提供一个清洁的环境，进一步避免循环感染和交叉感染。同时，同一批肉狗日龄接近，也便于饲养管理和各项技术的贯彻执行。

> 【提示】 小规模的肉狗养殖户无法做到全进全出饲养制度时，应避免建大肉狗舍，至少在不同批次之间或几个月彻底消毒1次。

二 搞好环境卫生

1. 提供适宜的生活环境

适宜的饲养环境对肉狗生产十分必要。适宜的温度、湿度、光照能更好地发挥肉狗的生产性能，保持肉狗舍清洁舒适，通风良好，冬天能保温防寒，夏天凉爽防暑，舍内合理空气流通，降低病原微生物及有毒有害气体的含量，更有利于肉狗的健康生产。

2. 保持肉狗舍清洁卫生

肉狗场的环境卫生好坏，与疫病的发生有密切关系。环境污秽，有利于病原体滋生和疫病的传播。因此，肉狗舍、场地及用具等应保持清洁、干燥，每天清除圈舍、场地的粪便及污物。为防止环境污染，对肉狗场的粪便污水应进行无害化处理。粪便要经发酵进行无害处理，稀薄粪便用发酵池发酵，干粪用堆积发酵。污水的处理可用化学药品处理法。

3. 保证饮水清洁

肉狗每天都需要大量的饮水，水的需要量因饲料性质、气候条件不同而不同。哺乳母狗的乳中含有70%~80%的水分。因此，有条件时，应设置自动给水装置，满足饮水量和饮用水清洁无污染，保证肉狗正常代谢，维持健康水平。

4. 消灭老鼠、蚊、蝇，防止疾病传播

老鼠、蚊、蝇等是病原体的宿主和携带者，能传播多种传染病和寄生虫病。应及时清除肉狗舍附近的垃圾堆、乱杂草丛等；定期洗、冲、消毒污水沟；适当使用灭鼠、灭蚊蝇的工具和药械，搞好环境卫生，防止疫病发生和流行。

> 【提示】 肉狗场经营者应严禁销售死狗，肉狗场内要有专门的不漏水的袋、桶装死尸及分娩时产生的胎盘、死胎，并移出生产区外处理，对死狗应依患病性质分别采取高温、深埋处理，必要时焚烧。被死尸污染的场所要彻底消毒。

三 肉狗场消毒

肉狗场消毒是预防疫病流行的一项重要措施，是杀灭病原微生物的重要手段。消毒的目的是切断病原微生物的传染传递链锁，阻止其继续增殖和致害的能力。在狗病防治中，对健康的、发病和死亡的，都要进行有效的消毒。

> 【提示】 消毒剂的商品名称极复杂，有些消毒药有效成分基本相同，而商品名称因厂家而异，选择消毒剂时应了解有效成分，再依消毒目的及消毒对象进行选择。

1. 肉狗舍消毒

一般先进行机械清扫，彻底清除污物后，再用清水冲洗干净，最后用药物喷雾消毒。用化学消毒药消毒时，消毒液的用量以每平方米面积肉狗舍用1L药液计算。常用的消毒药主要有10%~20%的石灰乳、10%的漂白粉、0.5%~1.0%的菌毒敌、0.5%~1.0%的二氯异氰尿酸钠和0.5%的过氧乙酸等。消毒方法是将消毒液盛于喷雾器内，先喷地面，然后喷墙壁和门窗，再喷天花板，过2h后用清水刷洗饲槽、用具，将消毒药味除去、防止残留。一般情况下，肉狗舍消毒每年进行2次（春、秋各1次）。产房消毒，可在分娩母狗进产房前消毒1次，产仔高峰期进行多次，产仔结束后进行1次。在病狗舍、隔离舍的出入口处应放置浸有消毒液的麻袋片或垫草；消毒液可用2%~4%的氢氧化钠溶液、3%~5%的克辽林。

2. 地面消毒

若是水泥地面，可用5%的氢氧化钠溶液喷洒；当被芽孢杆菌污染时，则用10%的漂白粉液喷洒、冲洗。如为泥土场地，则先撒布熟石灰或漂白粉，再挖起0.3m厚表土，把土搬出后，用熟石灰或漂白粉撒布。

3. 粪便消毒

肉狗粪便消毒有多种，最实用的方法是生物热消毒法，即距肉狗场100~200m以外的地方设立堆粪场，将狗粪堆积起来，上面盖上10cm厚沙土，堆放发酵腐熟30天左右，即可作为肥料。

4. 污水消毒

最常用的方法是将污水引入污水处理池，加入漂白粉或其他氯制剂进行消毒，一般1L污水用2~5g漂白粉。

四 免疫接种

有组织有计划地进行免疫接种是控制肉狗传染病的重要措施之一。尤其是对于病毒性疾病等一些药物不能预防或预防效果不很理想的疾病。免疫程序是免疫接种的次序，包括疫苗种类、狗群类别、接种时间、方法、剂量、次数，并考虑母源抗体的影响，肉狗场免疫程序要根据所处地区及肉狗场具体情况来确定。预防接种应有周密的计划，为了做到预防接种的有的放矢，应该对当地各种传染病的发生和流行性情况进行调查。狂犬病、犬瘟热、传染性肝炎、细小病毒病、钩端螺旋体病是死亡率较高的疾病。因此，这几种病一般要求全免。其免疫程序参见表9-1。现在，市场上已经有狗用五联疫苗（犬瘟热、细小病毒病、传染性肝炎、狂犬病和副流感）和六联疫苗（犬瘟热、细小病毒病、传染性肝炎、狂犬病、钩端螺旋体和副流感），免疫效果均较好。肉狗在免疫接种后，需要经过一段时间才能获得免疫保护。因此，进行了免疫接种而尚未建立牢固免疫保护之前，不要到公共场所与陌生狗接触。

表 9-1　肉狗主要传染病免疫程序

疾病	疫苗类型	接种途径	初免周龄	再次接种周龄	第3次接种周龄	保护期/月
狂犬病	弱毒苗 灭活苗	肌内注射 皮下注射	12	64		36 12~36
犬瘟热	弱毒苗 麻疹弱毒苗	皮下或肌内注射 皮下或肌内注射	6~8 6~10	10~12	14~16	12
传染性肝炎	弱毒苗或灭活苗	皮下或肌内注射	6~8	10~12	14~16	12
细小病毒病	灭活苗或弱毒苗	皮下或肌内注射	6~8	10~12	14~16	12
钩端螺旋体病	灭活苗	皮下或肌内注射	10~12	14~16		12
副流感	弱毒苗 滴鼻弱毒苗	皮下或肌内注射 滴鼻	6~8 6（最早2周）	10~12	14~16	12

免疫预防接种效果的好坏，不仅与免疫的种类、接种的途径有关，也与肉狗的年龄、体质状况、饲养管理条件等因素有关。因此，为保证免疫效果，在预防接种时尤其应注意以下几点：

1）妊娠母狗，特别是临产前母狗接种会引起流产或早产，或者影响胎儿发育。泌乳期的母狗接种后可能引起暂时的泌乳量减少。幼小、体质弱和有慢性疾病的肉狗进行接种，容易出现接种反应。如果未受到传染病的威胁，最好暂时不接种。

2）接种疫苗前要驱除狗体内的寄生虫，尤其是肠道内的寄生虫。

3）疫苗接种应选择良好的天气进行。避免由于气候的剧烈变化、运输等引起应激反应。

4）接种过程中，须注意消毒，而且消毒剂不能与弱毒苗接触，注射器也不能重复使用，必须一狗一换。

5）接种疫苗时，不能同时或在接种前后10天内应用血清制品或免疫抑制剂。

6）仔狗接种疫苗时要严格掌握时间，以免因母源抗体的影响而

造成免疫失败。

> 【提示】所用疫（菌）苗必须是国家定点或指定的生物制品厂或相应的销售机构生产的合格疫苗。使用前要认真检查，凡有异常者不应使用。

五 驱虫

肉狗的寄生虫病会影响肉狗生长，降低饲料报酬，诱发其他疾病，有的还影响狗肉品质，甚至使肉狗发病死亡。在生产实践，每年都要定期、适时驱虫。一般幼狗在20日龄左右就应该首次驱虫。6月龄以下的幼狗最好每月驱虫1次。成年狗每季度驱虫1次。种母狗配种前驱虫1次。哺乳母狗和仔狗驱虫可同步进行。在每次驱虫前最好进行粪检，根据检查结果选择适合的驱虫药物。一般情况下，驱虫和免疫接种间隔开，以免驱虫药物对免疫接种产生干扰。目前，高效、低毒、广谱的驱虫剂种类较多，可选择使用。但选择药物时应考虑使用方便，以节省人力和物力。如苯丙咪唑、伊维菌素或阿维菌素，可同时驱除线虫、绦虫、绦虫蚴及吸虫。用药后要加强护理和注意观察，必要时采取对症治疗，及时解救出现毒副反应的病狗。驱虫期间要加强粪便、污染物的无害化处理，防止病原扩散。

> ⚠ 【注意】使用驱虫、杀虫药物，剂量要准确；新用药物应先做小群驱虫试验，取得经验并肯定药效和安全性后，再进行全群驱虫。

六 药物预防

肉狗场可能发生的疫病种类很多，其中有些病已有了有效疫苗，还有不少病尚无疫苗可供使用，因此，药物预防这些疫病也是一项重要措施。肉狗场应结合自身的实际情况，制订适合本场的药物预防程序，坚持定期进行各类抗生素的药敏试验，筛选出当期预防效果最佳的药物。根据不同季节气候的特点，在饲料中添加预防性药物，减少发生细菌性疾病的机会。

七 给药技术

给肉狗投药的方法很多,不同的药物一般各有规定的给药方法,运用时应根据药物的剂型、剂量及病状选用。

1. 经口投药法

治疗肉狗病的药物,多数经口投药。常用的方法有:

(1)拌料法 对有饮食欲的肉狗,部分粉剂或汤剂药物可拌在饲料或饮水中供肉狗自由饮食。为了使肉狗能顺利吃完药物,应事先让肉狗绝食一顿,然后将药物拌入适口性好的少量饲料中吃完即可。

(2)灌服法 此法是强行将药物经口给肉狗灌入胃内。片剂、丸剂的灌服,可将肉狗取坐姿并适当保定,投药者左手掌心横越鼻梁,以拇指和食指(或加中指)分别从两口角打开口腔或将上腭两侧的皮肤包住上齿裂,打开口腔,随之将药片、药丸放置于舌根部,放开左手,用右手托住下颌,令肉狗自行咽下。灌服少量水剂药物或将片剂研碎的粉剂加少量水而制成的混悬液、中药煎剂,可令肉狗取立姿或坐姿,适当保定,投药者用左手自口角打开口腔,右手持药瓶或灌药匙随之插入口腔,倒入药液,待其咽下,接着再灌,直至灌完;投药时应注意肉狗头不宜仰的过高,以防误咽。

(3)胃导管投药法 此法适宜于大量投入水剂类药物,不浪费药物,且安全可靠。投药前先选择大小合适的胃导管,用胃导管测量肉狗的鼻端至第8肋骨的距离,并在胃导管上做好记录,用液状石蜡等润滑剂涂布于胃导管前端。用胃导管投药时,先令肉狗取坐姿并适当保定,然后将开口器(为一长16cm,内径1.5~2cm的铁管,中间钻1圆孔,两端有可以滑动的铁环,拴上绳子)横伸放入肉狗口内,用绳子将开口器两端铁环拴系在肉狗的上颌部或耳部或耳后部。接着把涂好润滑剂的胃导管从铁管中间的圆孔慢慢插入口腔,到达咽部时,轻轻抽动,当肉狗产生吞咽动作时,随即将胃导管插入食管。此时,应判定胃导管是否进入食管。当确认胃导管的确在食管内,再继续把胃导管插向深部,直到标记处。之后,在胃导管的游离端接上漏斗,倒入药液。灌完药后,拔去漏斗,向管内吹口气,使管内药液全部进入食管及胃内,然后轻轻抽出胃导管,

再取下横置于狗口腔内的开口器。

⚠️【注意】 不要将胃导管误插入气管。

2. 注射法

（1）**肌内注射** 肌内注射适用于药量小、无刺激性或刺激性较小和吸收较困难的药液（水剂、混悬剂等）。有些疫苗也可做肌内注射。肌内注射应选择肌肉丰富，神经、血管较少的部位，如耳根、颈部、臀部、股部和腰部等。其方法是将肉狗适当保定，局部剪毛消毒，左手食指和拇指将注射部皮肤绷紧，右手持注射器，将针头垂直刺入注射部位肌肉1～2cm，然后抽拔活塞检查有无回血，确认无回血时方可注射药液；若发现回血，则应变换刺入位置，以免药液注入血管内。注射完毕拔出针头后，用碘酊消毒，并轻压针孔。

⚠️【注意】 针头不要全长刺入肌肉内，以免折断；强烈的刺激性药物如氯化钙和高渗性盐水等不能做肌内注射。

（2）**皮下注射** 皮下注射适用于注射刺激性小或无刺激性的药液、疫（菌）苗和血清等。皮下注射部位应选择皮肤较薄而皮下组织丰富的部位，如前肢肩胛后部、颈侧部、胸侧的皮下等。皮下注射前，先行局部剪毛消毒后，以左手拇指、食指和中指提起皮肤，使之成三角形皱褶，右手持注射器针头沿皱褶的基部，刺入1～2cm，放开左手，注入药液。注射完后拔出针头，用碘酊消毒，并轻压注射部，以防出血和药液自针孔外渗。

⚠️【注意】 当正确刺入皮下时针头可自由活动，如针尖刺入肌肉内，则针不能左右摆动；抽动活塞如有回血时，表明刺入血管内，应立即稍向后退出，避开血管，防止将药液或疫苗直接注入血管。

（3）**静脉注射** 静脉注射主要适用于大量补液、输血或刺激性较强的药液等。

静脉注射多选择易保定、便于操作的部位，如前肢的正中静脉（背内侧部）、前外侧静脉（腕关节上方的外侧部）（见图9-1）和后肢的隐静脉（后肢的外侧）（见图9-2），亦可选择颈静脉。静脉注射时，令肉狗侧卧并适当保定，注射部剪毛消毒后，用橡皮捆扎注射部上方或用手紧紧压迫静脉，使之怒张。之后，右手用医用头皮针或注射器，沿静脉血管使针头与皮肤呈30~45°角，刺入皮肤和血管内。接着按压输液管或轻轻抽拔活塞，观察是否回血。如见回血，则证明刺入血管，再将针头与血管平行向血管内伸入，然后解除压迫，固定好针头进行滴注或缓慢注射药物。若不见回血，应将针头退至皮下找准静脉再刺入，不可在皮下乱刺，以免引起血肿。注射完毕，拔出针头，用碘酊消毒，并轻压针孔片刻，防止出血或血液渗入皮下而导致皮下血肿。静脉注射时应注意以下几点：扎针要准确，避免多次扎针，引起血肿和静脉炎；当针确实进入血管，并见回血，须排净注射器和胶管内的气泡，然后方可进行注射；注入大量药液时，注入速度不宜过快；冬季天气寒冷时，注射的药液须加温；注射氯化钙等刺激性较强的药物时，应防止其漏出而引起组织发炎和坏死等。

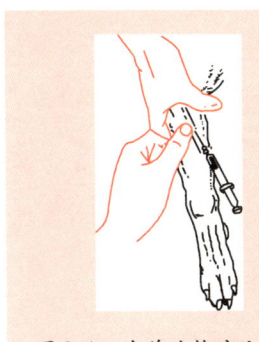
图9-1 左前肢静脉注射法

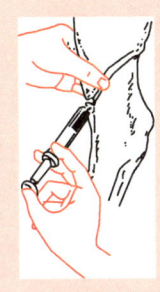
图9-2 左后肢静脉注射法

八 发生疫病时及时采取措施

肉狗群一旦发生传染病，应立即采取紧急措施，就地扑灭，防止疫情扩大。

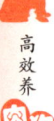

1. 控制传染源

当肉狗群发生传染病或疑似传染病时,应立即向有关部门报告疫情,以便组织人力调查,共同会诊,确定病性,及时采取紧急防治措施。发病肉狗场所有的肉狗必须进行全面仔细检查,病狗及可疑病狗应立即隔离观察和治疗,这是控制传染源的重要措施。根据疫病种类和实际情况,划定疫区,进行封锁。在疫区封锁期间,应禁止活狗及其产品交易活动。直到最后 1 只肉狗痊愈(或死亡)后,经过该病的最长潜伏期,再无新的病例出现,经全面彻底消毒后,方可解除封锁。对同群尚未发病的肉狗及其他受威胁的肉狗群,要加强观察,注意疫情动态。可根据病的种类,进行隔离治疗或淘汰急宰。

2. 切断传播途径

病狗及其隔离场所、用具、狗舍、粪便及其他污染物等必须进行严格彻底消毒及无害化处理。病狗尸体要焚烧或深埋,不得随意抛弃。没有治疗价值的病狗,根据国家规定进行严格处理,如烧毁、深埋或化制后作为工业原料等。发生传染病期间,肉狗场应严禁外来人员、动物和车辆等出入,本场人员出入肉狗舍时,必须经过严格消毒。

3. 保护易感肉狗群

对假定健康肉狗及受威胁的健康肉狗应立即进行紧急免疫接种,保护肉狗群免受传染。一般来说,采取紧急预防注射以弱毒疫苗为好。对目前尚无菌苗的细菌性传染病,可在饲料中加入抗生素或其他抗菌药物进行药物预防,一般饲喂 5~7 天。同时加强饲养管理以提高肉狗的抵抗力。

第三节 肉狗常见疾病

一 常见传染病

1. 犬瘟热

本病是由犬瘟热病毒引起的一种主要发生于幼狗的烈性传染病。临床上主要表现为双相热、鼻炎、消化道和呼吸道炎症,后期发生非化脓性脑炎等变化。

（1）流行特点 犬瘟热病毒存在于病狗的各组织器官、分泌物和排泄物中，病狗和带毒狗是本病的主要传染源。本病主要通过飞沫传播，也可通过污染物传播。除狗外，也可见于狼、狐、豹、水貂、獾、鼬等动物。本病的发生不分年龄和性别，但以3~12月龄幼狗发病最为常见，以60日龄到5月龄的肉狗发病率最高，死亡率也高。本病一年四季都可发生，呈地方性流行，但多发于冬、春季节（10月至次年2月），流行具有一定周期性，每隔3年左右流行1次。

（2）临床症状 病初体温升高至40℃左右，持续2~3天后降至正常，经2~3天无热期后体温再次升高。第2次体温升高时，症状加重。病狗精神沉郁，食欲废绝，消瘦，脱水，可视黏膜发绀，发生眼结膜炎或角膜炎。有时有脓性结膜炎和溃疡性角膜炎变化。有些肉狗发生呼吸道症状，病狗咳嗽，打喷嚏，流浆液性至脓性鼻汁，鼻镜干燥，呼吸急促，表现肺炎和支气管肺炎症状。有些病狗出现消化系统症状，呕吐，便秘或下痢，粪便恶臭，混有血液和气泡。有时皮肤表面有红斑、丘疹，足掌和鼻翼皮肤增厚。病至后期，病毒侵入大脑，病狗出现癫痫、痉挛、抽搐等神经症状。本病如得不到及时治疗，多愈后不良。当幼狗表现惊厥症状后，常转归死亡，死亡率高达80%~90%。部分病狗可出现舞蹈病和麻痹等后遗症。

（3）剖检病变 单纯犬瘟热初期，病理变化仅限于淋巴结，特别是肠系膜淋巴结及肠黏膜中的网状组织的髓样肿胀，常伴以脾髓增生和扁桃体红肿。有时可见上呼吸道黏膜有卡他性或脓性分泌物，肺组织点状出血。消化道有卡他性肠炎，幼狗常有出血性肠炎。在无并发症的病例中，最具初诊意义的病变是胸腺缩小并呈胶冻状。有些病例皮肤出现水疱性或脓疱性皮炎，有的病例脚底表皮角质层增生，表现为肉趾增厚（所谓"肉趾病"）。

（4）防治措施 一旦有犬瘟热疫情威胁或怀疑死狗是死于犬瘟热病时，应立即将病狗隔离，把死狗尸体焚毁，进行彻底消毒。疾病初期大量使用犬瘟热高免血清每千克体重1~2mL肌内注射，并配

合抗生素药物及对症疗法。病毒唑主要用于病毒感染初期，一般每千克体重5~10mg口服。为防止继发感染，选用广谱抗生素控制继发细菌感染，氨苄西林按每千克体重20mg静脉注射，或先锋霉素按每千克体重20~30mg肌内注射。病初在投予抗生素的同时，并用地塞米松2~5mg肌内注射，每天1次。对病程长、不食、有脱水的病狗，大量补给葡萄糖和电解质混合液，并加入维生素B_1、维生素C、ATP等能量合剂，对价值高的种狗可静脉注射复方氨基酸注射液或白蛋白注射液。针对病狗出现的症状，可选用止吐剂、止血剂、退热剂、收敛剂（止泻）、镇静剂（解痉）等。

> 【提示】 3%的福尔马林、5%的苯酚溶液及3%的氢氧化钠溶液等都对本病有良好的消毒作用。

预防本病最可靠的办法是定期注射犬瘟热疫苗或犬五联疫苗。母源抗体的存在直接干扰弱毒苗的效果，故3月龄以下的仔狗第1年内应连续注射疫苗3次，每次间隔2周，以后每年免疫2次。对刚购回的肉狗，应进行被动免疫，即注射免疫血清1~2次，15~20天后再进行疫苗接种。各养殖场应尽量做到自繁自养，严禁将个人养的狗带到肉狗场，肉狗场尽量控制外人的进入，在外界有本病流行期间肉狗场工作人员最好不要外出。平时要搞好狗体、狗舍卫生，避免与外来狗接触，发现病狗及时隔离治疗，其他狗注射高免血清做紧急预防，有一定效果。

2. 传染性肝炎

本病是由犬传染性肝炎病毒（Ⅰ型腺病毒）引起的一种急性、败血性传染病。世界各地均有发生。主要侵害1岁以内的幼狗，临床上以马鞍型高热、严重血凝不良、肝脏受损、角膜混浊为主要特征。

（1）流行特点 任何季节及任何品种、性别的狗均可发生本病。以1岁以内的幼狗多发，死亡率也高。成年狗多为隐性感染。一般发病率为40%~70%，死亡率为10%~40%。病狗和康复带毒狗是本病的传染源，健康狗通过接触其唾液、呼吸道分泌物、尿、粪等经消化道感染。感染后的妊娠狗还可经胎盘将病毒传染给仔狗。病毒的抵抗力较强，在低温条件下可存活较长时间。因此，一旦发生本病，较难彻底清除。

（2）临床症状 病初症状与犬瘟热相似，精神沉郁，食欲不振，渴欲增加，体温升高可达40℃以上，持续1~6天，一般呈现"马鞍型"体温曲线，开始体温升高，然后降至接近常温，持续1天，接着第2次体温升高。病狗有时呕吐或血性腹泻，齿龈和口腔黏膜出血或有出血点。静脉注射后，针眼流血不止。多数病狗剑状软骨部有痛感。可视黏膜苍白，少数病例有轻微黄疸。尿液色深暗，呈暗褐色或茶色。幼狗病情发展快，死亡率高，并常伴有肠套叠发生，急性者多在高热1~2天后死亡。部分病狗在急性症状消退后7~10天发生眼角膜暂时性混浊，形成蓝白色的角膜翳，称之为"肝炎性蓝眼"（俗称"蓝眼病"），这种角膜变化一般经2~8天即自愈。

（3）剖检病变 可视黏膜轻度黄染。口、鼻内有不凝的血样液体。皮下水肿，腹腔积液，液体虽清澈但常含血液，暴露于空气后常可凝固。肝脏肿大或正常，呈浅棕色至血红色，表面呈颗粒状，小叶界限明显。胆囊壁增厚、水肿、出血，整个胆囊呈黑红色，胆囊黏膜有纤维蛋白沉着。

（4）防治措施 本病目前尚无特殊有效药物，主要在于及早注射传染性肝炎高免血清。病初大量注射抗犬传染性肝炎病毒高免血清或犬五联血清，每次5~10mL肌内注射，同时给予转移因子、胸腺肽等免疫增强剂。此外，每天静脉注射50%的葡萄糖20~40mL，维生素C 250mg或三磷酸腺苷（ATP）10~40mg，连用3~5天，并口服肝泰乐片。要节制饮水，可每2~3h喂5%的葡萄糖盐水适量。对患有角膜炎的肉狗可用0.5%的利多卡因和氯霉素眼药水交替点眼。中药可选用"龙胆泻肝汤"（龙胆草、栀子、泽泻、木通、车前子、当归、柴胡、生地各10g，黄芩、甘草15g），煎汤去渣，1次灌服，每天1剂。

定期免疫接种，避免与病狗接触是预防本病的可靠方法，免疫程序同犬瘟热疫苗。目前大多是多联苗联合免疫的方法。对病狗用具、狗床等进行消毒。

> 【提示】 如果肉狗场怀疑有本病发生，要进行紧急预防，可使用二价或三价（同时对犬瘟热病和细小病毒病）免疫血清或免疫球蛋白，但保护期只限于2周之内，2周后还要注射疫苗进行免疫。

3. 细小病毒病

细小病毒病又名传染性出血性肠炎，是由犬细小病毒引起的出血性肠道急性传染病。临床上以剧烈呕吐、腹泻、出血性肠炎或心肌炎、白细胞显著减少和病死率较高为特征。幼狗多发，死亡率为10%~50%。

（1）流行特点 感染狗、隐性带毒狗是本病的主要传染源。病毒经病狗的粪便、尿液等排泄物排出，污染周围环境，使易感狗发病。犬细小病毒对各种理化因素有较强的抵抗力，所以一旦发病，很难彻底清除。各种品种、性别和年龄的狗均可感染发病，但多发于3~6月龄幼狗。特别是断乳前后幼狗，常全窝暴发。本病一年四季均可发生，但以寒冷的冬、春季发病较多。

（2）临床症状 该病在临床上主要以两种形式出现：

1）肠炎型。多见于3~4月龄幼狗。病狗精神沉郁，食欲减少或废绝，体温升高至40~41.5℃（也有体温不升高的），剧烈呕吐。发病1天后，出现急性、出血性腹泻，粪便先呈黄色或灰黄色，覆有多量黏液及伪膜，而后粪便呈番茄汁或西瓜水样，散发特殊的腥臭味。病狗迅速脱水，眼窝凹陷，皮肤弹性减退。最后因严重脱水，急性衰竭而死亡。

2）心肌炎型。常见于流行初期或缺少母源抗体的4~6周龄仔狗。常突然发病，除有轻度腹泻或呕吐外，可视黏膜苍白，迅速衰弱，呼吸困难，心脏有杂音，常因心力衰竭突然死亡。病程数小时至1天左右。致死率为60%~100%。

（3）剖检病变 出血性肠炎型主要以胃肠道广泛出血性变化为特征。可见小肠明显出血，肠腔内含有大量血液。特别是空肠和回肠的黏膜潮红、肿胀，散布斑点状或弥散性出血。心肌炎型可见心脏扩张，心肌和心内膜有非化脓性坏死。

(4) 防治措施 本病发病迅猛，发生本病时应及时采取综合性防疫措施，隔离病狗，对狗舍及用具等用 2%～4% 的氢氧化钠溶液或 10%～20% 的漂白粉反复消毒。肠炎型治疗原则是抗病毒、防治继发感染、补液、强心、止血、止泻、调节水盐代谢、纠正酸中毒。病初皮下或肌内注射抗犬细小病毒病高免血清（每千克体重 1～2mL）或犬细小病毒单克隆抗体，重症者隔日再注射 1 次。肠炎型所致的脱水，可选用林格氏液与 5% 的葡萄糖以 1:(1～2) 的比例混合输液，注意补充钾和维生素 C。呕吐和腹泻狗，用胃复安 10mg 肌内注射。体温升高者，选用复方氨基比林、鱼腥草等与庆大霉素、卡那霉素等混合使用。恢复期病狗应加强护理，可饮用 ORS 补液盐溶液。心肌炎型病狗没有很好的治疗方法，转归多为死亡。

预防本病需注意加强饲养管理，注意狗舍清洁卫生，定期注射疫苗。目前市面上有很多种进口和国内疫苗，但灭活疫苗更安全可靠。幼狗于 45 日龄、60 日龄、75 日龄时进行 3 次免疫，妊娠母狗产前 20 天免疫 1 次，成年狗每年接种 2 次。

4. 狂犬病

狂犬病又名恐水症，俗称疯狗病，是由狂犬病病毒引起的人兽共患的急性接触性传染病。临床上主要表现为各种形式的兴奋和麻痹症状，救治不及时死亡率极高。

(1) 流行特点 病狗及带毒的家畜和野生动物（犬科、猫科动物）是本病的传染源，没有年龄和性别的差异。本病是由带毒狗咬伤所致，几乎所有温血动物都对狂犬病易感，狗、猫对狂犬病高度易感。本病一年四季均可发生，在春、夏季发病率稍高。本病传播途径是咬伤后带毒唾液进入创内而感染，其流行的连锁性特别明显，以一个接一个的顺序呈散发形式出现。近年来发现一类症状虽不明显，但体内带有病毒的病狗，人、畜若被该狗咬伤即可受到感染。

(2) 临床症状 病狗主要表现为狂暴不安和意识紊乱。病初表现精神沉郁，举动反常，常躲藏在暗处不愿接近人或不听呼唤，出现异嗜（好食碎石、木块、泥土等物）。因喉部轻度麻痹，吞咽时颈向前伸展。唾液分泌增多，瞳孔散大，行走时后躯软弱。不久即狂暴不安攻击人畜，常无目的地奔走。病狗逐渐消瘦，下颌下垂，大

量流涎，声音嘶哑，尾下垂并夹于两后肢之间。后期病狗出现麻痹症状，行走困难，最终因全身衰竭和呼吸麻痹而死。

(3) 防治措施 疑为本病时应向当地的畜牧主管部门上报疫情。临床症状明显的病狗，无法治愈，应予扑杀。不准剥皮吃肉，须深埋或烧毁。

> **【注意】** 如确认肉狗患此病，应采用不放血的方法捕杀，然后2m以下深埋，或焚烧以及做工业处理。

预防本病主要是接种狂犬病疫苗（或五联苗），每年1~2次。购入未接种疫苗狗应隔离观察几个月。治疗咬伤狗时，让伤口大量出血，因为流出的血液可以将病毒从组织中冲走，同时应用消毒剂如0.1L汞水、3%的苯酚、碘酊。

> **【提示】** 人被病狗咬伤时要及时治疗，被咬伤的人，应迅速用20%的肥皂水冲洗伤口，并用3%的碘酊处理，还要及时接种狂犬病疫苗。

5. 冠状病毒病

本病是由犬冠状病毒引起的以胃肠炎为特征的一种传染病。临床上主要表现为频繁呕吐、腹泻、沉郁、厌食。

(1) 流行特点 病狗是本病的主要传染源。病毒随病狗粪便排出，污染饲料、饮水及周围环境，经消化道直接或间接感染健康狗而发病。由于冠状病毒存活期长（6~9天），所以本病一旦发生，在一定时间内很难控制其传播流行，常在短时间内迅速感染全群。本病的发生虽无品种、年龄、性别之分，但在流行时，通常都是幼狗先发病，然后波及其他年龄的狗。幼狗的发病率和致死率均高于成年狗。本病一年四季均可发生，尤其是寒冷的冬季发病较多。过高的饲养密度、较差的饲养卫生条件、断乳分窝、调运、饲养管理条件的突然改变、气温骤变等都会提高感染和临床发病的概率。

(2) 临床症状 病狗突然发病，精神沉郁，食欲废绝，呕吐，排出恶臭并带黏液的稀软粪便。粪便由糊状、半糊状乃至水样，呈橙色、绿色，内含黏液和血液。病狗迅速脱水，体重减轻，体温一般不高。幼狗死亡率较高，尤其出现浅黄色或浅红色腹泻粪便时，常于24～36h死亡。

（3）剖检病变 主要呈轻重不一的胃肠炎症状。严重脱水，肠壁变薄，肠管扩张，肠内充满白色或黄绿色液体，肠黏膜充血或出血，肠系膜淋巴结肿大，肠黏膜脱落是本病较典型的特征。病狗易发生肠套叠。

（4）防治措施 除对症治疗外，本病无特异性治疗方法。乳酸林格氏液和氨苄西林每千克体重10～20mg静脉滴注，同时投予肠黏膜保护剂。预防可采用犬冠状病毒灭活苗，仔狗6～8周龄时接种，每隔2～3周接种1次，连续免疫3次；也可用六联苗免疫接种。

6. 大肠杆菌病

大肠杆菌病是由致病性大肠杆菌引起的新生仔狗的一种急性肠道传染病。临床上以严重腹泻和呈现败血症为主要特征。

（1）流行特点 大肠杆菌病主要发生于1周龄以内的仔狗。本病的发生与不良的饲养管理有着密切的关系。如肉狗舍卫生条件差、奶水不足、天气突变、长期阴雨等环境因素的影响，使仔狗抵抗力降低，导致发病。从发病仔狗排出的大肠杆菌，其毒力增强，健康狗通过消化道感染而发病。一窝中有1只仔狗发病，很快可引起全窝发病。本病一年四季均可发生。

（2）临床症状 多在仔狗出生后7天内发病。仔狗表现为精神沉郁，不吃乳，衰弱无力，体温不高或稍低，四肢末梢发凉。最明显的症状是腹泻，排绿色、黄绿色或黄白色、混有凝乳块和气泡的腥臭稀粪，肛门周围及尾部被粪便污染。后期出现脱水症状，体温降低，行走不稳，皮肤弹性降低，黏膜发绀。临死前出现神经症状。多数病仔狗常于发病后1～2天内死亡。

（3）剖检病变 肠内有黄白色、黄绿色等液状内容物，肠腔扩张，肠壁变薄。胃肠黏膜有急性卡他性炎症。肝脏、肾脏有小点坏死。

（4）防治措施 发现病狗立即治疗，同窝未发病的仔狗及时采取药物预防措施，勤打扫圈舍，增加消毒次数。消毒可选用3%的氢

氧化钠溶液、来苏儿或甲醛溶液。治疗措施主要是控制感染,同时补液及调节电解质和酸碱平衡,而后者是治疗的关键。一般用磺胺类药物、新霉素、庆大霉素、黄连素、大蒜酊及其他消炎止泻药物,如泻痢宁。对重症病例,可静脉或腹腔注射葡萄糖生理盐水和碳酸氢钠溶液。保证足够的清洁饮水,同窝未发病的仔狗,可用上述药物预防。

预防本病需搞好肉狗舍卫生,调节饮食,提高肉狗抗病能力。母狗临产前,应及时对产房清扫消毒,母狗乳房若被粪便污染,应及时清洗。保证仔狗及时吃到初乳,增强其免疫力。平时防止肉狗误食或舔食不洁物及污水等。

7. 沙门氏菌病

沙门氏菌病又名副伤寒,是由沙门氏菌属致病菌引起的人兽共患常见传染病。临床多表现为败血症和肠炎,幼狗可引起迅速脱水而衰竭死亡。

(1)流行特点 肉狗沙门氏菌病多由鼠伤寒沙门氏杆菌引起。病狗和病畜禽的肉、乳、蛋等是本病主要的传染源,肉狗食用被沙门氏菌污染的饲料、饮水而发病。本病一年四季均可发生,潮湿多雨季节多发。当饲养群密度大、体质差、投予抗生素扰乱肠道正常菌群及免疫抑制剂、长途运输时,很容易诱发本病。任何品种、性别及年龄的狗均可发病。成年狗多表现为1~2天的一过性腹泻;妊娠母狗感染后有流产和死胎等症状;断乳后幼狗表现症状严重,死亡率高。

(2)临床症状 极少数最急性病例,前1天晚上还完全健康的狗于第2天早晨被发现死亡。急性、亚急性和慢性病例,通常病狗表现为精神沉郁、食欲减退、体温升高和腹泻。大便稀薄如水样,重症狗粪便有血液,黏膜苍白,虚脱,毛细血管充盈不良,休克,死前出现黄疸。部分病狗出现感觉过敏,后肢瘫痪,抽搐症状。急性胃肠炎可引起肺炎、咳嗽、呼吸困难及鼻出血。此外,妊娠母狗感染后有流产或死胎症状,出生的仔狗体弱、消瘦。

(3)剖检病变 急性病例发生败血症变化,各脏器有出血点,脾脏肿大,有卡他性胃肠炎和肠系膜淋巴结肿胀;严重的病例还可见到出血性肠炎，甚至坏死性肠炎。当病程较慢时，肝脏呈现脂肪变性。后期可能发生肝硬化，胆囊增大、发炎，肠道特别是回肠和大肠中，可见一种白喉性坏死性炎症，肠系膜淋巴结肿胀。

(4) **防治措施** 本病应用抗生素、磺胺类药物早期治疗具有一定疗效。常用磺胺甲基异噁唑或磺胺嘧啶每千克体重50mg加甲氧苄啶每千克体重12~40mg，混匀后分2次内服，连用1周。也可用大蒜5~10g捣成蒜泥内服，或制成大蒜酊内服，每天3次，连用3~4天。脱水严重时，林格氏液和5%的葡萄糖以1:2的混合液静脉滴注。同时改善饲养管理条件，喂给易消化的食物。

> 【提示】 沙门氏菌易产生抗药性，最好分离病菌进行药敏试验后选择用药。

预防本病，加强饲养管理，应严禁给肉狗喂病死动物的肉，搞好环境及肉狗舍卫生。对病狗使用过的食具，用5%的氨水或3%的氢氧化钠溶液消毒。死亡狗应深埋或焚烧。饲养员及兽医接触病狗后要注意洗手、消毒。

8. 钩端螺旋体病

本病是由于感染犬型钩端螺旋体或出血性黄疸钩端螺旋体引起的一种人兽共患传染病。主要表现为传染性黄疸和狗伤寒两种类型。临床上以发热、黄疸、出血和乏力为主要特征。

(1) **流行特点** 本病遍布世界各地，散发于气候温暖、湿度大的地区。患病狗和带菌动物如老鼠是本病的主要传染源，症状消失的病狗可间歇性排菌达数月至数年之久，成为本病扩散的潜在性危害。健康狗食入被病狗或带菌动物污染的食物、饮水而引起发病。另外，交配、胎盘感染及某些吸血昆虫也可传播本病。本病呈地方性流行，我国以南方和西南各省流行较为严重，多发于夏、秋季节。幼狗和公狗多发。

> 【提示】 潮湿是钩端螺旋体存活的重要条件，在含水的泥土中可存活6个月，这在本病的传播上有重要意义。

（2）临床症状 潜伏期为5~15天，严重病例往往突然发病。犬型钩端螺旋体感染以肾炎为主要特征。病狗表现为精神沉郁，体温升高至39.5~41℃，肌肉僵硬及疼痛，四肢无力，常呈坐姿，不愿行动。眼结膜和口腔黏膜充血，形成溃疡，并有腐臭味。食欲减退或废绝，但饮欲增加。腹部特别是胃部疼痛。触诊可以摸到痉挛性收缩的肠段如同硬索状。发展为尿毒症的狗，出现呕吐、血便、无尿、尿臭及脱水等症状。如侵害肝脏，15%病狗出现黄疸。重症狗可于病后5~7天内死亡。

出血性黄疸钩端螺旋体感染狗症状更重，表现高热（41.5℃以上）、呕吐、震颤、食欲废绝、腹泻间或血便、眼结膜和口腔黏膜充血、出血。70%的病狗出现黄疸，尿色深黄似豆油色，尿液在空气中静置较长时间后变为微绿色。常于发病后3~5天死亡。

（3）剖检病变 通常以黄疸、各脏器的出血、消化道黏膜的坏死为特征，腹水增多，且常混有血液，肠黏膜有小出血点，肝脏大，胆囊充满带有血液的胆汁。

（4）防治措施 只有早期治疗，才有可能治愈。病初可肌内或皮下注射抗钩端螺旋体血清10~30mL，幼狗注射量可减少。青霉素、链霉素对本病有很好的疗效，尤其在早期应用，效果更好。青霉素按每千克体重4万~8万单位，肌内注射，每天1次或分2次注射，连用5~7天。或肌内注射链霉素每千克体重15mg，每天2次，连用5~7天。对症疗法，保肝脏、制止呕吐、防止脱水等对提高治愈率有重要作用。用板蓝根、丝瓜络、忍冬藤、陈皮、石膏各10g，前4种煎水后冲石膏粉，分3次拌饲料中喂饲，每天或隔天1剂，有一定疗效。

> ⚠【注意】 康复狗尿中仍有病原排出，因此要求严格隔离。

为预防本病，避免肉狗与带菌动物，尤其是肉狗与鼠类，及被其尿所污染的水、饲料接触。被污染的环境，可用2%~5%的漂白粉溶液、2%的氢氧化钠溶液、3%的来苏儿消毒。国内外有与其他疫苗结合的多联苗，可给肉狗预防接种，但菌苗必须包括当地主要流行菌型。在本病流行期间，可采用药物预防。对肉狗群每年进行

1 次检疫，发现病狗及可疑感染狗，应及时隔离。

9. 布氏杆菌病

本病是由布氏杆菌感染而引起的一种人兽共患传染病。临床上以生殖系统侵害为主要特征，母狗表现为流产，公狗表现为睾丸炎。肉狗多为隐性感染，没有明显的临床症状。

（1）流行特点 本病主要传染源是病狗和带菌狗。最危险的传染源是受感染的母狗，在其流产和分娩时随胎儿、胎衣排出大量病菌，流产后的阴道分泌物和乳汁中也含有病菌。被感染的公狗精液中含有病菌，可通过交配传染给母狗。本病无明显的季节性，以配种和产仔季节多发。

（2）临床症状 本病以不发热，体表淋巴结轻度肿大为特征。公狗感染后，表现为睾丸炎、前列腺炎、包皮炎及淋巴结炎，单侧或双侧睾丸肿大，病程长者失去配种能力。感染妊娠母狗常于妊娠40~50天时发生流产，阴道排出绿褐色恶露。但于下次发情配种后又可以受孕。也有的病狗常发生多发性关节炎、腱鞘炎，并导致跛行。偶有发生角膜炎、眼前房出血等变化。

（3）剖检病变 母狗子宫深层有灰黄色针尖大小或米粒大小的结节。公狗的睾丸、附睾有化脓性病灶或坏死。

（4）防治措施 本病尚无有效的治疗办法。发现病狗立即隔离或捕杀，对流产的胎儿、胎衣等进行无害化处理。如为珍贵种狗，早期大量使用抗生素用以消除菌血症，用氯霉素、链霉素、卡那霉素、庆大霉素等，同时给予维生素C、维生素B，效果更好。被污染的环境用10%的石灰乳或氢氧化钠溶液等消毒。

> **【提示】** 本病是人畜共患病，其传染源主要是患病动物。病人感染后体温升高呈波浪热，恶寒战栗，全身不适，关节炎、神经痛。当有狗只发生流产时不要用手直接接触，工作人员注意自我防护。

10. 破伤风

破伤风又名强直症，俗称锁口风，是由破伤风梭菌引起的一种人兽共患的急性毒血症。本病是一种人兽共患的急性、创伤性、中毒性传染病。病狗以运动神经中枢对刺激反射兴奋性增高和骨骼肌持续性痉挛收缩为临床特征。

(1) 流行特点 破伤风梭菌在自然界分布很广，广泛分布在施肥的土壤、街道尘土和腐臭淤泥中，健康人兽的粪便内也常见到。本病多呈零星散发，病死率高。自然感染通常是由于伤口被含有破伤风梭菌芽孢污物污染而引起发病，特别是在去势、断尾时最易发生。

(2) 临床症状 潜伏期长短不一，常于感染后5~8天内发病，发病后5天内死亡。病狗主要表现为骨骼肌强直性痉挛及反射兴奋性增高。痉挛症状常由头部开始，然后及于其余肌群。表现为颈部肌肉强直，第三眼睑突出，眼球上翻，鼻翼开张，开口障碍，咀嚼困难，耳僵硬、竖立互相靠拢，尾举起，四肢关节僵硬不能屈曲行走，呈木马样姿势。病狗对声响、光照等刺激异常敏感，但神智始终清醒。最后病狗多因咬肌痉挛不能进食，胸肌痉挛导致呼吸困难、缺氧及心肌麻痹而死亡。死亡通常发生于出现症状以后的3~10天。

(3) 防治措施 本病的治疗原则是消除病原、中和毒素、镇静解痉、对症治疗及加强护理。消除病原是提高治愈率的关键所在，找到创口，除尽创内脓汁、坏死组织、异物等，并用3%的过氧化氢或2%的高锰酸钾溶液清创，再用5%~10%的碘酊涂擦，然后撒上碘仿磺胺粉。局部与全身大量给予青霉素，按每千克体重6万单位静脉注射，每天1次。病初，及时应用抗破伤风血清10万~20万单位，分3天静脉注射以中和毒素，同时应用40%的乌洛托品5~10mL，每天1次，连用7~10天。当肉狗全身震颤、兴奋不安时，应镇静解痉，可用氯丙嗪每千克体重1~5mg肌内注射，每天2次。病狗强烈兴奋和强直性痉挛时，用25%的硫酸镁2~5mL静脉注射。此外，应根据病情强心补液，加强护理，经常变换体位，防止褥疮，确保呼吸畅通。对病狗应加强护理，并置于光线较暗、干燥、洁净的肉狗舍中。严寒时注意保暖。环境尽量保持安静，减少各种不良刺激。对采食困难的病狗，可用胃管给予半流质食物。

平时要注意饲养管理和清洁卫生，避免狗体受伤。对深部开放性创伤，用3%的过氧化氢充分消毒后再做全身抗感染处理，迅速注射抗破伤风血清，并同时给予破伤风类毒素，在30天时再重复注射1次类毒素。做较大手术时，最好注射预防量的抗破伤风血清。

11. 真菌性皮肤病

真菌性皮肤病又名钱癣、脱毛癣，俗称皮霉病或皮肤丝状菌病，是由各种致病性真菌侵染体表皮肤、被毛、爪等处而引起的一类疾病。临床特征是皮肤上呈现界限明显的圆形或轮廓癣斑，其上带有残毛，并有鳞屑或痂皮。

（1）流行特点 本病通常由犬小孢子菌、石膏状小孢子菌和须毛癣菌所引起。肉狗舍潮湿不洁、通风不好或食物中维生素缺乏，特别是维生素C不足时，易发生本病。本病主要通过动物相互接触传播，或通过污染的物体而传播，其他皮肤病如螨病、脓皮病等也可继发。拥挤、潮湿及卫生条件差会加剧疾病的发生和发展。本病一年四季都可发生，但于潮湿的春、秋两季较多见。

（2）临床症状 轻度感染时，病狗皮肤呈环形的鳞屑斑，病灶内残留被破坏的毛根。严重感染时，病狗痒觉明显，皮肤大面积脱毛，局部或全身皮肤发红并覆盖厚厚的痂皮，稍加梳刷即有大量被毛脱落或断落。有些病狗发生丘疹、水疱和皮屑，并发生毛囊炎和毛囊周围炎，严重者可发生溃疡，久治不愈。病变多出现于颜面部、眼、耳、口、肛门周围，严重者波及全身大部，病程长者在腰背部发生色素沉着。脱毛部位皮肤增厚，痒感不显著。

（3）防治措施 发现病狗应及时隔离治疗。病狗舍及用具可用热的（50℃）5%的苯酚溶液消毒，或用热的（60℃）5%的克辽林消毒。病狗可用灰黄霉素按每千克体重20～25mg，口服，每天1次，连服3～5周；或用酮康唑按每千克体重10mg，分2次口服，连用4周以上，直到痊愈为止。外用可采用克霉唑软膏或咪康唑软膏或癣净等局部涂擦，直至痊愈。涂擦前先将痂皮清除，再以肥皂水洗净。

> 【提示】 人的浅部真菌病和肉狗的真菌性皮肤病一样，也是由表皮癣菌属、小孢子菌属和发癣菌属所引起的。所以在养肉狗时工作人员要注意自身的防护。

二 常见寄生虫病

1. 弓形体病

弓形体病又名弓形虫病、弓浆虫病，是由龚地弓形虫引起的一种人兽共患原虫病，本病分布广泛，在我国，除西藏、青海外，其他各地均有报道。急性病例多发生于不满1岁的幼狗。

（1）病原及其生活史 弓形虫虫体很小，只有在显微镜下才能看见。其发育与传播需要两种宿主，猫是终末宿主，其他动物（包括狗、人）为中间宿主。弓形虫在终末宿主体内为裂殖体、配子体和卵囊3种形式，在中间宿主体内为滋养体和包囊两种形式。虫体首先在猫小肠上皮细胞进行裂体增殖和配子生殖，最后形成球虫样卵囊。卵囊随粪便排出体外，在外界环境中经过孢子增殖阶段，发育成为含有两个孢子囊的感染性卵囊。当肉狗和其他动物采食了含有感染性卵囊或含有弓形虫滋养体、包囊的中间宿主的肉、内脏、渗出物、排泄物、乳汁等即可感染。此外，弓形虫还可通过损伤的皮肤、黏膜感染动物，通过胎盘可使胎儿感染。

（2）临床症状 肉狗弓形体病多为隐性感染，仅少数肉狗症状明显，个别也可导致死亡。病狗的主要症状表现为发热、咳嗽、呼吸困难、运动失调和下痢。精神沉郁、虚弱，眼、鼻有大量分泌物，黏膜苍白。少数病狗有剧烈呕吐，有时出现神经症状。妊娠母狗可发生流产和死胎。有时产出的仔狗出现拉稀、呼吸困难和运动失调等症状。

（3）防治措施 治疗弓形体病的特效药为磺胺加抗菌增效剂。磺胺嘧啶+甲氧苄啶，前者按每千克体重70mg，后者按每千克体重14mg给药，每天2次口服，连用3~4天。此外，也可选用磺胺二甲氧嘧啶、长效磺胺、复方新诺明、磺胺六甲氧嘧啶等磺胺类药物。近年来用氯霉素、螺旋霉素等抗菌药物治疗人类弓形体病，有获得成功的案例。

> ⚠ **【注意】** 应在发病初期及时用药，如果用药较晚虽可使临床症状消失，但不能抑制虫体进入组织形成包囊，结果使病狗成为带虫者。

预防本病的主要措施是肉类要煮熟后喂肉狗，对血清学阳性的妊娠母狗要用磺胺类药物治疗，以防感染后代。保持环境卫生，消灭肉狗舍周围野鼠，严防肉狗捕食野鼠。特别要防止猫粪污染饲料、饮水。

2. 绦虫病

绦虫病是肉狗常见的危害较大的寄生虫病之一。成虫寄生于肉狗小肠内，危害很大，而且能诱发其他疾病，甚至引起死亡，其幼虫期大多寄生在家畜和人的实质器官，严重危害家畜和人的健康。

(1) 病原与生活史 绦虫为一种雌雄同体、体分节呈带状的蠕虫。小的仅 1cm 左右，大的长达数米，由几个至数百个节片组成。虫体分为头节、颈节、节片 3 部分。根据虫体种类的不同，有的头节上有吸盘、顶突，有的头节为吸槽或吸叶型。节片自前向后分为幼片、成片和孕片。孕片内充满大量成熟虫卵，孕片不断脱离链体，污染环境。单个虫卵多数为近圆形，内含六钩蚴。寄生于肉狗的绦虫有 30 多种。在我国，寄生于肉狗的绦虫主要有狗绦虫、细粒棘球绦虫、泡状绦虫、多头绦虫、豆状绦虫、中线绦虫和裂头绦虫等。绦虫在传播过程中均需中间宿主作为传播媒介，其中有些为猪、牛、羊，有些为昆虫。

(2) 临床症状 肉狗患绦虫病时，轻度感染时症状不明显，但在肉狗肛门周围时有绦虫孕节片附着或粪便中有大米粒或黄瓜籽仁样可活动的孕节片；病狗肛门不适，经常磨蹭肛门。严重感染时，则出现消化不良，食欲不振，有时腹痛，便秘或腹泻，逐渐消瘦、贫血。虫体成团时可引起肠梗阻、肠套叠、肠扭转甚至肠破裂。

> **【小经验】**>>>>
>
> 如发现病狗肛门口夹着尚未落地的绦虫孕节，以及粪便中夹杂短的绦虫节片，均可帮助确诊。节片呈白色，最小的为米粒大小，大的可长达 9mm 左右。

(3) 防治措施 治疗本病可选用灭绦灵（氯硝柳胺），按每千克体重 100～150mg，1 次口服，服药前应禁食 12h，有呕吐症状的肉狗可直肠给药，但剂量要加大些（本药对细粒棘球绦虫无效）。吡喹酮按每千克体重5~10mg，1次口服；或按每千克体重2.5~5mg，皮下注射。氢溴酸槟榔素按每千克体重1.5~2.0mg，口服，服药前绝食12~20h，服药前20min给适量稀碘液（水10mL 2滴）以防呕吐。

预防本病的主要措施是定期检查、定期驱虫。通常每季度驱虫1次。驱虫时，应把肉狗隔离在一定范围内，以便收集和处理排出的虫体和粪便，彻底销毁或深埋。发现病狗及时隔离驱虫。

3. 蛔虫病

蛔虫病是由犬蛔虫和狮蛔虫寄生于肉狗的小肠和胃内而引起的肉狗常见寄生虫病之一，分布于世界各地，常引起幼狗发育不良，生长缓慢，严重的可引起死亡。妊娠母狗如感染这种病，还可把蛔虫传给仔狗。

（1）病原及其生活史 犬蛔虫又名犬弓蛔虫，虫体呈浅黄白色，头端有3片唇，体侧有狭长颈翼膜，在食道与肠道连接处有一个小胃；雄虫长5~11cm，尾部向腹面弯曲；雌虫长9~18cm，尾端伸直。犬蛔虫卵为短椭圆形，深黄色，外膜厚并有明显的小泡状结构，内含未分裂卵胚，卵胚充满虫卵。犬蛔虫的成虫寄生于肉狗小肠内，虫卵随粪便排出体外，在适宜条件下经10~15天发育成为内含幼虫的感染性虫卵。当肉狗吞食感染性虫卵后，在小肠内孵出幼虫。幼虫穿透肠黏膜进入肠壁毛细血管，经血流到肝脏、心脏和肺脏发育。再混入痰液内被肉狗咽下到达小肠后发育为成虫，这一发育经历需4~5周完成。年龄较大的成年狗感染后，幼虫在体内移行过程中，一部分随血流到其他脏器和组织内形成包囊。一部分幼虫移行至子宫经胎盘进入胎儿体内。当仔狗出生两天后，幼虫进入肠腔内，经21~30天发育成熟并排出虫卵。因此，出生后1个月的仔狗，可从其粪便中查出虫卵。移行到乳腺的幼虫还可经乳汁传染给仔狗。

狮蛔虫外观与犬蛔虫相似，但颈翼膜较窄、无小胃、虫体稍小，雄虫长4~6cm，雌虫长3~10cm。虫卵近圆形，呈浅黄色，外膜光滑，内含未分裂卵胚，卵胚不够充满，卵壳内空隙较大。狮蛔虫生活史较简单，其幼虫不需体内移行，肉狗食入感染性虫卵，幼虫在小肠内逸出，钻入肠壁内发育后返回肠腔，经3~4周发育为成虫。

（2）临床症状 病狗表现为渐进性消瘦，发育缓慢，食欲不振，便秘或腹泻，有时出现腹痛、呕吐、异嗜，腹围膨大，被毛粗乱无光泽。大量虫体寄生时可引起肠阻塞、肠套叠或肠穿孔而死亡。虫体释放的毒素可引起病狗兴奋、痉挛、运动麻痹等神经症状。病初，由于幼虫移行可引起肝炎和支气管肺炎的症状。

（3）防治措施 治疗本病可选用以下药物：伊维菌素或灭虫丁注射液每千克体重0.1mL皮下注射；左旋咪唑按每千克体重10mg，口服；噻苯达唑按每千克体重10mg，连服3天或1次皮下注射。

> **【提示】** 驱虫药一般杀死成虫，对新食入的虫卵不能杀灭，一般应间隔2周再重复驱虫1次。

预防蛔虫病的基本原则是搞好环境卫生，及时清除粪便进行发酵处理，定期驱虫。肉狗蛔虫感染率很高，而且又可经胎盘传给仔狗，因此应定期进行驱虫，仔狗一般于出生后20天开始驱虫，以后每季度驱虫1次。

4. 疥螨病

疥螨病俗称"癞皮狗病"，是由犬疥螨寄生于肉狗的体表，引起剧痒、脱毛、结痂为特征的传染性皮肤病。本病分布广泛，以秋、冬季多发。幼狗危害严重，甚至引起死亡。防治不当还可感染人。

（1）病原及其生活史 犬疥螨很小，成虫近乎圆形，形似龟，呈灰白色或灰黄色，雌螨体长0.30～0.40mm，雄螨体长0.19～0.23mm。虫卵呈椭圆形。疥螨的发育需经过卵、幼虫、若虫和成虫4个阶段，其全部发育过程都在肉狗体内进行。雌螨在宿主表皮开凿虫道产卵。虫卵经3～8天孵出幼螨，幼螨开凿新虫道发育为若螨，然后再发育为成虫。雌虫寿命为3～4周，雄虫于交配后死亡。疥螨的唾液、分泌物及体表毛刺不断刺激患狗瘙痒。发生于秋末、冬季和春初。卫生条件差，阴暗、潮湿的环境促进疾病传播、蔓延。疥螨主要是由于健康狗与病狗直接接触或通过被疥螨虫及其虫卵污染的狗舍、用具等间接接触引起感染。另外，工作上的不注意，也可由饲养人员或兽医人员的衣服和手传播病原。

（2）临床症状 疥螨常寄生于毛稀皮薄的面部、耳郭、肢端、胸腹下、大腿内侧和尾根等处。肉狗发生疥螨病后，最突出的表现

就是剧痒。病狗不断用脚爪抓挠患部，或以嘴啃咬、舐患部。患部积聚大量痂皮。胸、腹下常散生米粒大小红色丘疹或脓疱。如患部因抓挠破损而出血，可形成血痂。此时患部被毛脱落，皮肤增厚，并形成皱褶。严重者病变发展至全身，造成全身性红斑、丘疹和脱毛。当气温上升或运动后引起体温升高时则病狗痒觉剧烈。由于皮肤发痒，病狗终日啃咬、摩擦和烦躁不安，影响正常的采食和休息，并使胃肠消化、吸收机能降低，病狗日见消瘦。

【小经验】>>>>

> 诊断疥螨病可以通过临床症状，尤其是耳郭周边有大量痂皮及浑身剧痒等特点。确诊需再刮取皮肤病变部位与健康部位交界处组织（刮至稍有出血为止）进行镜检，发现虫体即可确诊。

(3) 防治措施 治疗前，先用洗发香波或硫黄药皂洗净患部及其他部位的灰尘及痂皮，然后再用安全、低毒的杀螨药洗浴或涂擦。常用药物有：伊维菌素（害获灭）按每千克体重0.1mL皮下注射，每周1次，连用2~3次；溴氰菊酯（倍特）配成50mL/L洗浴，药浴中如发现病狗精神异常、呕吐、呼吸加快等中毒症状时，应立即停止用药，并用清水冲洗干净，注意环境和垫褥的消毒，1周后应再重复洗浴1次。

【提示】 苏格兰牧羊犬不宜用伊维菌素注射治疗，因其对伊维菌素较为敏感。

预防本病的有效方法是搞好肉狗体和肉狗舍卫生，肉狗舍要宽敞、干燥、透光、通风良好，应经常打扫，定期消毒（至少每两周1次），饲养管理用具也应定期消毒。发现肉狗经常挠痒应及时检查，确诊后，立即隔离治疗。对于隔离治疗完毕的病狗，需再隔离观察3~4周，确认痊愈后方可同健康狗接触。

5. 蠕形螨病

蠕形螨病又名毛囊虫病或脂螨病，是由犬蠕形螨寄生于肉狗皮脂腺或毛囊而引起的一种较顽固的传染性皮肤病。本病分布较广，危害严重，多见于5~6月龄的幼狗。

（1）病原及其生活史 蠕形螨具有蠕虫的外形，分为头、胸、腹3部分，体长0.25~0.3mm，宽约0.04mm。口器位于前部，呈蹄铁状；胸部有4对很短的足；腹部长，呈锥状，有横纹。虫卵呈稻粒状。蠕形螨全部发育过程都在肉狗体内进行，发育过程包括卵、幼虫、两期若虫和成虫。本病可通过病狗与健康狗互相接触传播，也可通过患病母狗经胎盘传给仔狗。蠕形螨感染率较高，多数为隐性感染。但严重者全身脱毛，皮肤肥厚，失去观赏价值和使用价值，个别可引起死亡。有人认为，免疫功能降低可诱发本病，如体弱、分娩及其他疾病等将加剧蠕形螨病的发生、发展。同窝狗的发病率可达80%~90%。

（2）临床症状 病初可见口角周围潮红，继之面颊部皮肤肥厚并形成皱褶。胸、腹下及其他部位散布米粒大小突起的红丘疹，有些形成脓疱疹。如治疗不及时，病变迅速发展到全身，表现为全身性脱毛，皮脂溢出，体表覆盖大量痂皮，并散发腥臭味。如继发细菌感染，有可能导致中毒死亡。如无并发真菌或其他螨虫感染，一般痒觉不明显。

（3）防治措施 发现病狗及时隔离治疗，并用杀螨药对被污染的场所及用具进行消毒。健康狗避免与病狗接触。本病可通过胎盘传播，患病种母狗临床治愈后最好不再做繁殖用。

治疗时，先剪去病变部位的被毛，清洁患部，然后用棉花球或软毛刷将杀螨药涂擦之。对于脱屑型病例，先用酒精和乙醚的等量混合液擦洗患部，或用一钝刀将其刮净，然后涂擦杀螨药。常用杀螨药物有以下几种：双甲醚250mg/L体表洗浴；伊维菌素或阿维菌素，按每千克体重0.1mL，1次皮下注射，隔7~10天后再用1~2次。如并发真菌感染，还应配合使用抗真菌剂如灰黄霉素、制霉菌素等。

三 常见普通病

1. 感冒

感冒是以呼吸道黏膜炎症为主的急性全身性疾病。临床上以体温升高、流鼻涕、打喷嚏、伴发结膜炎和鼻炎等为主要特征。

（1）病因　非传染性感冒由天气突变，冷热剧烈变化，肉狗受寒冷侵袭，或圈舍阴冷潮湿，被雨淋风吹等引发。传染性感冒多由流感病毒引起。本病多发生于早春、晚秋和气温骤变的季节，以幼狗多发。

（2）临床症状　突然发病，病狗精神沉郁，表情淡漠，食欲减少或废绝。皮温不整，耳尖、鼻端发凉，而耳根、股内侧却烫手。眼结膜潮红或轻度肿胀，畏光流泪，流浆液性鼻涕。咳嗽，呼吸加快，肺泡音增强，心跳加快，每分钟80～100次。体温升高，多在39～40℃以上，热型不定，常有恶寒战栗现象。

（3）综合疗法　治疗时主要从除去病因、解热镇痛、防止和消除继发感染几方面入手。病初应用解热镇痛剂，多能收到良好疗效，如肌内注射安乃近或氨基比林2～4mL，每天2次，连用2～3天。为防止继发感染，应配合使用抗生素、抗病毒类药或磺胺类药物。预防本病需加强饲养管理，注意狗舍保暖、通风。

2. 支气管炎

支气管炎是气管、支气管黏膜及其周围组织发生的急慢性非特异性炎症。临床上以咳嗽、气喘、胸部听诊有啰音为特征。多反复急性发作于寒冷季节。

（1）病因　急性支气管炎多因受寒冷刺激后，支气管黏膜血管收缩，致使黏膜缺血，机体防御机能下降，病原菌（肺炎球菌、葡萄球菌、链球菌等）趁机侵入，引发炎症；机械性和化学性刺激（如吸入粉尘、霉菌孢子、氨气等）可引起吸入性支气管炎。某些传染病（如流感、犬瘟热、传染性肝炎）和寄生虫病（如肺丝虫、蛔虫等）也可引发本病。慢性支气管炎多由急性支气管炎继发而来，少数由心脏、肺脏疾病引发。

（2）临床症状　急性支气管炎病初表现为剧烈的短而干性的咳嗽，3～4天后，随着渗出物增加而变为湿咳。人工诱咳阳性。两侧鼻孔流浆液性、黏液性乃至脓性鼻汁。肺部听诊，支气管呼吸音粗，有干或湿性啰音。重症狗体温持续升高，呼吸急促，可视黏膜发绀，肺泡音增强，食欲废绝，精神沉郁。如发展为细支气管炎，全身症状加剧，体温升高1～2℃，呼吸增速，呈吸气性呼吸困难，黏膜发绀，通常无鼻液。由传染性疾病引起的气管炎，全身症状重剧。

慢性支气管炎持续时间长，以长期顽固性咳嗽为特征，体温多正常。在运动、采食、夜间和早、晚咳嗽尤为剧烈，甚至引起气管痉挛。当导致支气管扩张时，咳后有大量腐臭液体外流。无其他并发症时，体温正常，病狗日渐消瘦，胸部听诊常听到干性啰音。

（3）综合疗法 治疗原则是加强护理、抗菌消炎、祛痰止咳、制止渗出、提高机体抵抗力。加强饲养管理，保持肉狗舍温暖、清洁、通风。控制继发感染可用青霉素每千克体重10万~20万国际单位，每天肌内注射2次，或口服磺胺类药物。镇咳、祛痰、解痉可用氨茶碱每千克体重10mg或麻黄碱每千克体重2~4mg，每天口服2~3；泼尼松龙每千克体重1~2mg，每天口服1~2次。

3. 肺炎

肺炎是肺实质的急慢性炎症。临床上表现为发热、呼吸困难及肺部有浊音区等为特征。

（1）病因 本病主要是由于病毒、细菌侵害呼吸系统所致，如腺病毒Ⅱ型、肺炎双球菌、链球菌、葡萄球菌、真菌感染以及原虫、蠕虫等寄生虫感染；受寒感冒、劳役过度、饲养管理不当也可诱发本病。此外，吸入某些过敏源、异物、花粉等都可能是本病诱因。

（2）临床症状 病狗精神不振，食欲减退或废绝，体温高达至40℃以上，稽留不退，脉搏增数可达100~150次/分，结膜潮红或发绀，鼻镜干燥，常有疼痛性咳嗽；呼吸急促，可达50次/分以上，并伴有明显的腹式呼吸，呈进行性呼吸困难，流铁锈色鼻汁。肺部叩诊，病变部位呈浊音或半浊音，周围肺组织呈过清音；听诊可听到湿性罗音。

（3）综合疗法 治疗肺炎的基本原则是加强护理、抗菌消炎、止咳祛痰、制止渗出、促进吸收和对症处理等。厌氧菌可选用林可霉素，按每千克体重5~10mg，肌内注射，每天2次；需氧菌性肺炎，可用头孢霉素Ⅰ按每千克体重10~15mg，每天3次，静脉注射。止咳平喘可选用复方甘草片、磷酸可待因、氯化铵等口服。对重症狗应注意抗休克和对症处理。呼吸困难时应及时吸氧；当伴发胸膜炎时，须抽出胸水，同时向胸腔内注入抗生素。

4. 胃肠炎

胃肠炎是指胃肠道表层及深层组织的炎症。临床上以消化功能紊乱、呕吐、腹泻、腹痛和体温升高为特征。

（1）病因 原发性胃肠炎主要是由于采食腐败变质食物、饮用不洁的饮水，或暴饮暴食引起消化不良等所致。滥用抗生素而破坏肠道正常菌群生态，营养不良、体质下降使胃肠屏障机能减弱，误食刺激性化学药品、灭鼠药、重金属等因素均可引起胃肠炎。继发性胃肠炎主要由某些传染病和寄生虫病（如犬瘟热、传染性肝炎、犬钩端螺旋体病、钩虫病和阿米巴病等）继发引起。

（2）临床症状 胃肠炎的主要症状是腹泻、腹痛、呕吐、发热和毒血症。病初，多呈急性胃肠卡他症状，主要表现消化不良及粪便带黏液，病狗经常卧于凉的地面或以肘及胸骨贴于地面后躯高起做"祈祷姿势"。当以胃、小肠炎症为主时，频频呕吐，有时呕吐物中混有血液。若以大肠炎症为主时，出现剧烈腹泻，粪便恶臭，混有血液、黏液、黏膜组织或脓液；病的后期，肛门松弛，排便失禁或呈里急后重现象。

（3）综合疗法 治疗胃肠炎的原则是除去病因，加强护理，清理胃肠，保护胃肠黏膜，维护心脏机能，预防脱水和自体中毒。对单纯性胃肠炎病狗，病初要禁食24h，限制饮水，然后喂给少量易消化的肉汤、菜汤、米粥、热牛奶或少量的瘦肉等。当胃肠内腐败发酵产物较多时，为排除胃肠内容物，病初可给予盐酸阿扑吗啡2～10mg皮下注射，也可将硫酸铜0.1～0.5mg稀释成11%的溶液灌肠，或蓖麻油15～50mL灌服。当粪便臭味不大时，可用0.1%的高锰酸钾溶液灌肠。剧烈呕吐的狗，可肌内注射氯丙嗪1～3mg/kg以镇静止吐。持续腹泻的狗，可给予鞣酸蛋白0.5～1.0g，或次硝酸铋0.2～0.6g，口服，每天2～3次。同时配合使用磺胺或抗生素类药物等，如磺胺脒、新霉素、复方小诺霉素等。脱水明显的狗，用乳酸林格氏液静脉滴注，或林格氏液与5%的葡萄糖液混合滴注；同时补加碳酸氢钠、维生素，注意强心、保肝等。对继发性胃肠炎，应在治疗原发病的基础上同时治疗胃肠疾患。

5. 便秘

便秘是由于肠管运动机紊乱，肠内容物滞积于某段肠管（主要

在结肠和直肠），其水分被进一步吸收，内容物变干、变硬，造成肠管阻塞，致使粪便通过少或排便困难的一种腹痛病。如果便秘时间过长，可引起自身中毒，导致病情恶化。便秘多发生于中老龄狗。

（1）病因　便秘多因饲养管理不当和体弱多病所致。如长期喂干的食物，饲喂过量的骨头，饮水不足，老弱狗胃肠功能降低等。

（2）临床症状　病狗食欲不振或废绝，喜饮，频频努责，尾巴伸直，试图排粪却不见粪便排出或仅排出少量秘结便，有时布有黏液和血液。随着病情的发展腹围逐渐增大，有腹痛现象，肠蠕动音减弱，脉搏加快，可视黏膜发绀，肛门红肿，直肠指检常能摸到硬的粪块。

（3）综合疗法　治疗便秘的原则是疏通肠道，纠正脱水，防治酸中毒。直肠后段或肛门便秘时，将病狗麻醉后用镊子破碎粪块并取出。直肠深部和结肠便秘时，用温水、2%的碳酸氢钠溶液或肥皂水灌肠，每次20~80mL，并在腹部适当按压肠内粪块。轻泻或润滑用液状石蜡5~30mL或肥皂水100~200mL灌肠，也可口服硫酸镁5~10g和水100mL缓泻。脱水严重时，要输液补充体液。酸中毒时，可用碳酸氢钠纠正，应用肠道抗菌药，防止肠道感染。如上述方法无效时，可剖腹取出秘结物。对继发性便秘应同时治疗原发病。

预防本病，需防止饲料中混入毛发、骨头等杂物，定时定量饲喂，适当运动，给足饮水，定期驱除肠道寄生虫。注意肉狗排粪情况，若见采食正常，不见排粪时应及时投服泻剂，促其排粪。

6. 直肠脱

直肠脱又名脱肛，是指直肠末端黏膜或部分直肠向外翻出而垂脱于肛门外，幼龄及老龄狗发病率较高。

（1）病因　饲料缺乏蛋白质、维生素等营养，饮水不足，采食粗纤维含量过多的日粮，狗体虚弱，长期或剧烈腹泻，难产努责，直肠便秘，投服过量驱虫药，肠道寄生大量虫体，极度惊吓等因素均可引起直肠脱。

（2）临床症状　轻症狗卧地或排便后，直肠部分脱出，直肠黏膜的皱襞往往在一定时间内不能自行复位，在肛门口处见到圆球形肿胀物，表面呈浅红色或暗红色。重症病狗直肠完全脱出，肛门外

突出物呈长圆柱状，肠黏膜红肿发亮。随着脱出时间延长，黏膜由暗红转为暗褐色，严重时可继发局部性溃疡和坏死。此时常伴有全身症状，体温升高，食欲减退，精神沉郁，并且频频努责，不断做排便姿势。

(3) 综合疗法　在病狗直肠脱出不久、水肿尚不严重时，可直接还纳。如果脱出的直肠高度水肿，不易纳时，用0.1%的高锰酸钾溶液或0.1%的新洁尔灭溶液清洗脱出的直肠黏膜，而后用针头反复穿扎水肿的直肠黏膜，并轻轻挤压，放出肿胀黏膜中的液体后，在黏膜上涂一层液状石蜡后，使狗保持前高后低姿势，缓慢回送脱出的直肠，完全复位后在肛门处加压堵塞5min。对于反复发作的直肠脱，在复位后可用肛门用荷包缝合法缝合（注意缝线松紧适当，以狗能排出软便为度），缝合线保留4~7天。术后给予流质食物，并治疗便秘、腹泻等诱因疾病，减轻努责，防止直肠脱复发。直肠脱出时间长、黏膜水肿、严重坏死者，可行直肠切除术。

7. 肛门囊炎

肛门囊炎又名肛门腺炎，是肉狗肛门囊内腺体分泌物储积于囊内，刺激黏膜而引起的炎症。

(1) 病因　病狗肛门囊的排泄管被堵塞，腺囊内的分泌物聚积，被细菌分解产生大量的吲哚而产生恶臭气味，并发红、肿、热、痛等炎症反应。肉狗为脂溢性体质时，更易发生本病。此外，肛门括约肌功能障碍或肛门周围有黏稠物时，腺口也易被阻塞而发病。

(2) 临床症状　病狗不安，伴有疼痛和瘙痒，回视臀部，在墙角、地面摩擦臀部，肛门周围污秽不洁。肛门呈炎性肿胀，破溃后可流出大量黄色稀薄分泌液。

(3) 综合疗法　局部用0.1%的新洁尔灭溶液清洗肛周，挤压出肛门囊分泌物和脓汁，已破溃者清洗后用雷佛奴尔溶液浸泡的纱布条塞入引流，肛周涂布红霉素软膏或卡那霉素软膏。对于反复发作或已经形成瘘管的病狗，可手术摘除肛门囊。

8. 佝偻病和骨软化症

本病通常因维生素D和钙缺乏或食物中钙、磷比例失调，而引起骨组织发育不良（幼狗）或骨质软化（成年狗）的疾病。幼狗发生佝偻病，成年狗发生骨软化症。

(1) 临床症状 佝偻病常见于1~3月龄的幼狗，病狗食欲减退，异嗜，消瘦，生长发育缓慢或停滞，四肢软弱无力，站立不稳，关节肿胀，前肢腕关节变形、疼痛，四肢变形，呈"X"或"O"形腿，肋骨与肋软骨连接处肿大呈串球状。

骨软化症病狗骨质疏松变脆，易骨折和生龋齿，站立困难，体虚弱，易疲劳，有时可引起抽搐和产后癫痫等神经症状。骨软化症常发生于妊娠、分娩母狗。

(2) 综合防治 针对维生素D缺乏，要经常带肉狗到室外活动，给肉狗日光浴并人工补充维生素D制剂，可在饲料中添加鱼肝油5~10mg/天。幼狗应给予钙片1~2片/只，每天2次，口服；鱼肝油1粒/天，口服。妊娠母狗和哺乳母狗，每天给予钙片8~10片、鱼肝油4粒，分两次口服。饲料中注意补充钙制剂，如贝壳粉、骨粉等，并给予优质蛋白性食物。

9. 中暑

中暑又名热衰竭，是指机体产热过多而散热受阻引起体温升高，最终导致中枢神经系统机能严重紊乱的一种急性疾病。本病在炎热季节多见，病情发展急剧，甚至迅速死亡，故应特别注意。

(1) 病因 肉狗在烈日下暴晒，或在炎热环境下活动不能及时补充水、盐或因失水、失盐，致使血容量减少，影响散热而发生本病。其中由于日光直接照射头部，引起中枢神经系统机能障碍者为日射病；由于过劳，天气闷热，潮湿，散热减少，使热在狗体内积蓄，引起中枢神经系统机能严重障碍或紊乱者为热射病。

(2) 临床症状 病狗体温急剧升高（41~42℃），呼吸急促以至困难，心跳加快，末梢静脉怒张，恶心，呕吐，全身无力，运步摇晃。黏膜初呈鲜红色，逐渐发绀，瞳孔散大，随病情改善而缩小。肾功能衰竭时，则少尿或无尿。如治疗不及时，有些在昏睡状态下死亡。

(3) 综合疗法 发生本病时，要立即将病狗放置阴凉处，保持安静。迅速用冷水浇头部或灌肠，或在头颈部、腋下和股内侧放置冰块，待病狗体温下降到38.5℃以下时立即停止降温。对伴发有脱水的病例，应先用生理盐水或5%的葡萄糖生理盐水静脉滴注，并根据实验室检查结果调整成分，纠正酸中毒和电解质平衡。为防止本病，在炎热夏季，肉狗舍要有遮阴篷，以防阳光直射狗体。肉狗舍保持通风良好，并经常向舍内地面喷洒凉水，保证充足清洁饮水。

10. 食盐中毒

食盐是肉狗进行代谢不可缺少的矿物质之一，在日粮配合一定比例，能提高食欲，增强代谢，促进发育。食盐中毒是因过量食盐进入机体而引起的中毒病。

（1）病因 常因肉狗日粮配料错误，食盐混合不均；连续喂给含食盐较高的咸鱼、咸海鲜或残羹剩菜；饮水不足、天气炎热等可加速中毒的发生。肉狗的食盐中毒量为每千克体重1.5~2.2g，致死量为每千克体重3.7~4g。

（2）临床症状 急性中毒狗常于采食后1~2h突然发病；表现为口渴，食欲减退或废绝，呕吐，兴奋不安；继之腹痛，腹泻，粪便中有血或黏液。不停空嚼，口唇周围粘满白沫，心搏动微弱，少尿。感觉过敏，肌肉震颤，共济失调，瞳孔散大，结膜发绀，后肢麻痹或瘫痪，多在数小时内因呼吸麻痹致死。慢性中毒病狗喜饮，食欲减少，贫血，消瘦，磨牙，流涎，瘙痒，失明，精神沉郁，转圈运动，经2~3天因呼吸衰竭致死。

（3）综合疗法 立即停喂含盐过多的日粮和食物，给予足够饮水，也可投喂牛奶、米汤等。中毒早期可给催吐药硫酸铜，并用清水或0.1%的高锰酸钾溶液洗胃，然后灌服油类泻剂，以促进毒物排出。为恢复体内离子平衡，静注5%的葡萄糖酸钙50~150mg。为缓解脑水肿，降低颅内压，可静注25%的山梨醇或高渗葡萄糖溶液。

11. 食物中毒

食物中毒是由于肉狗食入腐败变质的肉、乳、蛋、鱼、过期罐装食品，发馊的残羹剩饭等引起的一种中毒病。

（1）临床症状 发病突然，常在食入变质食物后十几分钟或几小时发病。病狗精神沉郁，起卧不安，痛苦呻吟，两眼红肿流泪，鼻流浆液性分泌物，恶心呕吐，下痢，粪便带血，有时抽搐痉挛或后肢麻痹。严重的呼吸困难，抽搐不安，惊厥，终至虚脱而致死。

（2）**综合疗法** 毒素中毒尚无特效药物。如果发生中毒时间不久，应立即停喂腐败变质食物，改为脂肪含量少易消化的食物，口服补液盐或绿豆汤、牛奶、糖水等，立即给予催吐或洗胃，结合灌肠和输液。细菌急性感染可给予卡那霉素等抗生素以控制感染。对中毒狗口服1%的硫酸铜溶液或皮下注射盐酸阿扑吗啡按每千克体重0.05mg先行催吐。口服藿香正气丸1～2丸，每天2次，连用3～5天。5%的葡萄糖生理盐水200～500mL、氢化可的松20～40mg，静脉滴注，每天1次，连用2～3天。

四 常见产科与外科病

1. 流产

流产是指各种体内外病因素破坏了母体与胎儿正常孕育关系而导致妊娠中断的疾病。流产可发生于妊娠的各个阶段及任何品种和年龄的狗。

（1）**病因** 引起流产的原因很多，既有传染性疾病（如布氏杆菌病、钩端螺旋体病、胎儿弧菌病、结核病和犬瘟热等），又有很多非传染性病因，如饲养不当、营养缺乏、机械性损伤（跌倒、压迫和冲撞等）、近亲繁殖引起的胎膜异常、胎儿早期死亡、生殖器官疾病（子宫内膜炎、子宫发育不全和阴道炎等）、服用可致流产的药物或毒物、内分泌失调等。

（2）**临床症状** 由于流产的原因、时期和母狗机体反应性的不同，流产所表现的症状及结果也有差异。常见的有以下几种：

1）胚胎消失：又称为隐性流产，发生在妊娠早期，胚胎及胎膜完全被母体吸收，或随尿排出，临床症状不明显。

2）小产：排出死胎及胎盘，常被母狗吞食，不易被发现。

3）产出不足月胎儿：又称为早产，是指不到预产期产出不足月的活胎。早产胎儿体弱多病，不易成活。但具有吮乳能力者只要加强人工哺养和管理，有时可能成活。

4）产出死胎：为最常见的一种流产形式。胎儿死在子宫内，死胎刺激子宫引起子宫收缩而分娩。当胎儿死亡未被排出时，若未被感染则会木乃伊化，发生感染后则导致胎儿腐败。

（3）**综合疗法** 母狗在妊娠过程中要予以仔细的、经常的观察，当发现母狗有流产的征兆时（胎动不安、腹痛、呼吸及脉搏增快等），应采取保胎措施。肌内注射黄体酮5~10mg，每天1次，连用3天；肌内注射维生素E，每次每千克体重10~20mg，每天1次，连用3天。

对小产和早产的仔狗，可肌内注射己烯雌酚0.5g/次和缩宫素10单位/次，促进子宫颈开张及子宫收缩，排出胎儿。并口服益母草膏5~10g，每天1~2次，促进子宫恢复。

如果胎儿死亡未排出，且子宫颈已开张时，可肌内注射垂体后叶激素而促使胎儿排出。当胎儿已经腐败，在排出胎儿之前，应用0.1%的高锰酸钾注入子宫内，再注入适量的润滑剂，然后助产排出胎儿。当母狗已完全排出胎儿及胎膜，并无并发症时，则应按产后母狗进行护理。如果证明为传染性流产时，必须采取适当措施进行防治。

预防流产的主要方法是加强对妊娠母狗饲养管理，防止各种疾病发生，定期详细检查妊娠情况，发现异常及时处理。

2. 子宫内膜炎

子宫内膜炎通常是指子宫黏膜的黏液性或化脓性炎症。子宫内膜炎为母狗最常见的一种生殖器官疾病，是导致母狗不孕的重要原因之一。多发于产后期，尤其是发生流产和产后期疾病的母狗较多见。

(1) 病因 多由于助产时消毒不严、产道及子宫损伤，或者流产、死胎及胎盘滞留等引起链球菌、葡萄球菌和大肠杆菌等感染而引起，也见于子宫复旧不全和阴道炎而继发本病。布氏杆菌病、副伤寒等传染病也常并发本病。

(2) 临床症状 急性子宫内膜炎多发生于产后12h至4天内。病狗体温升高达39.5℃以上，精神沉郁，食欲锐减，烦渴贪饮，有时呕吐和腹泻。有时出现弓腰、努责及排尿姿势。从阴门流出黏性或黏脓性分泌物，严重时分泌物为污红色或棕色。腹部触诊时，可感知子宫角肿大，呈面团样硬度，有时有波动感。

慢性子宫内膜炎一般由急性转变而来。全身症状多不明显，有时体温升高。常见从阴道内流出较多的混浊带有絮状物的黏液。阴道检查病狗子宫颈略张。母狗性周期不正常，或虽正常而屡配不孕，即使妊娠也易发生流产。

（3）综合疗法 治疗子宫内膜炎的基本原则是清除子宫内异物，抗菌消炎，恢复子宫功能。首先应肌内注射己烯雌酚 0.5～1mg 或垂体后叶素 2～10 单位，借以使子宫颈口开张和子宫收缩。然后根据病情而选择洗涤药液。对急、慢性黏液性病例，可用 35～40℃ 1% 的温盐水反复冲洗子宫，直至排出液透明为止。病情持久的慢性病例，可选用 3%～5% 的高渗盐水冲洗子宫，然后再用 1% 的温盐水反复冲洗干净。黏液性及脓性病例，可用 0.1% 的雷佛奴尔溶液冲洗。当子宫内分泌物腐败恶臭时，宜用 0.5% 的来苏儿或 0.1% 的高锰酸钾溶液冲洗，但次数不宜过多。清洗完子宫后，通过腹部按摩或胶管抽吸排净子宫内冲洗液，然后向子宫内注入青霉素 25 万单位和链霉素 500mg。当急性或慢性脓性子宫内膜炎伴有全身症状时，推荐使用抗生素和磺胺疗法，以及其他对症疗法。

> **【禁忌】** 子宫极度扩张的病例，禁用子宫收缩药，否则可能导致子宫破裂或腹膜炎。

3. 产后败血症

产后败血症又名产褥败血症，是由于子宫或阴道严重感染而继发的一种全身性疾病。临床上以高热、败血为主要症状。

（1）病因 多由于母狗分娩过程中，产道或子宫受伤，病原菌（如溶血性链球菌、金黄色葡萄球菌、大肠杆菌、厌氧性链球菌等）侵入体内，随血液循环侵入全身而引起本病。机体过劳、衰竭、防御机能降低、维生素不足或缺乏也可引起本病。某些传染病（如传染性肝炎、结核病、布氏杆菌病）也是诱发产后败血症的因素。

（2）临床症状 病狗精神不振，食欲废绝，时有呕吐，体温升高至 40℃ 以上，呈稽留热，恶寒战栗，末梢冷厥，呼吸快而浅表，脉搏细而快，腹泻，从阴门排出恶臭和污秽的黏液性或血性分泌物。触诊腹壁敏感。

（3）综合疗法 由于产后败血症发展迅速，症状严重，须治疗及时得当，才能挽救病狗。一般采用局部处理、全身用药和对症治

疗的综合疗法。对子宫可用生理盐水或0.1%的雷佛奴尔或0.1%的高锰酸钾溶液冲洗，同时肌内注射缩宫素5~10单位，以加速子宫内分泌物排出。对损伤的阴道冲洗后，涂以抗生素软膏。如果疼痛剧烈，可在软膏内按1%~2%的比例加入普鲁卡因。为杀灭侵入血液中的病原菌，应及早联合使用抗生素和磺胺类药物。有条件可做细菌敏感试验，选择最佳药物。根据病情可应用输血、补液、纠正水、电解质代谢失调和酸碱平衡失调，抗休克，以及补充维生素C、钙制剂，应用强心、利尿药等有关疗法。

4. 乳腺炎

乳腺炎又名乳房炎，是母狗在泌乳期最常见的一种乳腺疾病，多为一个或数个乳腺的黏液性或化脓性炎症。临床上以乳房肿痛、发硬、体温升高为特征。

（1）病因 主要由链球菌、葡萄球菌和绿脓杆菌等细菌经乳头外伤（仔狗咬破、摩擦、挤压等机械因素所致）侵入而引起。某些疾病如结核病、布氏杆菌病、子宫炎等可并发乳腺炎。

（2）临床症状 患病乳房潮红、肿胀，温热疼痛，皮肤紧张，触之硬固。病初乳汁稀薄，继之呈乳清样，内含絮状物。当感染化脓时，则乳汁呈脓样，或呈黄色絮状，或带血液。有时在患病乳房内逐渐形成小脓肿或1~2个大脓肿。此时，常见病狗体温升高，食欲减退，精神不振。乳房上淋巴结肿大，触之疼痛。

（3）综合疗法 治疗乳腺炎的基本原则是排出乳房内的炎性乳汁，抗菌消炎。发现乳腺炎应立即隔离仔狗，按时清洗乳房并挤出乳汁，借以减轻乳房的压力和排出炎性产物。初期，对红、肿、热、痛的乳房进行冷敷，同时用0.25~0.5%的普鲁卡因溶液5~10mL做乳房基底部周缘封闭，借以减轻疼痛等不良刺激，消除炎症。根据病原菌选择特异性抗生素，如青霉素、红霉素、林可霉素等。后期可热敷，常用10%~20%的硫酸镁溶液，也可外涂鱼石脂或樟脑醑酊制剂。乳腺内形成脓肿时应及时切开排脓，并行外科疗法，同时采取适当的全身疗法。

5. 产褥痉挛

产褥痉挛又名产后肌肉强直症或产后急性低钙血症，是一种产后发生的运动神经异常兴奋而导致肌肉强直性痉挛的疾病。临床上以痉挛、低钙血症和意识障碍为特征。本病在产前、分娩过程中或在产后6周内均可发生，但以产后2~4周期间发生最多。

（1）病因 主要由于急性缺钙所引起。母狗在妊娠期饲料中钙供应不足或钙磷比例失调或维生素D不足；母狗产仔过多，乳汁供给较多，血钙含量急剧减少等均可引起本病。天气变化、长途运输、受惊抓捕及肉狗身体瘦弱是发病的诱因。

（2）临床症状 病狗兴奋不安，痛苦嚎叫，体温高达40℃以上，心悸亢进，脉快浅表，呼吸促迫，可视黏膜发绀。典型的症状是全身肌肉间歇性或强直性痉挛，尤以四肢和颈背部肌肉为甚。病狗步态强拘，运动困难，或卧地不起，口吐白沫，鼻眼歪斜。一般从出现症状到发生痉挛，短的约12min，长则达12h。如不及时治疗，常因呼吸困难窒息死亡。

（3）综合疗法 治疗产褥痉挛的原则是早补钙剂，镇痛解痉，防止呼吸道阻塞。迅速及时补充钙剂，提高血钙和血糖含量是治疗本病的关键。一般常用10%~20%的葡萄糖酸钙或硼酸葡萄糖酸钙溶液5~20mL，缓慢静脉注射。一般于24h后重复1次，重症病例可重复3~5次。对单纯使用葡萄糖酸钙效果不佳或持续痉挛的，可静脉注射巴比妥钠溶液。母狗发病后要与仔狗隔离，采用人工哺乳，以改善母狗的营养状况。

在妊娠后期、哺乳期增加日粮中钙的含量，供给含有适量钙、维生素D和能量平衡的日粮，适量增加户外运动及多晒太阳，可有效地预防本病的发生。治愈的病狗在下次分娩前后更应注意预防。

6. 创伤

创伤是指肉狗的皮肤或黏膜等软组织受各种机械性外力作用而发生的开放性损伤。临床上以出现开放性创口、出血、疼痛、机能障碍为主要特征。

（1）临床症状 创伤的主要表现为由组织和血管的损伤所引起的出血及组织液外流。由于感觉神经末梢、神经丛和神经干遭受损伤或受刺激而致的疼痛反应；因受伤组织的弹性收缩致使相对的创

缘及创壁发生分离的创伤裂开。当创伤发生于执行功能活动的软组织时，还出现明显的机能障碍。轻度创伤，皮破出血；中度创伤，肌肉破裂，流血较多，甚至流血不止或筋断骨折。创伤初期未化脓者为新鲜创，创伤后被污染化脓者为化脓创。

（2）综合疗法 治疗创伤的基本原则是止血镇痛，防止感染，清洁创腔和减少疤痕。

新鲜创伤在创围剪毛常规消毒后，应根据受伤的程度，采取相应的措施。如小创伤可直接涂擦5%的甲紫液或碘酊；大创伤时，由于组织受损较多，出血严重，故先以压迫、钳压或结扎血管等方法止血，并修整创缘，清除创内凝血块及异物，切除挫灭组织，修整创腔，向创内撒布青霉素磺胺粉（9∶1），之后进行必要的缝合包扎。以后每天进行创周围抗生素注射，连用3～7天，直至愈合为止。如有厌氧性或腐败性感染，可不必缝合，开放治疗。

治疗陈旧创或感染创时，创围常规消毒后，先用3%的过氧化氢、0.1%的新洁尔灭或0.1%的雷佛奴尔等溶液洗涤创伤以消除脓汁。剪除坏死组织，去除异物，清除创囊或做反对孔引流等进行必要的清除和修整。之后于创伤面涂布松碘油膏（松溜油3份，碘仿5份，蓖麻油100份）、腐殖酸钠或1%的碘胺嘧啶银霜等，实行开放治疗或装着防腐绷带，如尚可缝合时，则应装20%的硫酸镁溶液浸湿的纱条引流。

另外，在治疗局部创伤时，应根据病狗精神状态，适时进行全身治疗。

7. 挫伤

挫伤是机体在钝性物体打击下，碰撞、挤压或跌倒所致的软组织非开放性损伤。挫伤可发生于机体任何组织和器官，但皮肤的完整性均未遭破坏。

（1）临床症状 肉狗受到冲撞打击、跌倒、踢伤、坠落等因素均可引起挫伤。挫伤主要为皮肤出现不同程度的致伤痕，被毛逆乱、脱落，皮肤有擦伤，皮下溢血或出血等。挫伤组织中血管破裂而引起溢血，常见有血斑、血液浸润和血液渗漏，严重时出现血肿。挫伤局部常因出血、炎性渗出和淋巴外渗而肿胀，肿胀呈坚实样，或饱满有弹性，或有波动感，触之有温热感。由于末梢神经受损或因炎性产物的刺激，发生程度不同的疼痛和机能障碍等。

（2）**综合疗法** 治疗挫伤的基本原则是制止溢血，镇痛消炎，促进溢血吸收，防止感染，加快组织修复。治疗24h之内的挫伤时，可用冷敷或施以压迫绷带，促使局部血管收缩以制止溢血和淋巴外渗；或局部涂布速效跌打膏、醋调制的安德利斯等；还可在肿胀周围用0.5%的普鲁卡因及青霉素适量，进行封闭治疗法。治疗48h后的挫伤时，重点是促进吸收、加快组织修复。此时常用刺激疗法，多选用10%的樟脑酒或四三一擦剂等局部涂擦。

8. 脓肿

脓肿是由于局部组织化脓性炎症或其他化脓性病灶转移形成的外有脓肿包膜、内有脓汁潴留的局部性炎症。主要表现为组织溶解液化，形成充满脓液的腔。

（1）**病因** 多因各种局部性损伤，感染各种病原菌（如金黄色葡萄球菌等化脓菌、化脓性链球菌、大肠杆菌等）所引起。某些有刺激性的药物（氯化钙、松节油、水合氯醛等）误注或漏入皮下或肌肉也能引起本病。

（2）**临床症状** 浅在性脓肿常发生在皮下结缔组织和筋膜下，幼狗常发生颌下脓肿。病初局部呈弥漫性肿胀、疼痛和增温；继之形成界线清晰的坚实性病灶，以后逐渐变软，并有波动感；最后脓肿成熟，皮肤变薄，局部被毛脱落，脓肿破溃流出黄白色黏稠的脓汁。

深在性脓肿发生于深层肌肉、肌间、骨膜下、腹膜下及内脏器官。由于脓肿部位深在，肿胀不明显。仅见患部皮肤与皮下组织有轻微炎性水肿，触诊时有疼痛反应。急性炎症时，病狗可有精神不振、体温升高等全身症状。由于外力脓肿破溃后，脓汁流到组织间，经血液或淋巴系统转移到其他组织、器官，可引起败血症或转移性脓肿。

（3）**综合疗法** 治疗脓肿初期以抗菌消炎、止痛及促进炎性分泌物散吸为主；后期则促进脓肿成熟，及时切开排脓。对硬固性肿胀以0.5%的盐酸普鲁卡因溶液20～30mL、青霉素40万～80万单位在病灶周围封闭。为促进脓肿成熟，可局部涂擦10%的鱼石脂软膏或5%的碘酊等。当脓肿中央出现明显的波动时应及时切开排脓，并用3%的过氧化氢、0.1%的高锰酸钾或0.1%的雷佛奴尔液彻底清洗脓腔，较大的脓腔需放置浸透菜油的纱布引流。有些脓肿因所处部位不宜切开，可采用抽出法将脓汁抽出。必要时配合肌内注射抗生素和输液等全身疗法。应该强调指出，脓肿切开后应任其自行排脓，不许用棉纱压挤或擦拭脓腔，防止肉芽受损而致脓肿转移。

9. 脓皮病

脓皮病是由化脓性细菌感染而引起的。临床上以脓疱疹、毛囊炎和表皮有脓性渗出物为特征，以德国牧羊犬、大丹狗等品种发病率高。

（1）病因 引起肉狗脓皮病的细菌主要有金黄色葡萄球菌、表皮葡萄球菌、链球菌、化脓性棒状杆菌、大肠杆菌、绿脓杆菌和奇异变形杆菌等。代谢紊乱、免疫缺陷、内分泌失调和各种变态反应性疾病，均可促进肉狗脓皮病的发生。有时因蠕形螨病、裂伤、创伤、烧伤或皮炎而继发感染引起脓皮病。

（2）临床症状 脓皮病有脓疱疹型、毛囊炎型和干性之分。

1）脓疱疹型脓皮病：病变一般呈现红斑、水疱及小脓疱等变化，常见于无毛部表层皮肤。如小脓疱破溃则流出红黄色渗出液，然后结痂。当化脓性炎症蔓延到皮下，可形成脓肿或蜂窝织炎，皮肤红肿，压之冒出红黄色脓血水。

2）毛囊炎型脓皮病：主要表现为毛囊发炎形成小结节。如蔓延至深部毛根、皮脂腺及周围结缔组织可形成疖，顶端有小脓疱，周围出现炎性肿胀，并形成小脓肿。脓肿破溃后流出黄白色脓汁。

3）干性脓皮病：常侵害4～9月龄幼狗，往往同窝仔狗同时发病。多在飞节、肘及足侧面形成角蛋白样痂皮，角质增厚，如除去痂皮，其下出现红斑性表皮炎。

（3）综合疗法 根据病情采用局部用药和全身治疗相结合。防止病患部位受到刺激非常重要，早期用温热的防腐药液，如3%的六氯酚或雷佛奴尔溶液冲洗患部。浅表的脓皮病可用SL合剂（水杨酸8g、75%的酒精100mL）或5%的甲紫，每天局部涂擦。对深部病灶可用抗生素、磺胺类药物或酶制剂直接注入病灶内。当病灶变为干燥时，可先用含防腐剂的软膏涂擦患部，然后撒布抗生素、磺胺或碘仿等。重症狗应根据病原分离和药敏试验结果，选择有效抗生素、磺胺类药物进行全身抗感染治疗。对继发脓皮病病例必须治疗原发病。

第九章 肉狗的疾病防治

第十章
肉狗场的经营管理

第一节 肉狗场经营管理的主要内容

如果没有很好的组织管理、较低的生产成本、较好的产品质量和较高的劳动生产率，其产品就没有竞争力，就会在竞争中被淘汰。因此，必须对肉狗生产全过程的经济活动进行合理的经营，科学的管理，达到"人尽其力，物尽其用，狗尽其能。"的效果，才能实现预期的经济效益。

一 生产计划

生产计划是肉狗场全年生产任务的具体安排。制订生产计划应尽量切合实际，只有切合实际的生产计划，才能更好地指导生产、检查进度、了解成效，并使生产计划能顺利完成，以及通过努力有超额完成的可能性。

1. 制订生产计划的主要依据

1）过去各项生产实际成绩，特别是前两年中正常情况下场内达到的水平是制订生产计划的基础。

2）将当前生产条件和过去的进行对比，主要在房舍、设备、种狗、饲料和人员等方面比较，看是否有改进或倒退，根据过去的经验，确定新订计划增减的幅度。

3）采用新技术、新工艺或开源节流、挖潜等可能增产的数量。

2. 生产计划的基本内容

（1）**配种分娩计划和狗群周转计划** 目前我国肉狗养殖生产方

式主要是适度规模型，集约化的肉狗养殖生产较少。无论哪一种生产计划，肉狗的生产都应该向同期化的方向努力，这样便于统一的饲养管理，在幼狗育肥结束后，往往能形成比较大的数量，从而产生较好的经济效益。母狗的分娩集中，有利于安排育肥计划。配种分娩计划是各项生产计划的基础，是肉狗群周转的主要依据。小规模的肉狗场，应尽量避开最冷与最热的季节产仔，以利于母狗安全分娩、仔狗存活和生长发育。肉狗群周转计划是确定各类肉狗群只数及增减变化情况，以保持常年合理的肉狗群结构。这是制订产品计划的基础，是制定饲料供需计划和劳力需要计划的依据。编制肉狗群配种分娩计划和周转计划时，必须掌握以下材料：计划年初肉狗群各组的实有只数；计划年末要达到的肉狗只数，去年交配、今年分娩的母狗数，各月出生的仔狗只数；计划年生产任务的各项主要措施；本场确定的母狗受胎率、产仔率和繁殖成活率等；出售和购入肉狗只数，年内种狗淘汰数量；主要生产指标如种公狗的利用率、母狗的产仔率、仔狗成活率及各月商品肉狗出售的只数等；肉狗场所处的地理环境条件、圈舍设备、饲养管理水平、饲料供应状况等生产条件。

(2) **狗肉和狗皮生产计划** 狗肉和狗皮生产计划是指一个年度肉狗场狗肉生产所做的预先安排，它反映了肉狗场的全年生产任务、生产技术与经营管理水平及产品率状况，并为编制销售计划、财务计划等提供依据。肉狗场以生产狗肉为主，狗皮也是重要的收入来源，狗肉、狗皮生产计划的订制是根据肉狗群周转计划和育肥狗的单产水平进行的。编制好这个计划，关键在于确定好育肥狗的单产指标，常以近3年的实际产量为重要依据，也就是在分析肉狗群质量、群体结构、技术提高状况、管理办法、改进配种分娩计划、饲料保证程度、人力与设备情况等内容的基础上，结合本年度确定的计划任务和新技术的应用等，对此计划起着决定性的作用。

(3) **饲料供需计划** 肉狗场经营者应及时了解市场行情、原料价格，通过合理的分析后进行采购。采购时一定要把好质量关，对于已收到或入仓的原料，如发现问题及时地向卖主反映，适时退货。该计划应根据肉狗群周转计划来拟定。饲料需供计划是以各类狗群

数量、饲料消耗定额和饲养天数为依据进行编制的,其编制该计划的方法如下:

1) 根据肉狗群周转表详细计算出各月及全年各肉狗群的数量。

2) 确定肉狗群的饲料定额,应分别按公狗、妊娠母狗、哺乳母狗、哺乳仔狗、断乳幼狗和育肥肉狗,计算出每只每天的饲料需要量。

3) 计算饲料总需要量,根据肉狗群只数及饲料定额,计算出各月及全年各种饲料的需要量,要注意留有余地,一般在总需要量基础上,增加10%~15%的储备量。为确保此计划的完成,各项工作和各个环节都应制度化。做到有章可循、按章办事。

(4) 肉狗场疫病防治计划 肉狗场疫病防治计划是指一个日历年度内对肉狗群疫病防治所做的预先安排。肉狗的疫病防治是保证肉狗生产效益的重要条件,也是实现生产计划的基本保证。此计划也可纳入到技术管理内容中。疫病防治工作的方法是"预防为主,防治结合"。为此要建立一套综合性的防疫措施和制度,其内容包括肉狗群的定期检查、肉狗舍消毒、各种疫苗的定期注射、病狗的治疗与隔离等。卫生防疫计划需要在各饲养阶段的饲养员配合下,由防疫员组织实施。对各项疫病防治制度要严格执行,定期检查以求实效。

二 劳动管理

肉狗场劳动组织的原则应分工明确,相互协作,实行场长统一负责制。一般可分两大部分:一是行政管理部分,负责全场的管理,搞好后勤管理,如养殖场的各种计划、技术措施等的制订;二是生产、经营销售管理,负责肉狗场的生产计划和饲养管理,负责种狗或断乳幼狗、育肥肉狗的销售工作。其目的是提高劳动生产效率。肉狗场的劳动管理主要包括以下3方面的内容:

1. 劳动组织

劳动组织与生产规模有很大的关系,规模越大,分组管理显得越重要,因而肉狗场应成立各种专业化作业组,如饲料供应组、种狗饲养组、断乳幼狗饲养组、育肥肉狗饲养组等。各组都有固定的技术人员、管理人员和工人。每个组安排1~2名负责人,每个饲养员或放牧员都要分群固定，负责一定只数的饲养管理工作。其好处是：分工细，人畜固定，责任明确，便于熟悉肉狗群情况，能有效地提高饲养管理水平。

2. 劳动力的合理使用

在生产中，养肉狗对技术的要求比较高，必须充分调动饲养人员、技术人员和管理人员的积极性和创造性，根据肉狗场的生产情况及有关人员的特点，合理安排和使用劳动力，做到人-狗-环境科学组合，人尽其力，狗尽其能，物尽其用。

3. 劳动定额

劳动定额通常是指一个青年劳动力（或一个作业组）在正常生产条件下，一个工作日所能完成的工作量。肉狗场的劳动定额一般要根据本场机械化水平及环境条件，把繁殖、成活、增重、出栏和各种消耗指标落实到人或作业组，做到责、权、利关系明确，多劳多得、多产多得。

三 成本管理

生产成本能反映生产设备的利用程度、劳动组织的合理性、饲养管理技术的好坏、种狗生产性能潜力的发挥程度，说明肉狗场的经营管理水平。

1. 生产成本的分类

（1）**固定成本** 肉狗场（户）必须有固定资产，如圈舍、饲养设备、运输工具及生活设施等。固定资产的特点是：使用年限长，以完整的实物形态参加多次生产过程，并可以保持其固有的物质形态，只是随着它们本身的消耗，其价值逐渐转移到肉狗产品中，以折旧费方式支付，这部分费用和土地租金、基金贷款和利息、管理费用等组成固定成本。

（2）**可变成本** 可变成本也称为流动资金，是指生产单位在生产和流通过程中使用的资金。其特性是参加一次生产过程就被消耗掉，例如，饲料、兽药、燃料、垫料、狗仔等成本。之所以叫可变成本，就是因为它随生产规模、产品的产量而变。

2. 成本项目与费用

（1）**饲料费** 饲料费指饲养各类肉狗直接消耗的配合饲料、青粗饲料、各类添加剂、维生素等的费用，运杂费也列入饲料费用中。

（2）工资　工资指直接从事肉狗养殖生产人员的工资、奖金及福利等费用。

（3）固定资产折旧费　固定资产折旧费指肉狗饲养应负担的并能直接记入的肉狗舍、圈栏、设备设施等固定资产基本折旧费。建筑物使用年限较长，15～20年折清；专用机械设备使用年限较短，7～10年折清。其计算公式为

$$固定资产折旧费 = \frac{固定资产原价 - 残值}{预计有效使用年限}$$

（4）固定资产维修费　固定资产维修费指上述固定资产所发生的一切维护、保养和修理费用。

（5）燃料和动力费　燃料和动力费指用于肉狗养殖生产的燃料费、动力费、水电费等。

（6）肉狗医药费　肉狗医药费指用于肉狗疾病防治的疫苗、药品及化验等费用。

（7）繁殖狗摊销费　繁殖狗摊销费指饲养中应负担的种公狗和母狗的摊销费用。若成批购买断乳幼狗育肥饲养，则不必考虑这一项开支。

（8）利息　利息指以贷款建场每年应交纳的利息。

（9）低值易耗物品费　低值易耗物品费指当年购买的低值工具、兽医器械、劳保用品、垫料等易耗品的费用。

（10）企业管理费　企业管理费指场一级所消耗的一切间接生产费。销售部属场部机构，所以也把销售费用列入企业管理费。

（11）其他费用　没有列入以上各项的费用如接待费、推销费等。

3. 肉狗场成本核算的特点与方法

（1）特点　肉狗场成本核算具有以下特点：

1）肉狗群在饲养管理过程中，由于购入、繁殖、出售、屠宰、死亡等原因，其只数、重量在不断变化，为减少计算上的麻烦和提高精确度，通常应按批核算成本。又因为肉狗群的饲养效果和饲养时间、产品数量有关，应计算单位产品成本和饲养日成本。

2）肉狗养殖的主要产品是活狗、肉、皮，为方便起见，可把活

狗、肉、皮作为主产品，其他为副产品。则产品收入抵消一部分成本后，列入主产品生产的总成本。

3）单位肉狗产品消耗饲料的多少和饲料加工运输费用等在总成本中所占比例，既反映肉狗场技术水平，也反映其经营管理水平的高低。

(2) 方法　活重实际生产成本加销售费用等于销售成本。销售收入减去销售成本、税金、其他应交费用，有余数为盈，不足为亏。从而得出当年肉狗养殖的经济效益，为下年度肉狗养殖生产、控制费用开支提供重要依据。计算增重单位成本，可知每增重1kg所需费用。通过成本核算可充分反映场内经营管理工作的水平和经济效益的高低。

1）单位主产品成本核算　主产品要计算增重单位成本、毛产量成本。

育肥肉狗活重单位（千克）成本 =

$$\frac{初期存栏总成本 + 本期购入（拨入）成本 - 副产品价值}{期末存栏活重 + 本期离圈活重（不含死狗）}$$

育肥增重单位（千克）成本 = $\dfrac{本期饲养费用 - 副产品价值}{本期增重量}$

本期增重量 = 本期期末存栏活重 + 本期离圈活重（含死狗） - 期初存栏活重 - 本期购入（拨入）活重

在计算活重、增重单位成本时，所减副产品价值包括狗粪、死亡狗的残值收入等；死亡狗的重量在计算增重成本时，应列入本期离圈（包括出售、屠宰等）的活重，才能如实反映每增重1kg的实际成本。但计算活重成本时，不包括死亡狗的重量，死亡狗的成本要由活狗负担。

2）饲养日成本　计算饲养日成本，可知每只肉狗平均每天的饲养成本。

饲养日成本 = 饲养费用/（饲养只数 × 天数）

4. 成本管理的步骤

(1) 做好成本预测　通过对肉狗、肉狗产品市场的调查，对商品狗肉、商品苗的品种、价格、产品流向、销售渠道等进行行情预测。再综合养殖场内在因素，预测一定时期内的成本目标。制定的目标要结合市场实际，具有一定的水平和适当的灵活性。它反映企

业的投资力度。

(2) 拟定成本计划 成本计划应以经济效益为中心,根据外部经营环境状况,全面平衡养殖场企业内部产、供、销的成本资金划分,实事求是地制订降低成本的具体措施。它反映企业内部条件及其与外部环境的协调关系。

(3) 实施成本控制 成本控制是养殖场管理的一个重要环节,它促使实际成本符合成本目标和成本计划,始终以降低成本为目标,并及时发现和改进生产过程中低效率、高消耗的不合理现象。它反映养殖场工艺流程的合理性。

(4) 加强成本监督 养殖场要准确及时地核算产品成本,加强成本分析和考核工作,确保成本计划和成本目标的实现。它反映出养殖场的管理水平。

四 利润核算与盈亏平衡分析

肉狗养殖生产效益分析是根据成本核算所反映的生产情况,对肉狗场的产品产量、劳动生产率、产品成本、盈利进行全面系统的统计分析,对肉狗场的经济活动做出正确的评价,及时处理生产中存在的问题,保证下一阶段工作顺利完成。

1. 利润核算

肉狗场(户)生产不仅要获得量多质优的狗肉、仔狗和种狗,更主要的是得到较高的利润。利润是用货币表现在一定时期内,全部收入扣除成本费用和税金后的余额,它是反映肉狗场经营状况好坏的一个重要经济指标。利润核算包括利润额和利润率的核算。

(1) 利润额 利润额是指肉狗场利润的绝对数量,分为总利润和产品销售利润。总利润是指肉狗场在生产经营中的全部利润,产品销售利润是指产品销售收入时产生的利润。

产品销售利润 = 销售收入 − 生产成本 − 销售费用 − 税金

总利润 = 销售利润 ± 营业外收支净额

营业外收支净额是指与肉狗场生产经营无关的收支差额。如房屋出租、技术传授、罚款等非生产性营业外收入;职工劳动保险、物资保险等为营业外支出。

(2) 利润率 因肉狗场规模不同,以利润额的绝对值难以反映不同养殖场的生产经营状况。而利润率为相对值，可以进行比较，可真实反映不同肉狗场的经营状况。用利润率与资金、产值、成本进行比较，可从不同角度反映肉狗场的经营状况。

1）资金利润率：为年总利润与占用资金（包括固定资金和流动资金）的比率。它反映养殖场资金占用和资金消耗与利润的比率关系。在保证生产需要的前提下，应尽量减少资金的占用，以获得较高的资金利润率。

$$资金利润率（\%）=\frac{年总利润}{占用资金}\times 100$$

2）产值利润率：为年总利润与年总产值的比率。它反映了养殖场每百元产值实现的利润，但不能反映养殖场资金消耗和资金占用程度。

$$产值利润率（\%）=\frac{年总利润}{年总产值}\times 100$$

3）成本利润率：为销售利润与产品销售成本的比率。反映了每百元生产成本创造了多少利润，比率高表明经济效果好，但没有反映全部生产资金的利用效果，养殖场拥有的全部固定资产中未被使用和不需用的设备也未得到反映。

$$成本利润率（\%）=\frac{销售利润}{产品销售成本}\times 100$$

2. 盈亏平衡分析

肉狗场要想获得好的经济效益，不仅取决于科学养肉狗技术的应用程度，在很大程度上也取决于经营管理的好坏，特别是经营决策的科学与否。养殖场的经营决策是肉狗场经营管理的重要环节。一项科学英明的决策可以给肉狗场带来巨大收益；而一项错误的决策也能使一个养殖场很快倒闭。如何进行科学有效的经营决策，很多养殖场的经营管理者却并不知晓，往往凭经验、靠感觉，使本来充满风险的肉狗养殖行业更添风险。现在，笔者就介绍一种简单易行、科学有效的经营决策方法——盈亏平衡分析法。

盈亏平衡分析法又称为保本分析法或成本、产量、利润关系分析法，是通过分析产量（产品产量或销售量）、成本（生产总成本）、利润量之间的关系，计算出保本点，然后与实际生产相比较，从而指导肉狗场进行经营决策的方法。从图10-1中可以看出，在总费用线与销售收入线相交的两点 A、B 上，收入与总费用相等。这两点就称为盈亏平衡点（也叫保本点），其中 A 为低位盈亏平衡点，B 为高位盈亏平衡点。当产量低于 x_1 或高于 x_3 时，销售收入低于总费用，表示养殖场出现亏损；当产量高于 x_1 且低于 x_3 时，销售收入高于总费用，表示企业获得盈利。盈亏平衡点是盈亏分析的基础，一般说来，它是生产经营的最低水平。在制订计划时，不论是产量指标还是销售量指标，都应大于平衡点，而且越大越好（在市场容量和本场生产能力允许条件下）。下面以几个例子来介绍说明它在肉狗场经营决策中的应用。

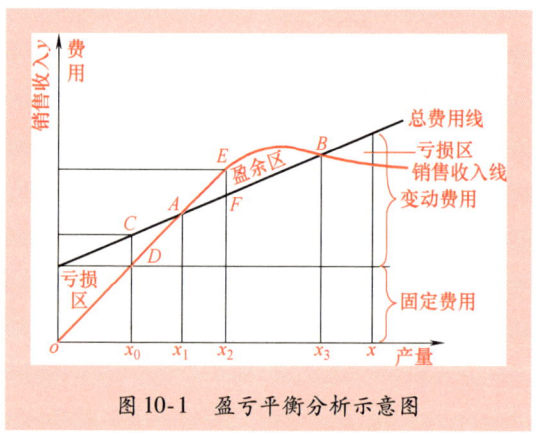

图10-1　盈亏平衡分析示意图

（1）进行目标产量决策　很多肉狗场想扩大生产规模以获取更大收益，但又不知如何确定扩建方案。

例1：某肉狗场打算扩大生产规模，需要投入固定费用10万元，单位产品的变动费用为300元，商品肉狗的价格预测为36元/kg，扩大生产规模后每年可增加25g商品肉狗400只。如果按此方案进行扩大生产规模，此肉狗场是否能够盈利？

分析：在此可以先计算出盈亏平衡点的产品销量，然后再用盈亏平衡点的产品销量与方案中预计的产品销量进行比较，如果方案预计的产品销量大于盈亏平衡点的产品销量，则此肉狗场就可盈利，扩建方案就可行，反之则此肉狗场就会亏损，此扩建方案就不可取。

决策：$\dfrac{\text{扩建后盈亏}}{\text{平衡点的销量}} = \dfrac{\text{固定费用投入}}{\text{单位产品销售额} - \text{单位产品变动费用}} =$

$\dfrac{100000}{25 \times 36 - 300} = \dfrac{100000}{600} = 166.7$（只）

由计算可知，肉狗场扩建后盈亏平衡时的产量为 166.7 只，而扩大规模后实际能生产商品肉狗 400 只，所以扩建后必定盈利。盈利额为：

盈利额 = 销售收入 - 总成本 = $25 \times 36 \times 400 - (100000 + 300 \times 400)$ =
$360000 - 220000 = 140000$（元）

（2）进行利润目标决策 利润目标是肉狗场经营决策方案的重要目标之一，而肉狗场的产品销量达到多少时，才能实现目标利润，此时也可用盈亏平衡分析法来解决。

例 2：某肉狗场年固定费用为 10 万元，每只商品肉狗的平均变动费用为 300 元，每只商品肉狗的平均销售价格为 900 元，肉狗场确定今年实现利润 5 万元的利润目标，试决策该养殖场商品肉狗年出栏多少只时方可达到此利润目标？

分析：可以通过对比年总目标销售额和单位产品利润额来求得。

决策：目标产销量 = $\dfrac{\text{年固定费用} + \text{年利润目标}}{\text{单位产品利润额}} = \dfrac{100000 + 50000}{900 - 300} = 250$（只）

因此可知，欲实现年 5 万元的利润目标，需要此肉狗场年出栏商品肉狗 250 只。

（3）进行成本目标决策 在销售量和生产成本已经确定的情况下，运用盈亏平衡分析法，可以确定销售产品的最低保本价格。

例 3：某肉狗场年出栏商品肉狗 200 只，年固定费用为 5 万元，每只商品肉狗的变动费用为 300 元，那么每只商品肉狗售价为多少时才可以保本？

分析：可以运用盈亏平衡分析法通过对比年总生产费用和年销量总量来求得。

决策：$\dfrac{\text{单位产品}}{\text{保本价}} = \dfrac{\text{年固定费用} + \text{总变动费用}}{\text{年销售总量}} = \dfrac{50000 + 200 \times 300}{200} = 550$（元）

由此可知，该肉狗场年出栏200只商品肉狗时，每只肉狗销售的价格在550元以上时方可盈利。

运用盈亏平衡分析法进行养殖场的经营决策时还有其他方面的应用，这里只是列举了它的3方面应用加以说明，希望能起到抛砖引玉的作用，能对肉狗场的经营管理者在进行决策时提供参考，从而增加决策的科学性，而减少决策的随意性和盲目性。需要指出的是，这种方法虽然简单易学，但较为粗糙，只能是粗线条的分析，它的结果往往有一定误差。因此，在应用时还须结合其他方面的分析、预测，全面综合考虑政策、市场、生产等因素后才能做出科学的经营决策。

五 产品营销

流通是连接生产和消费不可缺少的重要一环，可促进生产，引导消费，吞吐商品，平衡供求，合理组织货源和营销，以缓解供需不平衡的矛盾。如产品销售不畅造成积压，必然影响资金周转和正常生产，使企业陷入困境。只有搞好产品营销，才能加快资金周转，提高资金利用率，增加经济效益。肉狗场的生产经营活动是由生产分配、交换和消费等环节组成，其中一个环节受阻，必然影响全局；必须搞好营销，扩大销售范围，提高竞争能力，面向市场，主动适应买方市场的需要。

第二节 肉狗场经营方向和管理模式的决策

肉狗场（户）养肉狗，都必须注重经营管理。经营管理的目的在于取得高产、优质、低成本和高收益的成果。

一 肉狗场经营方向的决策

肉狗场的经营方向，是指办什么类型的肉狗场，是办专业化肉狗场，饲养种狗或饲养商品肉狗；还是办综合性肉狗场。这要根据市场需求，兼顾市场价格、生产成本而定，同时还要考虑生产上的可行性。肉狗场的经营方向，实质上就是肉狗场的经营类型。

1. 专业化肉狗场

（1）种狗场 种狗场生产的目的是培育、繁殖优良种狗，向社会提供种狗或种苗，其品种优劣、饲料好坏，直接关系到千家万户的肉狗养殖效益。且投资多、技术要求高，故一般由集体单位经营。这类肉狗场一般仅饲养一个品种肉狗，否则会因为品种多，易造成品种混杂退化，具体操作上的困难也较多。

（2）商品肉狗场 商品肉狗场的目的是为社会提供质优、量大、安全的肉狗产品。这类肉狗场可大可小，集体、个体均可经营。

2. 综合性肉狗场

综合性肉狗场，一般经营范围广、规模大，形成制种、育成、商品生产、饲料加工、肉狗产品加工、销售一条龙的生产体系，有的还兼营其他有关行业。随着市场经济的发展，这类肉狗场的走向趋势，是规模化、集约化、产业化；强调高层次管理和质量高标准；重视信息作用，树立企业形象；跨地区和跨国经营；技术进步日益加快。这类肉狗场目前多数采取"公司+农户"的办法，形成产供销一体化经营。

二 肉狗场管理模式的决策

肉狗场应根据肉狗场的规模、技术和管理力量，确定科学的管理模式。

1. "监工"式管理

"监工"式管理就是以"监工"为核心，通过"监工"现场指导，督促完成生产任务的一种管理模式，适用于小型肉狗场和专业户养肉狗。其优点是，这种管理办法，一竿子插到底，既减少了机构，节省了人员，能够达到调整、高效的目的，又弥补了小型肉狗场人才缺乏、职工素质较低的缺陷。其缺点是，"监工"集生产技术于一身，负担太重，而工人处于被动服从地位，很难发挥主观能动性。

2. 专业化管理

这种管理模式，主要适用于中等规模的专业肉狗场。这种肉狗场虽工作性质不复杂，但因具有相当规模，产供销及后勤、思想工作都要有专人或部门去抓，不仅需要各部门建立稳定协调的关系，还要有一套严格的全面的规章制度和考核办法。这种管理模式，可克服"监工"式管理的弊端，但对管理人员的素质要求高，对工人

需做过细的思想工作。

3. 系统化管理

系统化管理，适用于集良种繁育、饲料生产、商品肉狗饲养、产品加工于一体的综合性肉狗场或公司。总场或总公司对下属场或分公司，仅从经营方针、计划、效益等方面加强领导，不参与下属单位的具体事务管理。而下属单位，在总场或总公司的领导下，实行专业化管理。

第三节 肉狗场生产经营的策略选择

一 避免盲从性

肉狗的市场趋势有目共睹。但市场是动态的，有起就可能有落，有高峰就可能有低谷。要正确地掌握市场的信息，尤其是未来的、长远的信息，而不是眼前的或过时的信息。低价时购入、高价时卖出已是众多实践者亲身经历的总结。对农户自身而言，一方面要把握准确的信息，另一方面还要考虑自身的条件。对一些地方政府或行业管理部门而言，引导中也同样需要掌握准确的信息，并力争在市场方面做得稳妥一些，比如签订合同。切忌一哄而上，而后一哄而下。

二 树立风险意识

市场经济总会有风险。不论是政府部门还是农户自身，都要树立风险意识，培育抗风险能力。对肉狗市场一定要进行科学的侦测，并采取科学的饲养管理方法，将风险降到最低限度。在这方面，冒着风险硬上的做法是不可取的。但"一朝被蛇咬，十年怕井绳"的做法也是不可取的。看准了快上，跌倒了爬起来，发展才会有希望。

三 坚持平衡原则，以销定产

生产者准备的饲料应与肉狗群饲养量相平衡，防止季节性饲料不足的现象发生，避免料多肉狗少或者肉狗多料少的现象发生。要求生产者每个月饲料供应的种类和数量都要与各月的肉狗群结构及饲料需要量相平衡。生产中最大限度地利用现有的生产条件，充分发挥生产要素的作用，能够用最少的资源消耗获得最大的经济效益。要充分考虑狗肉产品深加工企业的生产状况和狗肉的消费量确定适宜的生产量，生产计划要为销售计划服务，生产目标应与销售目标相一致，避免以产定销的现象，以获得最佳的经济效益。

四 切忌顾此失彼

由于肉狗养殖户的分散性，就某一饲养户而言，产、供、销往往集于一身，如果只顾跑销路而忽略饲养管理或相反情况，或只顾放牧和饲养而不重视防疫等，一旦造成损失，可能后悔莫及。要尽最大努力，做到每个环节都到位，事前知道该怎么做，事后知道效果如何。各个环节是密切相关的，每个环节的失误或不到位，都会给总体效果和效益造成影响。所以，必须充分准备，周全考虑，细心操作。

五 选择投资重点

对肉狗场经营管理者而言，一方面要把握准确的信息，另一方面还要考虑自身的条件。首先应重点了解市场的地域范围、市场的大小和性质，当地肉狗、种狗年存栏量、出栏量、上市量、消费量、成交价格、对肉食需求的旺淡变化规律，消费者对狗肉选择情况，当地或邻近地区生产加工企业的加工能力和当地肉狗外销数量等各方面信息。在此基础上，对市场走势等进行科学判断和预测，结合自身的生产条件，对肉狗场的经营方向和发展进行可行性论证，最终选择投资重点确定适宜的生产规模。然后，采取科学的饲养管理方法，将风险降到最低限度。

六 树立企业形象，促进销售工作

销售是肉狗场的主要工作。种狗场的盈亏主要取决于种狗（仔）销售率，商品肉狗场则主要取决于销售价格。当前的市场是买方市场，良好的企业形象非常重要。而企业形象的基础是产品质量，其次是宣传广告，必须花大力气提高产品质量，培育市场，树立良好的企业形象和知名度。

第四节 提高肉狗场经济效益的措施

一 改善经营管理

1. 进行正确的经营决策

在广泛的市场调查（包括肉狗的市场需求量、收购价格、饲料价格等）并测算可获取的经济效益的基础上，结合分析内部条件如资金、场地、技术、劳力等，进行经营方向、生产规模、饲养方式、生产安排、管理模式等方面的经营决策。

> 【提示】 正确的经营决策可收到较高的经济效益，错误的经营决策则易导致重大的经济损失甚至破产。

2. 制定正确的经营方针

按照市场需要和本场的可能，充分发挥内部的潜力，合理使用资金和劳力，实现合理经营，保证生产发展，提高劳动生产率，最终提高经济效益。确定经营方针的原则是：既考虑需要，又考虑单项效果；既考虑眼前效果，又考虑长远利益。总之，正确的经营方针要能够以最低的消耗取得最多的优质产品。

3. 实行目标管理和岗位经济责任制

经济责任制是提高效益的重要途径之一，也是肉狗场经营管理的一个重要环节。进行双向考核，即主要经济技术指标的目标奖罚责任制和全面管理的百分制考核，对肉狗场的目标管理具有较为满意的效果。在具体工作中，要注意四点：一是要推行全面成本核算承包工资制度，就是把每个劳动者的劳动成果和劳动报酬紧密挂钩，从根本上解决多劳多得的问题；二是要利用价值规律提高产品质量，促进营销，调动生产者钻研技术的积极性，激励营销人员的工作热情；三是要把后勤服务人员的奖金与生产销售承包人员的收入结合起来。为提高后勤服务人员的服务质量，可在产销成本中预算出后勤服务人员的奖金，产销承包人员在合同兑现后，按超过本人级别工资制以上的承包工资，按比例提取服务人员的奖励基金，然后按服务人员岗位责任工作制考勤考核实绩予以评定；四是将执行规章制度与奖罚"分离制"改为"挂钩制"。

4. 开展适度规模生产与合作经营

随着肉狗生产的发展，市场竞争日益加剧，必然导致生产每只肉狗盈利水平的下降，这就需要通过规模饲养、薄利多销的办法来提高整体效益。实行"公司＋农户"式的合作经营符合我国肉狗养殖生产的发展要求。肉狗养殖公司具有经济上、技术上的实力，而农户具有饲养成本低、饲养管理认真的优势，两者签订生产合同，进行合作经营，由公司提供幼狗、饲料、药品、疫苗和技术服务，农户出房舍、设备和劳力，所生产的商品肉狗按合同规定规格、价格与时间，由公司收购，统一上市。这种方式，可根据市场需要和屠宰加工能力等有计划地组织生产，节省开支，降低成本，公司和农户都能得到发展。农户不需要很多的资金，产品销售有保证，能专心从事商品肉狗生产，并按合同获得一定利润。公司为农户提供各项服务，统一进行产品的收购、屠宰加工，并投放国内外市场，可取得竞争上的优势并不断壮大。

二 努力降低生产成本

肉狗的生产成本，主要由饲料、工资、兽药、固定资产折旧、燃料动力、其他直接费用、企业管理费等7项费用组成。饲养每批肉狗，均应核算成本，并通过成本分析，找出管理上的薄弱环节，采取有效措施，不断改善经营管理。也只有在准确核算生产成本的基础上，才能准确计算出生产利润。降低生产成本，不仅可直接提高经济效益，还能增强产品的市场竞争力。

1. 降低饲料成本

饲料费用占生产成本的70％左右，降低饲料成本是降低生产成本的关键。降低饲料成本的具体措施有：合理设计饲料配方，在保证肉狗营养需要的前提下，尽量降低价格；控制原料成本，最好采用当地盛产的廉价原料，少用高价原料；严防饲料霉变；合理喂养，给料时间、给料量、给料方式要讲究科学，减少饲料浪费；周密制订饲料计划，减少积压浪费；加强综合管理，提高饲料转化率。

2. 高度重视防疫工作，节省兽药使用支出

一个肉狗场要想不断提高产品的产量和质量，降低生产成本，

增加经济效益,前提是必须保证肉狗群健康。因此,肉狗场必须制订科学的免疫程序,严格防疫制度,不断降低肉狗死亡率。提高肉狗群的健康水平。对肉狗群投药,宜采用以下原则:可投可不投者,不投;剂量可大可小者,投小剂量;用国产或进口药均可的,用国产药;高价、低价药均可的,用低价药;无饲养价值的肉狗,及时淘汰,不再用药治疗。

3. 降低肉狗场非生产性开支

充分合理地使用各种工具和其他各种生产设备,提高其利用率和完好率;严格控制间接费用,大力节约非生产性开支,如减少非生产人员和用具、降低行政办公费用、制订合理的物资储备量、减少资金的长期占用等。

4. 充分利用肉狗场的副产品

要注意通过增加主产品以外的营业收入来降低养肉狗的生产成本。例如,出售狗皮、狗骨、狗鞭和狗粪等。

三 采用现代科学饲养技术,实现优质高产

现代商品市场的竞争,说到底是技术的竞争。只有高质量、低成本的产品,才具有真正的竞争力,而这要靠现代科学饲养技术来实现。

1. 饲养优良品种,科学饲养管理

品种是影响生产的第一因素。因地制宜,选择适合饲养条件和饲料条件的品种,是养好肉狗的首要任务。有了良种,还要有良法,这样才能充分发挥良种肉狗的生产潜力。因此,实行科学饲养,推广应用新技术、新成果,合理、节约使用各种投入物(药物、饲料、燃料等),降低消耗,抓好生产肉狗的不同阶段的饲养管理,不可光凭经验,抱传统的饲养技术不放,而是要对新技术高度敏感。这些新技术主要包括:现代繁育技术、高效饲料配合技术、标准化饲养管理技术、饲养环境控制技术、疫病防治技术、产品精深加工技术等。只有这样肉狗养殖业才能不断提高经济效益。

2. 选择先进科学的工艺流程

先进科学的工艺流程可以充分地利用肉狗场饲养设施设备,改善劳动条件,提高劳动力利用率、工作效率和劳动生产率,节约劳

动消耗，降低单位产品的生产成本，并可以保证肉狗群健康和产品质量，最终可显著增加肉狗场的经济效益。

四 加强记录记载

每一批肉狗上市后都应根据记录记载计算投入产出比例，计算出每只肉狗的成本，每只肉狗的利润大小。在搞清成本结构的基础上分清主要成本、次要成本，并提出降低成本、提高效益的相应措施。

参考文献

［1］熊家军. 特种经济动物生产学［M］. 北京：科学出版社，2009.
［2］潘耀谦，王祥生，安铁洙. 新编科学养犬问答［M］. 北京：中国农业出版社，2002.
［3］谢三星. 药到犬病除［M］. 济南：山东科学技术出版社，2001.
［4］李顺才. 宠物犬驯养与疾病防治［M］. 北京：化学工业出版社，2013.
［5］张立波. 实用养犬大全［M］. 2版. 北京：中国农业出版社，2009.
［6］刘云，田文儒. 宠犬饲养 繁殖 训练与保健大全［M］. 北京：中国农业出版社，2003.
［7］唐万寿，等. 舍饲肉犬［M］. 赤峰：内蒙古科学技术出版社，2004.
［8］王斌，杨俊琦. 肉犬无公害标准化养殖技术［M］. 石家庄：河北科学技术出版社，2006.
［9］崔中林. 实用犬、猫疾病防治与急救大全［M］. 北京：中国农业出版社，2002.
［10］王力光，董君艳. 新编犬病临床指南［M］. 长春：吉林科学技术出版社，2000.
［11］王洪斌，李伟民. 犬病诊断与治疗［M］. 北京：科学技术文献出版社，2001.
［12］王培潮. 名犬饲养指南［M］. 上海：上海科学技术文献出版社，2001.
［13］曹文广. 实用犬猫繁殖学［M］. 北京：中国农业大学出版社，1994.
［14］唐芳索，李玉森. 犬的营养与日粮［M］. 长春：吉林科学技术出版社，2002.
［15］王祥生. 爱犬驯养与疾病防治大全［M］. 北京：中国农业出版社，2002.
［16］关中湘，王树志，陈启仁. 毛皮动物疾病学［M］. 北京：中国农业出版社，1991.
［17］白景煌，张玉，王贵. 养犬与疾病［M］. 长春：吉林科学技术出版社，1990.
［18］赵怀信. 烹狗秘籍［M］. 长春：吉林科学技术出版社，2004.
［19］林德贵. 狗病防治手册［M］. 2版. 北京：金盾出版社，2015.

[20] 李玉森,等. 犬的保健及病犬康复指南[M]. 长春:吉林科学技术出版社,2003.
[21] 唐芳索. 伴侣犬饲养调教手册[M]. 福州:福建科学技术出版社,2007.
[22] 王春璈. 肉用犬高效养殖新技术[M]. 济南:山东科学技术出版社,2002.
[23] 周伯超,等. 肉狗的饲养与繁殖技术[M]. 北京:科学技术文献出版社,2010.
[24] 汪恩强. 肉狗标准化生产技术[M]. 北京:金盾出版社,2011.
[25] 朱维正,杨振国. 肉狗的饲养管理(修订版)[M]. 北京:金盾出版社,1999.
[26] 郝正里. 畜禽营养与标准化饲养[M]. 2版. 北京:金盾出版社,2014.
[27] 王建辰,章孝荣. 动物生殖调控[M]. 合肥:安徽科学技术出版社,1998.

书 目

书　名	定　价	书　名	定　价
高效养土鸡	29.80	高效养肉牛	29.80
高效养土鸡你问我答	29.80	高效养奶牛	22.80
果园林地生态养鸡	26.80	种草养牛	39.80
高效养蛋鸡	19.90	高效养淡水鱼	29.80
高效养优质肉鸡	19.90	高效池塘养鱼	29.80
果园林地生态养鸡与鸡病防治	20.00	鱼病快速诊断与防治技术	19.80
家庭科学养鸡与鸡病防治	35.00	鱼、泥鳅、蟹、蛙稻田综合种养一本通	29.80
优质鸡健康养殖技术	29.80	高效稻田养小龙虾	29.80
果园林地散养土鸡你问我答	19.80	高效养小龙虾	25.00
鸡病诊治你问我答	22.80	高效养小龙虾你问我答	20.00
鸡病快速诊断与防治技术	29.80	图说稻田养小龙虾关键技术	35.00
鸡病鉴别诊断图谱与安全用药	39.80	高效养泥鳅	16.80
鸡病临床诊断指南	39.80	高效养黄鳝	29.80
肉鸡疾病诊治彩色图谱	49.80	黄鳝高效养殖技术精解与实例	25.00
图说鸡病诊治	35.00	泥鳅高效养殖技术精解与实例	22.80
高效养鹅	29.80	高效养蟹	25.00
鸭鹅病快速诊断与防治技术	25.00	高效养水蛭	29.80
畜禽养殖污染防治新技术	25.00	高效养肉狗	35.00
图说高效养猪	39.80	高效养黄粉虫	29.80
高效养高产母猪	35.00	高效养蛇	29.80
高效养猪与猪病防治	29.80	高效养蜈蚣	16.80
快速养猪	35.00	高效养龟鳖	19.80
猪病快速诊断与防治技术	29.80	蝇蛆高效养殖技术精解与实例	15.00
猪病临床诊治彩色图谱	59.80	高效养蝇蛆你问我答	12.80
猪病诊治160问	25.00	高效养獭兔	25.00
猪病诊治一本通	25.00	高效养兔	35.00
猪场消毒防疫实用技术	25.00	兔病诊治原色图谱	39.80
生物发酵床养猪你问我答	25.00	高效养肉鸽	29.80
高效养猪你问我答	19.90	高效养蝎子	25.00
猪病鉴别诊断图谱与安全用药	39.80	高效养貂	26.80
猪病诊治你问我答	25.00	高效养貉	29.80
图解猪病鉴别诊断与防治	55.00	高效养豪猪	25.00
高效养羊	29.80	图说毛皮动物疾病诊治	29.80
高效养肉羊	35.00	高效养蜂	25.00
肉羊快速育肥与疾病防治	35.00	高效养中蜂	25.00
高效养肉用山羊	25.00	养蜂技术全图解	59.80
种草养羊	29.80	高效养蜂你问我答	19.90
山羊高效养殖与疾病防治	35.00	高效养山鸡	26.80
绒山羊高效养殖与疾病防治	25.00	高效养驴	29.80
羊病综合防治大全	35.00	高效养孔雀	29.80
羊病诊治你问我答	19.80	高效养鹿	35.00
羊病诊治原色图谱	35.00	高效养竹鼠	25.00
羊病临床诊治彩色图谱	59.80	青蛙养殖一本通	25.00
牛羊常见病诊治实用技术	29.80	宠物疾病鉴别诊断	49.80